宁夏草原昆虫原色图鉴

COLORED PICTORIAL HANDBOOK OF GRASSLAND INSECTS IN NINGXIA

张　蓉　魏淑花　高立原　张泽华　编著

中国农业科学技术出版社

图书在版编目（CIP）数据

宁夏草原昆虫原色图鉴 / 张蓉等编著. —北京：
中国农业科学技术出版社，2014.12
ISBN 978-7-5116-1842-9

Ⅰ. ①宁…　Ⅱ. ①张…　Ⅲ. ①牧草 - 昆虫学 - 宁夏 - 图解
Ⅳ. ① S186-64

中国版本图书馆 CIP 数据核字（2014）第 231225 号

责任编辑　李冠桥
责任校对　贾晓红

出　　版　中国农业科学技术出版社
　　　　　北京市中关村南大街 12 号　　邮编：100081
电　　话　（010）82109705（编辑室）
　　　　　（010）82109702（发行部）　　（010）82109703（读者服务部）
传　　真　（010）82106625
网　　址　http://www.castp.cn
经　　销　各地新华书店
印　　刷　北京富泰印刷有限责任公司
开　　本　880 mm x 1230 mm　1/16
印　　张　22.25
字　　数　552 千字
版　　次　2014 年 12 月第 1 版　2014 年 12 月第 1 次印刷
定　　价　228.00 元

《宁夏草原昆虫原色图鉴》

编著者名单

主　编　张　蓉

副主编　魏淑花　高立原　张泽华

编　委　（按贡献大小排序）

　　　　朱猛蒙　黄文广　马建华

　　　　于　钊　赵紫华　赵亚楠

　　　　何　嘉　张治科　陈宏灏

　　　　张　怡　王　芳　刘　畅

　　　　南宁丽　孙海霞

摄　影　高立原

前　言

　　宁夏回族自治区（以下简称宁夏）草原面积 2.44×10^6 公顷，占国土总面积的 36.80%，是宁夏面积最大的陆地生态系统，由南向北依次划分为温性草甸草原带、温性草原带、温性荒漠草原带、温性草原化荒漠带等，形成了多种多样的草原生态景观，相应昆虫资源十分丰富，物种多样性较高，特别是作为西北草原主体的荒漠草原，其独特的自然环境孕育了特殊而复杂的昆虫区系，在荒漠昆虫种类上特色明显，对维持草原生态环境具有重要功能作用。

　　为了系统地掌握宁夏草原昆虫种类、分布及不同草原类型昆虫群落结构，为草原保护和害虫监测防控提供可靠依据。为此，依托国家公益性行业（农业）科研专项"草原虫害监测预警及防控技术研究与示范"（编号：201003079），2010—2014 年按照宁夏温性荒漠草原、温性草原、温性草原化荒漠、温性草甸草原四种主要草原类型，采用 GPS 定位设置 43 个样点，定期对昆虫种类及其种群数量进行系统调查和标本采集，结合室内饲养观察，积累了丰富的第一手资料，获得了大量生动的昆虫生态照片，共采集制作昆虫标本 114 013 头，在《宁夏农业昆虫图志》（一、二、三集）、《宁夏昆虫名录》、《宁夏蝗虫》、《荒漠草原蝗虫群落特征研究》、《宁夏贺兰山昆虫》等基础上，并借助本单位昆虫标本馆内标本的大量比对分析，经鉴定共 18 目 226 科 1 750 种昆虫。在以上工作的基础上，编著了《宁夏草原昆虫原色图鉴》一书，本书分为总论和各论两大部分。总论部分对宁夏四种草原类型的分布、植被及其昆虫物种多样性进行了简要总结，各论部分以生态照片展示了宁夏草原主要昆虫的真实面貌，共 2 纲 16 目 114 科 335 种，并记述了各种昆虫形态特征、分布及寄主。

　　研究和编著过程中，在昆虫饲养、形态描述及种类鉴定上得到了宁夏农林科学院植物保护研究所高兆宁研究员和杨彩霞研究员的悉心指导，在昆虫标本鉴定上得到了中国农业大学杨定教授和李志红教授的大力支持，宁夏大学贺达汉教授和王新谱教授对本书进行了严谨审稿并给予了宝贵的建议，在此一并表示衷心的感谢。

　　本书作为草原昆虫研究工具书，不仅适合宁夏草原昆虫研究和监测，且对国内其他省区草原昆虫研究者及相关推广部门具有参考价值。由于我们知识水平有限，错误或不足之处在所难免，诚祈读者不吝指正。

编著者

2014 年 10 月

目　录

第一部分　总　论

一、宁夏草原概况

宁夏回族自治区有天然草原 $2.44 \times 10^6 \, \mathrm{hm}^2$，占国土总面积的 36.80%，草原面积与国土面积比值仅次于内蒙古、西藏、青海三省（自治区），位居全国第四。草原是陆地生态系统的主体，对维护宁夏生态安全和发展草原畜牧业经济具有不可替代的作用。

（一）草原资源分布

宁夏天然草原主要分布在宁夏中部和南部地区。就地、市而言，以吴忠市分布最多，中卫市次之，银川市、固原市、石嘴山市、农垦系统最少，面积依次为 $1.07 \times 10^6 \, \mathrm{hm}^2$、$7.92 \times 10^5 \, \mathrm{hm}^2$、$2.71 \times 10^5 \, \mathrm{hm}^2$、$2.12 \times 10^5 \, \mathrm{hm}^2$、$6.69 \times 10^4 \, \mathrm{hm}^2$、$3.26 \times 10^4 \, \mathrm{hm}^2$，分别占宁夏天然草原总面积的 43.76%、32.42%、11.09%、8.66%、2.74%、1.33%；依县而论，以盐池县居首，沙坡头区次之，再次为海原县、同心县、中宁县、灵武市等县（区），草原总面积依次为 $4.78 \times 10^5 \, \mathrm{hm}^2$、$3.02 \times 10^5 \, \mathrm{hm}^2$、$2.68 \times 10^5 \, \mathrm{hm}^2$、$2.67 \times 10^5 \, \mathrm{hm}^2$、$2.22 \times 10^5 \, \mathrm{hm}^2$、$1.86 \times 10^5 \, \mathrm{hm}^2$；六县区共 $1.72 \times 10^6 \, \mathrm{hm}^2$，占草原总面积的 70.50%。草原面积最小的是泾源县和永宁县，仅分别占草原总面积的 0.14%、0.20%（图 1-1）。

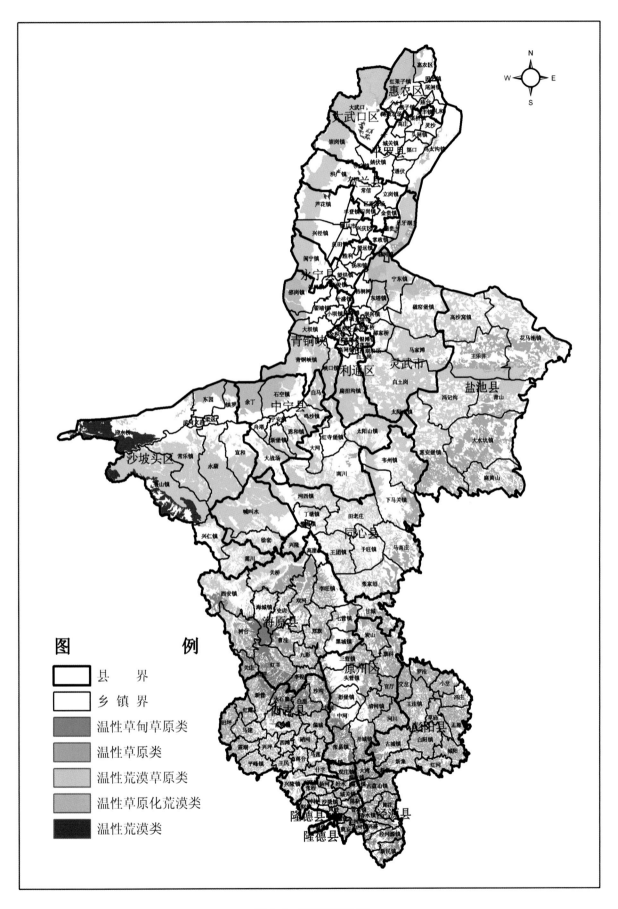

图 1-1　宁夏草原分布

（二）天然草原类型

宁夏草原随南北气候和水热条件的递变，形成了多种多样的类型，由南向北依次划分为温性草甸草原带、温性草原带、温性荒漠草原带、温性草原化荒漠带，共 11 个草原类，52 个草原组、353 个草原型。其中，温性草甸草原 8.87×10^4 hm^2，占总草原面积 3.63%；温性草原 6.36×10^5 hm^2，占总草原面积 26.03%；温性荒漠草原 1.44×10^6 hm^2，占总草原面积 59.06%；温性草原化荒漠 2.27×10^5 hm^2，占总草原面积 9.29%；温性荒漠 4.88×10^4 hm^2，占总草原面积 1.99%。温性荒漠草原和温性草原共占总草原面积 85.09%，是宁夏天然草原的主体。

1. 温性草甸草原

温性草甸草原是生长在半湿润生境，由多年生中旱生或旱中生植物为建群种所组成的草原类型，建群种是一定程度耐旱的广中生植物，草群中常混生一定数量的广旱生植物及中生植物（图 1-2）。

图 1-2　温性草甸草原生境

（1）分布

温性草甸草原主要分布于本区南部，包括固原县南半部、西吉、海原县南部、泾源、隆德等县市。就山地而言，主要位于六盘山、小黄峁山、瓦亭梁山、月亮山、南华山等山地，分布在海拔 1800m 以上的阴坡、半阴坡、半阳坡。同时，也分布在黄土丘陵南部的森林草原带，出现在丘陵阴坡，与阳坡的温性草原呈复区存在。年降水量 500 ～ 650 mm，干燥度<1 ～ 1.2，土

壤为山地灰褐土，山地暗灰褐土或黑垆土。

（2）植被

全区温性草甸草原面积为 $8.87 \times 10^4\,hm^2$，包括 4 组 11 个型。主要由白莲蒿（*Artemisia sacrorum*）、无毛牛尾蒿（*Artemisia dubia var. subdigitata*）、异穗苔草（*Carex heterostachya*）、甘青针茅（*Stipa przewalskyi*）等作为建群种。全区保留较好的草甸草原多在阴湿、半阴湿山地，一般草群生长茂密，草层平均高 25.22 cm，平均覆盖度 81.41%，草群包含植物较多，植被种群平均密度为 12 种 /m^2，鲜草平均产量为 5 832 kg/hm^2，干草平均产量为 2 800.5 kg/hm^2，可利用鲜草平均为 5 688 kg/hm^2（依据 2005—2011 年全区草原资源生态监测数据）。

2. 温性草原

温性草原是由旱生多年生草本植物或有时为旱生蒿类半灌木、小半灌木为建群种组成的草原类型，常常有丛生禾草在群落中占据优势（图 1-3）。

图 1-3　温性草原生境

（1）分布

温性草原主要分布于本区南部广大的黄土丘陵地区，其北界为东自盐池县青山乡营盘台沟，向西经大水坑—青龙山东南—沿大罗山南麓—经窑山、李旺以南—海原庙山以北—甘盐池北山三个井一线。以此线与北部的荒漠草原为界。年降水量为 300～500 mm，土壤主要为黑垆土类，包括普通黑垆土、浅黑垆土或侵蚀黑垆土等。分布区内，自固原冯庄至王洼—河川—固原—西吉大坪、田坪一线以北，温性草原分布于黄土丘陵阴阳坡；此线以南，则主要分布于阳坡、半阳坡，与阴坡的草甸草原呈复区存在。

（2）植被

全区温性草原面积 $6.36 \times 10^5 \, hm^2$，包括 6 个草原组，55 个草原型。主要建群种有长芒草（*Stipa bungeana*）、硬质早熟禾（*Poa sphondylodes*）、白莲蒿（*Artemisia sacrorum*）、牛枝子（*Lespedeza potaninii*）、百里香（*Thymus mongolicus*）、阿尔泰狗哇花（*Heteroparppus altaicus*）、星毛委陵菜（*Potentilla acaulis*）、冷蒿（*Artemisia frigida*）、漠蒿（*Artemisia desrtorum*）、甘草（*Glycyrrhiza uralensis*）、短花针茅（*Stipa breviflora*）、大针茅（*Stipa grandis*）、荒漠锦鸡儿（*Caragana roborovskii*）、糙隐子草（*Cleistogenes squarrosa*）等植物。平均覆盖度 52.42%，植被种群平均密度为 8 种 /m²，草层高度因组而异，平均为 14.72 mm，鲜草平均产量为 1 986 kg/hm²，干草平均产量为 981 kg/hm²，可利用鲜草平均为 1 927.5 kg/hm²（依据 2005—2011 年全区草原资源生态监测数据）。

3. 温性荒漠草原

温性荒漠草原是以强旱生多年生草本植物与强旱生小半灌木、小灌木为优势种的草原类型（图 1-4）。

图 1-4 温性荒漠草原生境

（1）分布

温性荒漠草原是宁夏中北部占优势的地带性草原，广布于全区中北部地区，包括海原县北部，同心、盐池县中北部，以及引黄灌区的大部分地区。就地貌而言，占据了鄂尔多斯台地边缘部分、同心山间盆地和包括中卫香山在内的各个剥蚀中低山地，黄河冲积平原阶地，以及贺兰山南北两端的浅山及大部分洪积扇和山前倾斜平原，西北以贺兰山为界，向背直达石嘴山市落石滩。荒漠草原分布地区属半干旱气候，比温性草原分布区干燥，年降水量 200 ～ 300 mm，土壤以灰钙土、浅灰钙土为主，在南部与干草原交接处有少量的浅黑垆土。

（2）植被

本类草原包括 11 个草原组 181 个草原型，面积 $1.44 \times 10^6 \, hm^2$，是全区草原面积最大的类型。主要建群种有短花针茅（*Stipa breviflora*）、糙隐子草（*Cleistogenes squarrosa*）、刺旋花（*Convolvulus tragacanthoides*）、刺叶柄棘豆（*Oxytropis aciphylla*）、藏青锦鸡儿（*Caragana tibetica*）、冷蒿（*Artemisia frigida*）、著状亚菊（*Ajania achilleoides*）、珍珠猪毛菜（*Salsola passerina*）、红砂（*Reaumuria soongorica*）、木本猪毛菜（*Salsola arbuscula*）、老瓜头（*Cynanchum komarovii*）、匍根骆驼蓬（*Peganum nigellastrum*）、大苞鸢尾（*Iris bungei*）、牛枝子（*Lespedeza potaninii*）、披针叶黄华（*Thermopsis lanceolata*）、甘草（*Glycyrrhiza uralensis*）、苦豆子（*Sophora alopecuroides*）、荒漠锦鸡儿（*Caragana roborovskii*）、细叶锦鸡儿（*Caragana stenophylla*）、中亚白草（*Pannisetum centrasiaticum*）、赖草（*Leymus secalinus*）、芨芨草（*Achnatherum splendens*）、卵穗苔（*Carex ovatispiculata*）、黑沙蒿（*Artemisia ordosica*）等。荒漠草原平均覆盖度 42.78%，草群平均高度 17.76 mm，植被种群平均密度为 6 种 $/m^2$，鲜草平均产量为 1537.5 kg/hm²，干草平均产量为 751.95 kg/hm²，可利用鲜草平均为 559.5 kg/hm²（依据 2005—2011 年全区草原资源生态监测数据）。

4. 温性草原化荒漠

温性草原化荒漠类草原是以强旱生、超旱生的小灌木，小半灌木或灌木为优势种，并混生相当数量的强旱生多年生草本植物和多量一年生草本植物的草原类型（图 1-5）。

图 1-5　温性草原化荒漠生境

（1）分布

温性草原化荒漠是半干旱至干旱地带的过渡性的草原类型，出现在宁夏生境最严酷的北部地区。主要包括中卫市城区北部，中宁县北部，青铜峡西部，也局部地分散于自永宁至石嘴山西部的贺兰山东麓洪积扇地区以及河东的吴忠、灵武、陶乐等局部地区。在这些过渡地带里，往往与温性荒漠草原类草原镶嵌地存在，分布在干燥的丘陵、山地阳坡强砾石质、石质、沙质或盐渍化的生境。

（2）植被

本类草原总面积 $2.27 \times 10^5 hm^2$，包括 8 个草原组 30 个草原型。主要建群种有珍珠猪毛菜（Salsola passerina）、红砂（Reaumuria soongorica）、列氏合头草（Sympegma regelii）、木本猪毛菜（Salsola arbuseula）、刺叶柄棘豆（Oxytropis aciphylla）、沙冬青（Ammopiptanthus mongolicus）、草麻黄（Ephedra sinica）、葡根骆驼蓬（Peganum nigellastrum）、碱韭（Allium polyrrhizum）、栉叶蒿（Neopallasia pectinata）、冠芒草（Enneapogon borealis）、三芒草（Aristida adscensionis）、白刺（Nitraria tangutorum）、柠条锦鸡儿（Caragana korshinskii）等。温性草原化荒漠类草原植被稀疏，草群不能郁闭，时常有大面积的裸地，平均覆盖度29.9%，植被种群平均密度为 4.27 种 $/m^2$，鲜草平均产量为 $1\ 623\ kg/hm^2$，干草平均产量为 $726\ kg/hm^2$，可利用鲜草平均为 $1\ 600.5\ kg/hm^2$（依据 2007 年全区草原资源生态监测数据）。

二、宁夏四种草原类型昆虫物种多样性

（一）调查样点分布

根据宁夏温性荒漠草原、温性草原、温性草原化荒漠、温性草甸草原四个主要草原类型划分，采用 GPS 定位，共设置 43 个样点。2010—2014 年自 4 月下旬至 10 月底，每 15 ～ 30 天进行一次调查（图 1-6）。

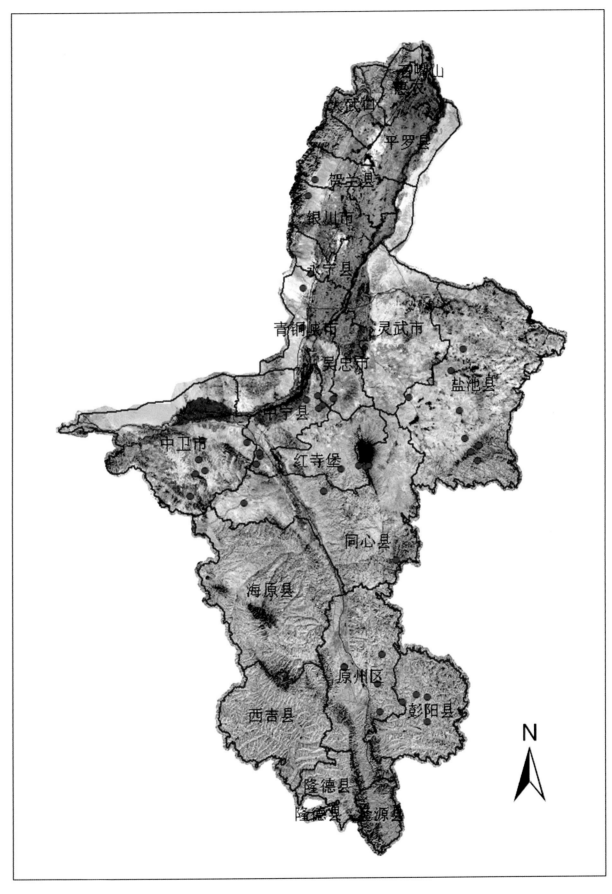

图 1-6 宁夏昆虫区域调查样点分布图

（二）四种草原类型的昆虫种类组成

2010—2014 年连续 5 年对宁夏四种草原类型昆虫群落进行的系统调查，共采集制作昆虫标本 114 013 头，鉴定出 18 目 226 科 1 750 种。其中，温性荒漠草原 13 目 183 科 1 041 种，温性草原 10 目 105 科 386 种，温性草原化荒漠 12 目 110 科 454 种，温性草甸草原 16 目 153 科 1 044 种。温性荒漠草原和温性草甸草原昆虫种类及数量均远远超过温性草原和温性草原化荒漠。

1.温性荒漠草原昆虫组成特点

表 1-1 列出了宁夏温性荒漠草原各目科、种的数量。宁夏温性荒漠草原昆虫共鉴定出 13 目 183 科 1041 种，占宁夏草原昆虫已知总种数的 59.49%，说明宁夏温性荒漠草原昆虫的物种丰富度极高。宁夏温性荒漠草原昆虫各目按科数量排列为：鞘翅目＞半翅目＞鳞翅目＞膜翅目＞双翅目＞直翅目＞蜻蜓目＞脉翅目＞蜚蠊目＞缨尾目、螳螂目、革翅目、蛇蛉目。各目按种数量排列为：鞘翅目＞鳞翅目＞半翅目＞双翅目＞膜翅目＞直翅目＞蜻蜓目＞脉翅目＞蜚蠊目、螳螂目＞缨尾目、革翅目、蛇蛉目。优势目为鞘翅目、半翅目、鳞翅目、膜翅目和双翅目，5 个目的科数占宁夏温性荒漠草原昆虫已知总科数的 85.28%，占宁夏草原昆虫已知总科数的 69.03%，5 个目的种数占宁夏温性荒漠草原昆虫已知总种数 90.87%，占宁夏草原昆虫已知总种数的 54.06%。

表 1-1　温性荒漠草原昆虫种类组成

目　名	科		种	
	数　量	比例（%）	数　量	比例（%）
石蛃目 Microcoryphia	1	0.55	1	0.10
蜻蜓目 Odonata	6	3.28	12	1.15
蜚蠊目 Blattaria	2	1.09	2	0.19
螳螂目 Mantodea	1	0.55	2	0.19
革翅目 Dermaptera	1	0.55	1	0.10
直翅目 Orthoptera	11	6.01	65	6.24
半翅目 Hemiptera	35	19.13	174	16.71
脉翅目 Neuroptera	4	2.19	11	1.06
蛇蛉目 Raphidioptera	1	0.55	1	0.10
鳞翅目 Lepidoptera	32	17.49	280	26.90
鞘翅目 Coleoptera	40	21.86	305	29.30
双翅目 Diptera	23	12.57	98	9.41
膜翅目 Hymenoptera	26	14.21	89	8.55
合　计	183		1 041	

从科级水平看出，宁夏温性荒漠草原昆虫分布于 183 个科，其中 15 种以上的科有 16 个，依次为夜蛾科 Noctuidae（111 种）、叶甲科 Chrysomelidae（55 种）、拟步甲科 Tenebrionidae（43 种）、螟蛾科 Pyralidae（37 种）、象甲科 Curculionidae（31 种）、卷蛾科 Tortricidae（26 种）、食蚜蝇科 Syrphidae（24 种）、瓢虫科 Coccinellidae（21 种）、步甲科 Carabidae（21 种）、木虱科 Psyllidae（20 种）、蝽科 Pentatomidae（20 种）、斑翅蝗科 Oedipodidae（19 种）、寄蝇科 Tachinidae（17 种）、天牛科 Cerambycidae（16 种）、盲蝽科 Miridae（16 种）、叶蝉科 Cicadellidae（16 种），此 16 个科的物种数占宁夏温性荒漠草原总物种数的 47.36%，占宁夏草原总物种数的 28.17%，为优势科。

宁夏温性荒漠草原昆虫优势种有贺兰疙蝗 *Pseudotmethis alashanicus* B.-Bienko、裴氏短鼻蝗 *Filchnerella beicki* Ramme、黑翅痂蝗 *Bryodema nigroptera* Zheng *et* Gow、亚洲小车蝗 *Oedaleus decorus asiaticus* B.-Bienko、黄胫小车蝗 *O. infernalis* Saussure、宁夏束颈蝗 *Sphingonotus ningsianus* Zheng et Gow、碧伟蜓 *Anax parthenope julius*（Brauer）、薄翅螳螂 *Mantis religiosa* Linnaeus、大青叶蝉 *Cicadella viridis*（Linnaeus）、白背飞虱 *Sogatella furcifera*（Horváth）、甘草胭珠蚧 *Porphyrophora sophorae*（Archangelskaya）、斑须蝽 *Dolycoris baccarum*（Linnaeus）、横带红长蝽 *Lygaeus equestris*（Linnaeus）、中黑土猎蝽 *Coranus lativentris* Jakovlev、中华通草蛉 *Chrysopa sinica*（Tieder）、云纹虎甲 *Cicindela elisae* Motschulsky、月斑虎甲 *Cicindela lunulata* Fabricius、沙蒿金叶甲 *Chrysolina aeruginosa*（Faldermann）、甘草萤叶甲 *Diorhabda tarsalis* Weise、中华萝藦肖叶甲 *Chrysochus chinensis* Baly、白星花金龟 *Potosia*（*Liocola*）*brevitarsis*（Lewis）、东方绢金龟 *Serica orientalis* Motschulsky、中华金星步甲 *Calosoma chinense* Kirby、麻步甲 *Carabus brandti* Faldermann、中华食蜂郭公虫 *Trichodes sinae* Chevrolat、七星瓢虫 *Coccinella septempunctata* Linnaeus、多异瓢虫 *Hippodamia variegate*（Goeze）、蒙古伪葬步甲 *Pseudotaphoxenus mongolicus* Jedlicka、谢氏宽漠王 *Mantichorula semenowi* Reitter、波氏东鳖甲 *Anatolica paotanini* Reitter、弯齿琵甲 *Blaps femoralis femoralis* Fischer-Waldheim、甘草豆象 *Bruchidius ptilinoides* Faharaeus、苦豆象 *Bruchus apicipennis* Heyden、中国豆芫菁 *Epicauta chinensis* Laporte、麦牧野螟 *Nomophila nocteulla* Schiffermuller *et* Denis、草地螟 *Loxostege sticticalis* Linnaeus、粘虫 *Pseudaleti separata*（Walker）、黄地老虎 *Agrotis segetum*（Denis *et* Schiffermuller）、小地老虎 *Agrotis ipsilon*（Hufnagel）、苦豆夜蛾 *Apopestes spectrum* Esper、沙蒿木蠹蛾 *Holcocerus artemisiae* Chou *et* Hua、甘草广肩小蜂 *Bruchophagus glycyrrhizae* Nikolskya 等。

2. 温性草原昆虫组成特点

表 1-2 列出了宁夏温性草原各目科、种的数量。宁夏温性草原昆虫共鉴定出 10 目 105 科 386 种，占宁夏草原昆虫已知总种数的 22.06%。宁夏温性草原昆虫各目按科数量排列为：鞘翅目 > 半翅目 > 鳞翅目 > 膜翅目 > 直翅目、双翅目 > 脉翅目、螳螂目、蜻蜓目、蜚蠊目。各目按种数量排列为：鞘翅目 > 鳞翅目 > 半翅目 > 直翅目 > 双翅目 > 膜翅目 > 脉翅目 > 螳螂目、蜻蜓目、蜚蠊目。优势目为鞘翅目、鳞翅目、半翅目和直翅目，4 个目的科数占宁夏温性草原昆虫已知总科数的 74.29%，占宁夏草原昆虫已知总科数的 34.51%，4 个目的种数占宁夏温性草原昆虫已知

总科数的 84.72%，占宁夏草原昆虫已知总种数的 18.69%。

表 1-2　温性草原昆虫种类组成

目 名	科		种	
	数　量	比例（%）	数　量	比例（%）
蜻蜓目 Odonata	1	0.95	1	0.26
蜚蠊目 Blattaria	1	0.95	1	0.26
螳螂目 Mantodea	1	0.95	1	0.26
直翅目 Orthoptera	11	10.48	43	11.14
半翅目 Hemiptera	22	20.95	57	14.77
脉翅目 Neuroptera	1	0.95	4	1.04
鳞翅目 Lepidoptera	18	17.14	80	20.73
鞘翅目 Coleoptera	27	25.71	147	38.08
双翅目 Diptera	11	10.48	28	7.25
膜翅目 Hymenoptera	12	11.43	24	6.22
合　计	105		386	

从科级水平看出，宁夏温性草原昆虫分布于 105 个科，其中 10 种以上的科有 9 个，依次为夜蛾科 Noctuidae（33 种）、步甲科 Carabidae（27 种）、叶甲科 Chrysomelidae（17 种）、芫菁科 Meloidae（13 种）、网翅蝗科 Arcypteridae（12 种）、瓢虫科（12 种）Coccinellidae、螟蛾科 Pyralidae（11 种）、象甲科 Curculionidae（10 种）、食蚜蝇科 Syrphidae（10 种），此 9 科的物种数占宁夏温性草原总物种数的 37.56%，占宁夏草原总物种数的 8.29%，为优势科。

宁夏温性草原昆虫优势种有白纹雏蝗 Chorthippus albonemus Cheng et Tu、短星翅蝗 Calliptamus abbreviatus Ikonnikov、裴氏短鼻蝗 Filchnerella beicki Ramme、赤翅皱膝蝗 Angaracris rhodopa（Fischer-Walheim）、亚洲小车蝗 Oedaleus decorus asiaticus B.-Bienko、中华剑角蝗 Acrida cinerea（Thunberg）、日本蚱 Tetrix japonica（Bolivar）、薄翅螳螂 Mantis religiosa Linnaeus、紫翅果蝽 Carpocoris purpureipennis（De Geer）、牧草盲蝽 Lygus pratensis（Linnaeus）、直角通缘步甲 Pterostichus gebleri（Dejean）、七星瓢虫 Coccinella septempunctata Linnaeus、多异瓢虫 Hippodamia variegate（Goeze）、黄缘龙虱 Cybister japonicas Sharp、红斑芫菁 Mylabris speciosa Pallas、苹斑芫菁 Mylabris calida Pallas、白星花金龟 Potosiu（Liocola）brevitarsis（Lewis）、东方绢金龟 Serica orientalis Motschulsky、黄褐金龟子 Anomala exoleta Faldermann、日负葬甲 Nicrophorus japonicus Harold、黑负葬甲 Nicrophorus concolor Kraatz、台风蜣螂 Scarabaeus typhon Fischer、墨侧裸蜣螂 Gymnopleurus mopsus（Pallas）、臭蜣螂 Copris ochus Motschulsky、黄地老虎 Agrotis segetum（Denis et Schiffermuller）、小地老虎 Agrotis ipsilon（Hufnagel）、中华蜜蜂 Apis cerana Fabricius 等。

3. 温性草原化荒漠昆虫组成特点

表 1-3 列出了宁夏温性草原化荒漠各目科、种的数量。宁夏温性草原化荒漠昆虫共鉴定出

12 目 110 科 454 种，占宁夏草原昆虫已知总种数的 25.94%。宁夏温性草原化荒漠昆虫各目按科数量排列为：鞘翅目＞半翅目＞鳞翅目＞直翅目＞膜翅目＞双翅目＞蜻蜓目＞脉翅目＞螳螂目、革翅目、蜚蠊目、襀翅目。各目按种数量排列为：鞘翅目＞鳞翅目＞半翅目＞直翅目＞膜翅目＞双翅目＞脉翅目＞螳螂目＞蜻蜓目、蜚蠊目、襀翅目。优势目为鞘翅目、鳞翅目、半翅目、直翅目和脉翅目，5 个目的科数占宁夏温性草原化荒漠昆虫已知总科数的 85.45%，占宁夏草原昆虫已知总科数的 41.59%，5 个目的种数占宁夏温性草原化荒漠昆虫已知总种数的 92.95%，占宁夏草原昆虫已知总种数的 24.11%。

表 1-3　温性草原化荒漠昆虫种类组成

目　名	科		种	
	数　量	比例（%）	数　量	比例（%）
襀翅目 Plecoptera	1	0.91	1	0.22
蜻蜓目 Odonata	3	2.73	7	1.54
蜚蠊目 Blattaria	1	0.91	1	0.22
螳螂目 Mantodea	1	0.91	2	0.44
革翅目 Dermaptera	1	0.91	1	0.22
直翅目 Orthoptera	12	10.91	32	7.05
半翅目 Hemiptera	23	20.91	75	16.52
脉翅目 Neuroptera	2	1.82	5	1.10
鳞翅目 Lepidoptera	21	19.09	140	30.84
鞘翅目 Coleoptera	27	24.55	147	32.38
双翅目 Diptera	7	6.36	15	3.30
膜翅目 Hymenoptera	11	10.00	28	6.17
合　计	110		454	

从科级水平看出，宁夏温性草原化荒漠昆虫分布于 110 个科，其中 10 种以上的科有 9 个，依次为夜蛾科 Noctuidae（61 种）、拟步甲科 Tenebrionidae（33 种）、叶甲科 Chrysomelidae（24 种）、螟蛾科 Pyralidae（23 种）、象甲科 Curculionidae（16 种）、斑翅蝗科 Oedipodidae（12 种）、瓢虫科 Coccinellidae（12 种）、木虱科 Psyllidae（12 种）、芜菁科 Meloidae（10 种），此 9 科的物种数占宁夏温性草原化荒漠总物种数的 44.71%，占宁夏草原总物种数的 11.60%，为优势科。

宁夏温性草原化荒漠昆虫优势种有黄胫异痂蝗 Bryodemella holdereri holdereri（Krauss）、大胫刺蝗 Compsorhipis davidiana（Saussure）、黑翅痂蝗 Bryodema nigroptera Zheng et Gow、黑腿星翅蝗 Calliptamus barbarous（Costa）、黄胫小车蝗 O. infernulis Saussure、皮柯懒螽 Zichya piechockii Cejchan；大青叶蝉 Cicadella viridis（Linnaeus）、白背飞虱 Sogatella furcifera（Horváth）、灰飞虱 Laodelphax stritellus（Fallen）、亚姬缘蝽 Corizus tetraspilus Horvath、泛希姬蝽 Himacerus apterus（Fabri.）、巨膜长蝽 Jakowleffia setujosa（Jakovlev）；谢氏宽漠王 Mantichorula semenowi Reitter、尖尾东鳖甲 Anatolica mucronata Reitter、麻步甲 Carabus brandti Faldermann、蒙古伪葬步甲 Pseudotaphoxenus mongolicus Jedlicka 等。

4. 温性草甸草原昆虫组成特点

表1-4列出了宁夏温性草甸草原各目科、种的数量。宁夏温性草甸草原昆虫共鉴定出16目153科1044种，占宁夏草原昆虫已知总种数的59.66%。宁夏温性草甸草原昆虫各目按科数量排列为：鳞翅目＞鞘翅目＞半翅目＞双翅目＞膜翅目＞直翅目＞脉翅目＞革翅目＞螳螂、蜚蠊目、蜻蜓目、弹尾目、缨尾目、广翅目、长翅目、毛翅目。各目按种数量排列为：鳞翅目＞鞘翅目＞半翅目＞双翅目＞直翅目＞膜翅目＞脉翅目＞革翅目＞螳螂目、长翅目＞蜚蠊目、蜻蜓目、弹尾目、缨尾目、广翅目、毛翅目。优势目为鳞翅目、鞘翅目、半翅目、双翅目和膜翅目，5个目的科数占宁夏温性草甸草原昆虫已知总科数的83.66%，占宁夏草原昆虫已知总科数的56.64%，5个目的种数占宁夏温性草甸草原昆虫已知总种数的92.72%，占宁夏草原昆虫已知总种数的55.31%。

表1-4　温性草甸草原昆虫种类组成

目　名	科		种	
	数　量	比例（%）	数　量	比例（%）
缨尾目	1	0.65	1	0.10
弹尾目	1	0.65	1	0.10
蜻蜓目	1	0.65	1	0.10
蜚蠊目	1	0.65	1	0.10
螳螂目	1	0.65	2	0.19
革翅目	2	1.31	3	0.29
直翅目	10	6.54	48	4.60
半翅目	30	19.61	161	15.42
脉翅目	5	3.27	15	1.44
广翅目	1	0.65	1	0.10
长翅目	1	0.65	2	0.19
毛翅目	1	0.65	1	0.10
鳞翅目	34	22.22	463	44.35
鞘翅目	33	21.57	242	23.18
双翅目	16	10.46	60	5.75
膜翅目	15	9.80	42	4.02
合　计	153		1 044	

从科级水平看出，宁夏温性草甸草原昆虫分布于153个科，其中15种以上的科有16个，依次为夜蛾科 Noctuidae（119种）、尺蛾科 Geometridae（72种）、卷蛾科 Tortricidae（63）种、叶甲科 Chrysomelidae（63种）、舟蛾科 Notodontidae（32种）、盲蝽科 Miridae（26种）、象甲科 Curculionidae（25种）、食蚜蝇科 Syrphidae（25种）、蝽科 Pentatomidae（23种）、蛱蝶科 Nymphalidae（23种）、瓢虫科 Coccinellidae（21种）、螟蛾科 Pyralidae（19种）、叶蝉科 Cicadellidae（18种）、鳃金龟科 Melolonthidae（18种）、网翅蝗科 Arcypteridae（17种）、天蛾

科 Sphingidae（17 种），此 16 科的物种数占宁夏温性草甸草原总物种数的 55.65%，占宁夏草原总物种数的 33.20%，为优势科。

宁夏温性草甸草原昆虫优势种有白纹雏蝗 *Chorthippus albonemus* Cheng *et* Tu、李氏大足蝗 *Gomphocerus licenti*（Chang）、日本蚱 *Tetrix japonica*（Bolivar）；中国豆芫菁 *Epicauta chinensis* Laporte、绿芫菁 *Lytta caraganae* Pallas、七星瓢虫 *Coccinella septempunctata* Linnaeus、多异瓢虫 *Hippodamia variegate*（Goeze）；天幕毛虫 *Malacosoma neustria testacea* Motsch、黄臀黑灯蛾 *Spilarctia caesarea*（Goeze）、荨麻蛱蝶 *Aglais urticae* Linnaeus、黄斑长翅卷蛾 *Acleris fimbriana*（Thunberg）、亮黄卷蛾 *Archips limatus* Razowski、黄地老虎 *Agrotis segetum*（Denis *et* Schiffermuller）、小地老虎 *Agrotis ipsilon*（Hufnagel）。

（三）四种草原类型昆虫群落结构特征

群落多样性是衡量群落结构的重要指标，其含义包含有两种成分：一是群落中所含有的物种数目，称为物种丰富度；二是群落中各物种的相对密度，称为群落的异质性。群落功能是指群落在生态系统中自身的能量流动和各营养级之间的物质循环作用，常用能量、生产力、氮或磷的资源利用等来衡量。

昆虫群落的组成结构是指群落由哪些生物种类所构成及各个物种之间的分布情况。主要由 Margalef 丰富度指数、Simpson 集中性概率指数、Shannon-Wienner 多样性指数及均匀性指数等几个参数组成。

表 1-5 宁夏四种草原类型昆虫群落特征比较

草原类型	丰富度指数	集中性概率指数	多样性指数	均匀性指数
温性荒漠草原	3.561 9	0.088 6	2.808 9	0.834 2
温性典型草原	2.807 1	0.195 7	2.079 5	0.672 7
温性草原化荒漠	1.537 4	0.173 7	2.010 2	0.838 3
温性草甸草原	2.328 3	0.097 4	2.468 3	0.890 2

宁夏四种草原类型昆虫群落结构特征分析结果表明（表 1-5），宁夏四种草原类型的丰富度变化较大，温性荒漠草原丰富度指数和多样性指数均最高，集中性概率指数最低，表明其昆虫群落结构最为稳定；温性草原集中性概率指数最高，均匀性指数最低，表明其昆虫群落结构变动较大，害虫发生潜在风险高；温性草原化荒漠均匀性指数和集中性概率指数较高，多样性指数和丰富度指数最低，其昆虫群落结构简单，害虫发生具有一定的潜在风险；温性草甸草原均匀性指数最高，多样性指数较高，集中性概率指数较低，表明其昆虫群落结构较为稳定。

宁夏四种草原类型昆虫相似性分析结果表明（表 1-6），温性荒漠草原与温性草原相似性指数最大，为 0.69，温性荒漠草原与温性草原化荒漠相似性指数其次，为 0.65，然后依次为温性草原与温性草甸草原，温性草原化荒漠与温性草原，温性荒漠草原与温性草甸草原，相似性指数分别为 0.60、0.57 与 0.55，温性草原化荒漠和温性草甸草原相似性指数最小，为 0.27。

表 1-6　宁夏四种草原类型昆虫相似性分析

草原类型	温性草原化荒漠	温性荒漠草原	温性草原	温性草甸草原
温性草原化荒漠	1	0.65	0.57	0.27
温性荒漠草原		1	0.69	0.55
温性草原			1	0.60
温性草甸草原				1

（四）四种草原类型昆虫群落功能团的划分

根据昆虫取食食物的性质将宁夏草原昆虫群落（表 1-7）1 750 个种划分为植食者、肉食者及环境友好者 3 个营养级。每一营养级根据取食习性特点等生态功能和生物学特性划分为不同的功能团，其中，植食性昆虫划分为食叶类、刺吸类、潜叶类、蛀果类、食花食果类、蛀茎类及根部害虫 7 个功能团；肉食性昆虫，即天敌，划分为捕食类和寄生类天敌 2 个功能团；环境友好者划分为中性昆虫、分解昆虫、地下昆虫及传粉昆虫 4 个功能团；共 11 个功能团。每一功能团根据昆虫分类特点划分为各个类群，然后每一类群根据种群数量选择优势种。

1. 植食者

即害虫，各功能团按种类和数量排列为：食叶类 > 刺吸类 > 根部害虫 > 潜叶类 > 蛀茎类 > 食花食果类 > 蛀果类。各功能团所包含的类群和优势种如下。

食叶类害虫有弹尾目、直翅目、鞘翅目、鳞翅目及膜翅目中的 52 个类群，分别为圆跳虫科 Sminthuridae、硕螽科 Bradyporidae、草螽科 Conocephalidae、蝼蛄科 Gryllotalpidae、蟋蟀科 Gryllidae、蚱科 Tetrigidae、癞蝗科 Pamphagidae、锥头蝗科 Pyrgomorphidae、斑腿蝗科 Catantopidae、网翅蝗科 Arcypteridae、斑翅蝗科 Oedipodidae、槌角蝗科 Gomphoceridae、剑角蝗科 Acrididae、红萤科 Lycidae、芫菁科 Meloidae、叶甲科 Chrysomelidae、肖叶甲科 Eumolpidae、负泥虫科 Crioceridae、铁甲科 Hispidae、龟甲科 Cassididae、象甲科 Curculionidae、卷象科 Attelabidae、花金龟科 Cetoniidae、鳃金龟科 Melolonthidae、丽金龟科 Rutelidae、犀金龟科 Dynastidae、菜蛾科 Plutellidae、羽蛾科 Pterophoridae、草蛾科 Ethmiidae、麦蛾科 Gelechiidae、刺蛾科 Limacodidae、斑蛾科 Zygaenidae、螟蛾科 Pyralidae、尺蛾科 Geometridae、钩蛾科 Drepanidae、波纹蛾科 Thyatiridae、带蛾科 Thaumetopoeidae、天蚕蛾科 Saturniidae、枯叶蛾科 Lasiocampidae、天蛾科 Sphingidae、夜蛾科 Noctuidae、灯蛾科 Arctiidae、舟蛾科 Notodontidae、毒蛾科 Lymantriidae、弄蝶科 Hesperiidae、凤蝶科 Papilionidae、绢蝶科 Parnassiidae、粉蝶科 Pieridae、灰蝶科 Lycaenidae、眼蝶科 Satyridae、蛱蝶科 Nymphalidae 及叶蜂科 Tenthredinidae。

优势种有圆跳虫 *Sminthurus* sp.、裴氏短鼻蝗 *Filchnerella beicki* Ramme、白纹雏蝗 *Chorthippus albonemus* Cheng *et* Tu、短星翅蝗 *Calliptamus abbreviatus* Ikonnikov、亚洲小车蝗 *Oedaleus decorus asiaticus* B.-Bienko、黄胫小车蝗 *O. infernalis* Saussure、赤翅皱膝蝗 *Angaracris rhodopa* （Fischer-Walheim）、黄胫异痂蝗 *Bryodemella holdereri holdereri*（Krauss）、黑翅痂蝗 *Bryodema nigroptera* Zheng *et* Gow、宁夏束颈蝗 *Sphingonotus ningsianus* Zheng *et* Gow、李氏大足蝗 *Gomphocerus licenti*（Chang）、中华剑角蝗 *Acrida cinerea*（Thunberg）、中国豆芫菁 *Epicauta chinensis* Laporte、绿芫菁 *Lytta caraganae* Pallas、甘草萤叶甲 *Diorhabda tarsalis* Weise、沙蒿金叶甲 *Chrysolina aeruginosa*（Faldermann）、中华萝摩肖叶甲 *Chrysochus chinensis* Baly、白星花金龟 *Potosia*（*Liocola*）*brevitarsis*（Lewis）、东方绢金龟 *Serica orientalis* Motschulsky、麦牧野螟 *Nomophila nocteulla* Schiffermuller *et* Denis、草地螟 *Loxostege sticticalis* Linnaeus、天幕毛虫 *Malacosoma neustria testacea* Motsch、粘虫 *Pseudaleti separata*（Walker）、苦豆夜蛾 *Apopestes spectrum* Esper、芫菁叶蜂 *Athalia rosae*（Linnaeus）等。

刺吸类害虫有半翅目中的 26 个类群，分别为蝉科 Cicadidae、叶蝉科 Cicadellidae、角蝉科 Membracidae、麦蜡蝉科 Cixiidae、蜡蝉科 Fulgoridae、飞虱科 Delphacidae、木虱科 Psyllidae、大蚜科 Lachnidae、扁蚜科 Hormaphididae、蚜科 Aphididae、珠蚧科 Margarodidae、粉蚧科 Pseudococcidae、蜡蚧科 Coccidae、盾蚧科 Diaspididae、龟蝽科 Plataspidae、土蝽科 Cydnidae、盾蝽科 Scutelleridae、蝽科 Pentatomidae、同蝽科 Acanthosomatidae、异蝽科 Urostylidae、缘蝽科 Coreidae、跷蝽科 Berytidae、盲蝽科 Miridae、长蝽科 Lygaeidae、皮蝽科 Piesmatidae、红蝽科 Pyrrhocoridae 及网蝽科 Tingidae。优势种有大青叶蝉 *Cicadella viridis*（Linnaeus）、四点叶蝉 *Cicadula masatonis* Matsumura、圆角蝉 *Gargara genistae*（Fabricius）、白背飞虱 *Sogatella furcifera*（Horváth）、灰飞虱 *Laodelphax stritellus*（Fallen）、梭梭胖木虱 *Caillardia azurea* Loginova、甘草胭珠蚧 *Porphyrophora sophorae*（Archangelskaya）、西蜀圆龟蝽 *Coptosoma sordidula* Montandon、同心龟土蝽 *Lactistes* sp.、斑须蝽 *Dolycoris baccarum*（Linnaeus）、紫翅果蝽 *Carpocoris purpureipennis*（De Geer）、亚姬缘蝽 *Corizus tetraspilus* Horvath、苜蓿盲蝽 *Adelphocoris lineolatus*（Goeze）、牧草盲蝽 *Lygus pratensis*（Linnaeus）、巨膜长蝽 *Jakowleffia setujosa*（Jakovlev）、横带红长蝽 *Lygaeus equestris*（Linnaeus）、地红蝽 *Pyrrhocoris tibialis* Stal 等。

根部害虫有直翅目、鞘翅目、鳞翅目和双翅目中的 16 个类群，分别为蝼蛄科 Gryllotalpidae、叩甲科 Elateridae、吉丁甲科 Buprestidae、拟步甲科 Tenebrionidae、天牛科 Cerambycidae、象甲科 Curculionidae、鳃金龟科 Melolonthidae、丽金龟科 Rutelidae、犀金龟科 Dynastidae、木蠹蛾科 Cossidae、麦蛾科 Gelechiidae、螟蛾科 Pyralidae、夜蛾科 Noctuidae、大蚊科 Tipulidae、摇蚊科 Chironomidae 及水蝇科 Ephydridae。优势种有非洲蝼蛄 *Gryllotalpa africana* Palisot de Beauvois、谢氏宽漠王 *Mantichorula semenowi* Reitter、波氏东鳖甲 *Anatolica paotanini* Reitter、东方绢金龟 *Serica orientalis* Motschulsky、沙蒿木蠹蛾 *Holcocerus artemisiae* Chou *et* Hua、黄地老虎 *Agrotis segetum*（Denis *et* Schiffermuller）、小地老虎 *Agrotis ipsilon*（Hufnagel）、黄斑大蚊 *Nephrotoma* sp. 等。

潜叶类害虫有鳞翅目和双翅目中的 12 个类群，分别为卷蛾科 Tortricidae、菜蛾科 Plutellidae、鞘蛾科 Coleophoridae、巢蛾科 Hyponomeutidae、细蛾科 Lithocolletidae、潜蛾科

Lyonetiidae、绢蛾科 Scythrididae、桔潜蛾科 Phyllocnistidae、瘿蚊科 Cecidomyiidae、水蝇科 Ephydridae、斑蝇科 Otitidae 及潜蝇科 Agromyzidae。优势种有草小卷蛾 *Celypha flavipalpana* (Herrich-Schäffer)、麦黑潜叶蝇 *Agromyza albipennis* Meigen 等。

蛀茎类害虫有鞘翅目、鳞翅目及双翅目中的 14 个类群，分别为天牛科 Cerambycidae、吉丁甲科 Buprestidae、花蚤科 Mordellidae、棘胫小蠹科 Scolytidae、齿小蠹科 Ipidae、木蠹蛾科 Cossidae、透翅蛾科 Aegeriidae、多羽蛾科 Orneodidae、麦蛾科 Gelechiidae、卷蛾科 Tortricidae、螟蛾科 Pyralidae、花蝇科 Anthomyiidae、水蝇科 Ephydridae 及黄潜蝇科 Chloropidae。优势种有红缘天牛 *Asisa halodendri* (Pallas)、苦豆纹透翅蛾 *Bembecia sophoracola* Xu *et* Jin、麦蛾 *Sitotroga cerealella* Olivivr、麦秆蝇 *Meromyza saltatrix* Linnaeus 等。

食花食果类害虫有鞘翅目、鳞翅目及膜翅目中的 12 个类群，分别为蚁形甲科 Anthicidae、花蚤科 Mordellidae、芫菁科 Meloidae、露尾甲科 Nitidulidae、花金龟科 Cetoniidae、长角蛾科 Adelidae、羽蛾科 Pterophoridae、卷蛾科 Tortricidae、麦蛾科 Gelechiidae、钩蛾科 Drepanidae、夜蛾科 Noctuidae 及胡蜂科 Vespidae。优势种有红斑芫菁 *Mylabris speciosa* Pallas；苹斑芫菁 *Mylabris calida* Pallas；黄斑露尾甲 *Carypoyphilus hemiypterus* Linnaeus；白星花金龟 *Potosia* (*Liocola*) *brevitarsis* (Lewis)；苜蓿夜蛾 *Heliothis dipsacea* (Linnaeus)、黄斑胡蜂 *Vespula mongolica* (André) 等。

蛀果类害虫有鞘翅目、鳞翅目、双翅目及膜翅目中的 7 个类群，分别为豆象科 Bruchuidae、卷蛾科 Tortricidae、麦蛾科 Gelechiidae、果蛀蛾科 Carposinidae、螟蛾科 Pyralidae、实蝇科 Trypetidae 及广肩小蜂科 Eurytomidae。优势种有甘草豆象 *Bruchidius ptilinoides* Faharaeus、苦豆象 *Bruchus apicipennis* Heyden、柠条荚螟 *Etiella zinckenella* (Treitschke)、枸杞实蝇 *Neoceratitis asiatica* (Becker)、甘草广肩小蜂 *Bruchophagus glycyrrhizae* Nikolskya 等。

2. 肉食者

即天敌，分为捕食类和寄生类 2 个功能团，捕食类天敌的种类和数量远远超过寄生类天敌，2 个功能团所包含的类群和优势种如下。

捕食类天敌有蜻蜓目、螳螂目、革翅目、半翅目、脉翅目、蛇蛉目、长翅目、鞘翅目、双翅目及膜翅目中的 44 个类群，分别为蜓科 Aeschnidae、大蜻科 Macromidae、蜻科 Corduliidae、色蟌科 Agriidae、蟌科 Coenagriidae、丝蟌科 Lestidae、螳螂科 Mantidae、蠼螋科 Labiduridae、张铗螋科 Anechuridae、盲蝽科 Miridae、花蝽科 Anthocoridae、瘤蝽科 Phymatidae、猎蝽科 Reduviidae、姬蝽科 Nabidae、仰游蝽科 Notonectidae、水马科 Gerridae、划蝽科 Corixidae、褐蛉科 Hemerobiidae、草蛉科 Chrysopidae、蚁蛉科 Myrmeleontoidae、粉蛉科 Coniopterygoidae、蝶角蛉科 Ascalaphidae、盲蛇蛉科 Inocelliidae、蝎蛉科 Panorpidae、虎甲科 Cicindelidae、步甲科 Carabidae、芫菁科 Meloidae、郭公虫科 Cleridae、花萤科 Cantharidae、瓢虫科 Coccinellidae、瘿蚊科 Cecidomyiidae、食虫虻科 Aslidae、鹬虻科 Rhagioae、虻科 Tabanoiae、土蜂科 Scoliidae、钩臀土蜂科 Tiphiidae、隧蜂科 Halictidae、蚁科 Formicidae、蜾蠃科 Eumenidae、胡蜂科 Vespidae、泥蜂科 Sphecidae、大唇泥蜂科 Stizidae、方头泥蜂科 Crabronidae 及节腹泥蜂科 Cerceridae。优

势种有碧伟蜓 *Anax parthenope julius*（Brauer）、薄翅螳螂 *Mantis religiosa* Linnaeus、日本蠼螋 *Labidura japonica*（De Haan）、黑点食蚜盲蝽 *Deraecoris punctulatus*（Fallén）、蒙新原花蝽 *Anthocoris pilosus*（Jakovlev）、中黑土猎蝽 *Coranus lativentris* Jakovlev、泛希姬蝽 *Himacerus apterus*（Fabri.）、中华通草蛉 *Chrysopa sinica*（Tieder）、丽草蛉 *Ch. formosa* Brauer、中华蚁蛉 *Euroleon sinicus*（Navas）、黄花蝶角蛉 *Libelloides sibiricus*（Eversmann）、云纹虎甲 *Cicindela elisae* Motschulsky、中华金星步甲 *Calosoma chinense* Kirby、麻步甲 *Carabus brandti* Faldermann、蒙古伪葬步甲 *Pseudotaphoxenus mongolicus* Jedlicka、直角通缘步甲 *Pterostichus gebleri*（Dejean）、中国豆芫菁 *Epicauta chinensis* Laporte、绿芫菁 *Lytta caraganae* Pallas、红斑芫菁 *Mylabris speciosa* Pallas、中华食蜂郭公虫 *Trichodes sinae* Chevrolat、红毛花萤 *Canthuris rufa* Linnaeus、七星瓢虫 *Coccinella septempunctata* Linnaeus、多异瓢虫 *Hippodamia variegate*（Goeze）、食蚜瘿蚊 *Aphidoletes aphidimyza*（Diptera）、日本弓背蚁 *Camponotus japonicus* Mary 及黄斑胡蜂 *Vespula mongolica*（André）等。

寄生类天敌有鳞翅目、双翅目及膜翅目中的 9 个类群，分别为举肢蛾科 Heliodinidae、寄蝇科 Tachinidae、姬蜂科 Ichneumonidae、茧蜂科 Braconidae、小蜂科 Chalcididae、金小蜂科 Pteromalidae、广腹细蜂科 Platygasteridae、青蜂科 Chrysididae 及蚁蜂科 Mutillidae。优势种有北京举肢蛾 *Beijinge utila* Yang、日本追寄蝇 *Exorista japonica*（Townsend）、粘虫缺须寄蝇 *Cuphocera varia* Fabricius、夜蛾瘦姬蜂 *Ophion luteus*（Linnaeus）、菜粉蝶绒茧蜂 *Apanteles glomeratus*（Linnaeus）、赤腹茧蜂 *Iphiaulax impostor*（Scopoli）、上海青蜂 *Chrysis shanghaiensis* Smith 等。

3. 环境友好者

即改善自然环境使之趋于平衡的昆虫，其中，中性昆虫种类和数量均最多，分解昆虫次之，传粉昆虫较多，地下昆虫最少。各功能团所包含的类群和优势种如下。

中性昆虫有石蛃目、襀翅目、半翅目、毛翅目、鞘翅目、鳞翅目、双翅目及膜翅目中的 24 个类群，分别为石蛃科 Machilidae、石蝇科 Perlidae、跳蝽科 Saldidae、扁蝽科 Aradidae、石蛾科 Phryganeidae、龙虱科 Dytiscidae、牙甲科 Hydrophilidae、萤科 Lampyridae、锹甲科 Lucanidae、蝙蛾科 Hepialidae、蚕蛾科 Bombycidae、苔蛾科 Lithosiidae、蠓科 Ceratopogonidae、毛蚊科 Bibionidae、水虻科 Stratiomyiidae、剑虻科 Therevidae、虻科 Tabanidae、网翅虻科 Nemestrinidae、舞虻科 Empididae、蛛蜂科 Pompilidae、地蜂科 Andrenidae、小唇沙蜂科 Larridae、分舌蜂科 Colletidae 及准蜂科 Melittidae。优势种有跳蝽 *Saldula* sp.、同扁蝽 *Aradus campar* Kiritschenko、黄缘龙虱 *Cybister japonicas* Sharp、黄缘小龙虱 *Ilybius apicalis* Sharp、大牙甲 *Hydorus acuminatus* Mots、小牙甲 *Hydrophilus affinis* Sharp、黄波花蚕蛾 *Oberthuria caeca* Oberthur、长吻舞虻 *Empis* sp. 及黑地蜂 *Andrena carbonaria* Linnaeus 等。

分解昆虫有鞘翅目和双翅目中的 7 个类群，分别为埋葬甲科 Silphidae、阎虫科 Histeridae、金龟科 Scarabaeidae、蜉金龟科 Aphodiidae、蝇科 Muscidae、丽蝇科 Calliphoridae 及粪蝇科 Scathophagidae。优势种有日负葬甲 *Nicrophorus japonicus* Harold、黑负葬甲 *Nicrophorus concolor*

Kraatz、台风蜣螂 *Scarabaeus typhon* Fischer、墨侧裸蜣螂 *Gymnopleurus mopsus*（Pallas）、臭蜣螂 *Copris ochus* Motschulsky 及绿额翠蝇 *Neomyia coeruleifrons*（Fallen）等。

传粉昆虫有双翅目和膜翅目中的 4 个类群，分别为蜂虻科 Bombyliidae、切叶蜂科 Megachilidae、蜜蜂科 Apidae 及木蜂科 Xylocopidae。优势种有黄绒长吻蜂虻 *Anastoechus nitidulus* Fabricius、苜蓿切叶蜂 *Megachile rotundata* Fabricius、中华蜜蜂 *Apis cerana* Fabriciu、意大利蜂 *A. mellifera* Linnaeus 及紫木蜂 *Xylocopa valga* Cerstaxker 等。

地下昆虫有鞘翅目中的 3 个类群，分别为隐翅甲科 Staphylinidae、泥甲科 Dryopidae 及长泥甲科 Heteroceridae。优势种有大颚斧须隐翅虫 *Oxyporus maxillosus* Fabricius、狄氏泥甲 *Helichus dicksoni* Waterhouse 及长泥甲 *Heteroceus* sp. 等。

表 1-7　宁夏草原昆虫群落营养层、功能团及类群结构

营养层	功能团	类　群	优势种
植食者	食叶类	弹尾目 Collembola： 圆跳虫科 Sminthuridae	圆跳虫 *Sminthurus* sp.
		直翅目 Orthoptera： 硕螽科 Bradyporidae； 草螽科 Conocephalidae； 蝼蛄科 Gryllotalpidae； 蟋蟀科 Gryllidae； 蚱科 Tetrigidae； 癞蝗科 Pamphagidae； 锥头蝗科 Pyrgomorphidae； 斑腿蝗科 Catantopidae； 网翅蝗科 Arcypteridae； 斑翅蝗科 Oedipodidae； 槌角蝗科 Gomphoceridae； 剑角蝗科 Acrididae。	阿拉善懒螽 *Mongolodectes alashanicus* Bey-Bienko； 皮柯懒螽 *Zichya piechockii* Cejchan； 日本蚱 *Tetrix japonica*（Bolivar）； 裴氏短鼻蝗 *Filchnerella beicki* Ramme； 贺兰疙蝗 *Pseudotmethis alashanicus* B.-Bienko； 短额负蝗 *Atractomorpha sinensis* Bolivar； 白纹雏蝗 *Chorthippus albonemus* Cheng et Tu； 短星翅蝗 *Calliptamus abbreviatus* Ikonnikov； 黑腿星翅蝗 *C. barbarous*（Costa）； 亚洲小车蝗 *Oedaleus decorus asiaticus* B.-Bienko； 黄胫小车蝗 *O. infernalis* Saussure； 赤翅皱膝蝗 *Angaracris rhodopa*（Fischer-Walheim）； 黄胫异痂蝗 *Bryodemella holdereri holdereri*（Krauss）； 黑翅痂蝗 *Bryodema nigroptera* Zheng et Gow； 大胫刺蝗 *Compsorhipis davidiana*（Saussure）； 宁夏束颈蝗 *Sphingonotus ningsianus* Zheng et Gow； 李氏大足蝗 *Gomphocerus licenti*（Chang）； 中华剑角蝗 *Acrida cinerea*（Thunberg）。
		鞘翅目 Coleoptera： 红萤科 Lycidae； 芜菁科 Meloidae； 叶甲科 Chrysomelidae； 肖叶甲科 Eumolpidae； 负泥虫科 Crioceridae； 铁甲科 Hispidae； 龟甲科 Cassididae； 象甲科 Curculionidae； 卷象科 Attelabidae； 花金龟科 Cetoniidae； 鳃金龟科 Melolonthidae； 丽金龟科 Rutelidae； 犀金龟科 Dynastidae。	中国豆芜菁 *Epicauta chinensis* Laporte； 绿芜菁 *Lytta caraganae* Pallas； 甘草萤叶甲 *Diorhabda tarsalis* Weise； 沙蒿金叶甲 *Chrysolina aeruginosa*（Faldermann）； 白茨粗角萤叶甲 *Diorhabda rybakowi* Weise； 黄斑叶甲 *Monolepta quadriguttata* Motschulsky； 中华萝藦肖叶甲 *Chrysochus chinensis* Baly； 枸杞负泥虫 *Lema decempunctata* Gebler； 枸杞血斑龟甲 *Cassida deltoides* Weise； 甜菜象甲 *Bothynoderes punctiventris* Germar； 棉尖象 *Phytoscaphus gossyii* Chao； 白星花金龟 *Potosia*（*Liocola*）*brevitarsis*（Lewis）； 东方绢金龟 *Serica orientalis* Motschulsky； 黄褐异丽金龟 *Anomala exoleta* Faldermann。

（续表）

营养层	功能团	类　群	优势种
植食者	食叶类	鳞翅目 Lepidoptera： 菜蛾科 Plutellidae； 羽蛾科 Pterophoridae； 草蛾科 Ethmiidae； 麦蛾科 Gelechiidae； 刺蛾科 Limacodidae； 斑蛾科 Zygaenidae； 螟蛾科 Pyralidae； 尺蛾科 Geometridae； 钩蛾科 Drepanidae； 波纹蛾科 Thyatiridae； 带蛾科 Thaumetopoeidae； 天蚕蛾科 Saturniidae； 枯叶蛾科 Lasiocampidae； 天蛾科 Sphingidae； 夜蛾科 Noctuidae； 灯蛾科 Arctiidae； 舟蛾科 Notodontidae； 毒蛾科 Lymantriidae； 弄蝶科 Hesperiidae； 凤蝶科 Papilionidae； 绢蝶科 Parnassiidae； 粉蝶科 Pieridae； 灰蝶科 Lycaenidae； 眼蝶科 Satyridae； 蛱蝶科 Nymphalidae。	菜蛾 *Plutella xylostella*（Linnaeus）； 甘草枯羽蛾 *Marasmarcha glycyrrihzavora* Zheng *et* Qin； 梨叶斑蛾 *Illiberis pruni* Dyar； 麦牧野螟 *Nomophila nocteulla* Schiffermuller *et* Denis； 草地螟 *Loxostege sticticalis* Linnaeus； 黄草地螟 *Loxostege verticalis* Linnaeus； 三线银尺蛾 *Scopula pudicaria* Mots； 黄豹天蚕蛾 *Leopa katinka* Westwood； 天幕毛虫 *Malacosoma neustria testacea* Motsch； 猫儿眼天蛾 *Celerio euphorbia* Linnaeus； 八字白眉天蛾 *Celerio lineate livornica*（Esper）； 粘虫 *Pseudaleti separata*（Walker）； 苜蓿夜蛾 *Heliothis dipsacea*（Linnaeus）； 苜蓿紫夜蛾 *Polia illoba* Butler； 苦豆夜蛾 *Apopestes spectrum* Esper； 棉铃虫 *Helicoverpa armigera*（Hübner）； 徐长卿夜蛾 *Dichromia sagitta*（Fabricius）； 白茨毛虫 *Leiometopon simyrides* Staudinger； 黄臀黑灯蛾 *Spilarctia caesarea*（Goeze）； 沙枣毒蛾 *Orgyia ericae leechi* Kirby； 豹弄蝶 *Thymelicus leoninus* Butler； 黄凤蝶 *Papilio machaon hippocrates* Felder *et* Felder； 白绢蝶 *Parnassius stubbendorfii citrinarina* Mots； 菜粉蝶 *Pieris rapae* Linnaeus； 多眼灰蝶 *Polyommatus eros* Ochsenbeimer； 白眼蝶 *Melanargia halimede*（Ménétriès）； 荨麻蛱蝶 *Aglais urticae* Linnaeus； 单环蛱蝶 *Neptis rivularis* Scopoli。
		膜翅目 Hymenoptera： 叶蜂科 Tenthredinidae。	芜菁叶蜂 *Athalia rosae*（Linnaeus）
	刺吸类	半翅目 Hemiptera： 蝉科 Cicadidae； 叶蝉科 Cicadellidae； 角蝉科 Membracidae； 麦蜡蝉科 Cixiidae； 蜡蝉科 Fulgoridae； 飞虱科 Delphacidae； 木虱科 Psyllidae； 大蚜科 Lachnidae； 扁蚜科 Hormaphididae； 蚜科 Aphididae； 珠蚧科 Margarodidae； 粉蚧科 Pseudococcidae； 蜡蚧科 Coccidae； 盾蚧科 Diaspididae； 龟蝽科 Plataspidae； 土蝽科 Cydnidae；	黑纹片角叶蝉 *Idiocerus koreanus* Matsumura； 大青叶蝉 *Cicadella viridis*（Linnaeus）； 棉叶蝉 *Empoasca biguttula*（Shiraki）； 四点叶蝉 *Cicadula masatonis* Matsumura； 圆角蝉 *Gargara genistae*（Fabricius）； 黑头麦蜡蝉 *Oliarus apicalis* Uhler； 伯瑞象蜡蝉 *Dictyophara patraelis*（Stal）； 白背飞虱 *Sogatella furcifera*（Horváth）； 灰飞虱 *Laodelphax stritellus*（Fallen）； 梭梭胖木虱 *Caillardia azurea* Loginova； 甘草豆木虱 *Cyamophila glycyrrhizae*（Becker）； 花棒豆木虱 *C.megrelica*（Gegechkori）； 甘草胭珠蚧 *Porphyrophora sophorae*（Archangelskaya）； 柠条大球蚧 *Eulecanium* sp.； 西蜀圆龟蝽 *Coptosoma sordidula* Montandon； 同心龟土蝽 *Lactistes* sp.； 绒盾蝽 *Irochrotus sibiricus* Kerzhner；

（续表）

营养层	功能团	类　群	优势种
植食者	刺吸类	盾蝽科 Scutelleridae； 蝽科 Pentatomidae； 同蝽科 Acanthosomatidae； 异蝽科 Urostylidae； 缘蝽科 Coreidae； 跷蝽科 Berytidae； 盲蝽科 Miridae； 长蝽科 Lygaeidae； 皮蝽科 Piesmatidae； 红蝽科 Pyrrhocoridae； 网蝽科 Tingidae。	西北麦蝽 Aelia sibirica Reuter； 斑须蝽 Dolycoris baccarum（Linnaeus）； 紫翅果蝽 Carpocoris purpureipennis（De Geer）； 亚姬缘蝽 Corizus tetraspilus Horvath； 绿盲蝽 Apolygus lucorum（Meyer-Dür）； 苜蓿盲蝽 Adelphocoris lineolatus（Goeze）； 条赤须盲蝽 Trigonotylus coelestialium（Kirkaldy）； 牧草盲蝽 Lygus pratensis（Linnaeus）； 四点苜蓿盲蝽 Adelphocoris quadripunctatus（Fabricius）； 巨膜长蝽 Jakowleffia setujosa（Jakovlev）； 横带红长蝽 Lygaeus equestris（Linnaeus）； 地红蝽 Pyrrhocoris tibialis Stal。
	潜叶类	鳞翅目 Lepidoptera： 卷蛾科 Tortricidae； 菜蛾科 Plutellidae； 鞘蛾科 Coleophoridae； 巢蛾科 Hyponomeutidae； 细蛾科 Lithocolletidae； 潜蛾科 Lyonetiidae； 绢蛾科 Scythrididae； 橘潜蛾科 Phyllocnistidae。	黄斑长翅卷蛾 Acleris fimbriana（Thunberg）； 亮黄卷蛾 Archips limatus Razowski； 点基斜纹小卷蛾 Apotomis capreana（Hübner）； 草小卷蛾 Celypha flavipalpana（Herrich-Schäffer）； 异色卷蛾 Choristoneura diversana（Hübner）； 忍冬双斜卷蛾 Clepsis rurinana（Linnaeus）； 胡麻短纹卷蛾 Falseuncaria kaszabi Razowski； 半圆广翅小卷蛾 Hedya dimidiana（Clerck）； 长褐卷蛾 Pandemis emptycta Meyrick； 枸杞绢蛾 Scythris sp.。
		双翅目 Diptera： 瘿蚊科 Cecidomyiidae； 水蝇科 Ephydridae； 斑蝇科 Otitidae； 潜蝇科 Agromyzidae。	麦黑潜叶蝇 Agromyza albipennis Meigen； 麦黑斑潜叶蝇 Cerodenta denticornis Panzer； 葱潜叶蝇 Dizygomyza cepae chinensis Kato。
	蛀果类	鞘翅目 Coleoptera： 豆象科 Bruchuidae。	甘草豆象 Bruchidius ptilinoides Faharaeus； 苦豆象 Bruchus apicipennis Heyden； 柠条豆象 Kytorhinus immixtus Mots； 绿绒豆象 Rhaeabus komarovi Lukjanovitsh。
		鳞翅目 Lepidoptera： 卷蛾科 Tortricidae； 麦蛾科 Gelechiidae； 果蛀蛾科 Carposinidae； 螟蛾科 Pyralidae。	黄芪小食心虫 Grapholita pallifrontana（Zeller）； 大豆食心虫 Leguminovora glycinivorella（Mats）； 麦蛾 Sitotroga cerealella Olivivr； 柠条坚荚斑螟 Asclerobia sinensis（Caradja）； 柠条荚螟 Etiella zinckenella（Treitschke）。
		双翅目 Diptera： 实蝇科 Trypetidae。	红花实蝇 Acanthiophilus helianthi（Rossi）； 枸杞实蝇 Neoceratitis asiatica（Becker）。
		膜翅目 Hymenoptera： 广肩小蜂科 Eurytomidae。	甘草广肩小蜂 Bruchophagus glycyrrhizae Nikolskya； 柠条广肩小蜂 Bruchophagus neocaraganae（Liao）。

营养层	功能团	类群	优势种
植食者	食花食果类	鞘翅目 Coleoptera： 蚁形甲科 Anthicidae； 花蚤科 Mordellidae； 芫菁科 Meloidae； 露尾甲科 Nitidulidae； 花金龟科 Cetoniidae。	黑纹角胸甲 *Notoxus* sp.； 大麻花蚤 *Mordellistena cannabisi* Mats.； 红斑芫菁 *Mylabris speciosa* Pallas； 苹斑芫菁 *Mylabris calida* Pallas； 黄斑露尾甲 *Carypoyphilus hemiypterus* Linnaeus； 白星花金龟 *Potosia*（*Liocola*）*brevitarsis*（Lewis）。
		鳞翅目 Lepidoptera： 长角蛾科 Adelidae； 羽蛾科 Pterophoridae； 卷蛾科 Tortricidae； 麦蛾科 Gelechiidae； 钩蛾科 Drepanidae； 夜蛾科 Noctuidae。	大黄长角蛾 *Nemophora amurensis* Alpheraky； 甘草枯羽蛾 *Marasmarcha glycyrrhizavora* Zheng et Qin； 异花小卷蛾 *Eucosma abacana*（Erschoff）； 黑花小卷蛾 *E.denigratana*（Kennel）； 屯花小卷蛾 *E.tundrana*（Kennel）； 灰花小卷蛾 *E.cana*（Haworth）； 苜蓿夜蛾 *Heliothis dipsacea*（Linnaeus）。
		膜翅目 Hymenoptera： 胡蜂科 Vespidae	中华长脚胡蜂 *Polistes chinesis antennalis* Perez； 黄斑胡蜂 *Vespula mongolica*（André）。
	蛀茎类	鞘翅目 Coleoptera： 天牛科 Cerambycidae； 吉丁甲科 Buprestidae； 花蚤科 Mordellidae； 棘胫小蠹科 Scolytidae； 齿小蠹科 Ipidae。	红缘天牛 *Asisa halodendri*（Pallas）； 大麻花蚤 *Mordellistena cannabisi* Mats.。
		鳞翅目 Lepidoptera： 木蠹蛾科 Cossidae； 透翅蛾科 Aegeriidae； 多羽蛾科 Orneodidae； 麦蛾科 Gelechiidae； 卷蛾科 Tortricidae； 螟蛾科 Pyralidae。	榆木蠹蛾 *Holcocerus vicarius*（Walker）； 花棒纹透翅蛾 *Bembecia ningxiaensis* Xu et Jin； 苦豆纹透翅蛾 *B.sophoracola* Xu et Jin； 麦蛾 *Sitotroga cerealella* Olivivr； 玉米螟 *Ostrinia nubilalis*（Hübner）。
		双翅目 Diptera： 花蝇科 Anthomyiidae； 水蝇科 Ephydridae； 黄潜蝇科 Chloropidae。	麦种蝇 *Hylemyia*（*Leptohylemyia*）*coarctata*（Fallen）； 葱地种蝇 *Delia*（*Hylemyia*）*antique*（Meigen）； 麦秆蝇 *Meromyza saltatrix* Linnaeus； 瑞典秆蝇 *Oscinosoma frit* Linnaeus。
肉食者	根部害虫	直翅目 Orthoptera： 蝼蛄科 Gryllotalpidae。	非洲蝼蛄 *Gryllotalpa africana* Palisot de Beauvois； 华北蝼蛄 *Gryllotalpa unispina* Saussure。
		鞘翅目 Coleoptera： 叩甲科 Elateridae； 吉丁甲科 Buprestidae； 拟步甲科 Tenebrionidae；	宽背金叩甲 *Selatosomus latus*（Fabricius）； 沙蒿吉丁虫 *Sphenoptera* sp.； 谢氏宽漠王 *Mantichorula semenowi* Reitter； 波氏东鳖甲 *Anatolica paotanini* Reitter；

（续表）

营养层	功能团	类　群	优势种
	根部害虫	天牛科 Cerambycidae； 象甲科 Curculionidae； 鳃金龟科 Melolonthidae； 丽金龟科 Rutelidae； 犀金龟科 Dynastidae。	弯齿琵甲 *Blaps femoralis femoralis* Fischer-Waldheim； 尖尾东鳖甲 *Anatolica mucronata* Reitter； 密条草天牛 *Eodorcadion virgatum* Motschulsky； 沙蒿大粒象 *Adosomus* sp.； 东方绢金龟 *Serica orientalis* Motschulsky； 褐须金龟 *Polyphylla gracilicornis* Blanchard； 黄褐金龟子 *Anomala exoleta* Faldermann； 阔胸金龟 *Pentodon patruelis* Frivaldszky。
		鳞翅目 Lepidoptera： 木蠹蛾科 Cossidae； 麦蛾科 Gelechiidae； 螟蛾科 Pyralidae； 夜蛾科 Noctuidae。	沙蒿木蠹蛾 *Holcocerus artemisiae* Chou et Hua； 麦蛾 *Sitotroga cerealella* Olivivr； 麦牧野螟 *Nomophila nocteulla* Schiffemüller *et* Denis； 黄地老虎 *Agrotis segetum*（Denis et Schiffermuller）； 小地老虎 *Agrotis ipsilon*（Hufnagel）。
		双翅目 Diptera： 大蚊科 Tipulidae； 摇蚊科 Chironomidae； 水蝇科 Ephydridae。	黄斑大蚊 *Nephrotoma* sp.。
肉食者		蜻蜓目 Odonata： 蜓科 Aeschnidae； 大蜻科 Macromidae； 蜻科 Corduliidae； 色螅科 Agriidae； 螅科 Coenagriidae； 丝螅科 Lestidae。	碧伟蜓 *Anax parthenope julius*（Brauer）； 闪蓝丽大蜻 *Epophthalmia elegans*（Brauer）； 秋赤蜻 *Sympetrum frequens*（Selys）； 白尾灰蜻 *Orthetrum albistylum speciosum*（Uhler）； 褐斑异痣螅 *Ischnura senegalensis*（Rambur）。
	捕食类	螳螂目 Mantodea： 螳螂科 Mantidae	薄翅螳螂 *Mantis religiosa* Linnaeus
		革翅目 Dermaptera： 蠼螋科 Labiduridae； 张铗螋科 Anechuridae。	日本蠼螋 *Labidura japonica*（De Haan）； 日本瘤蠼螋 *Anechura japonica* Bormans。
		半翅目 Hemiptera： 盲蝽科 Miridae； 花蝽科 Anthocoridae； 瘤蝽科 Phymatidae； 猎蝽科 Reduviidae； 姬蝽科 Nabidae； 仰游蝽科 Notonectidae； 水马科 Gerridae； 划蝽科 Corixidae。	黑点食蚜盲蝽 *Deraecoris punctulatus*（Fallén）； 蒙新原花蝽 *Anthocoris pilosus*（Jakovlev）； 西北利亚原花蝽 *A.sibiricus* Reuter； 中国螳蝽 *Cnizocoris sinensis* Kormilev； 瘤胸杆猎蝽 *Rhaphidosomus* sp.； 中黑土猎蝽 *Coranus lativentris* Jakovlev； 华姬蝽 *Nabis sinoferus* Hsiao； 小姬蝽 *N.mimoferus* Hsiao； 泛希姬蝽 *Himacerus apterus*（Fabri.）； 赤背水马 *Gerris gracilicornis* Horvath； 小划蝽 *Sigara substriata* Uhler。

（续表）

营养层	功能团	类 群	优势种
		脉翅目 Neuroptera： 褐蛉科 Hemerobiidae； 草蛉科 Chrysopidae； 蚁蛉科 Myrmeleontoidae； 粉蛉科 Coniopterygoidae； 蝶角蛉科 Ascalaphidae。	全北褐蛉 *Hemerobius humuli* Linnaeus； 中华通草蛉 *Chrysopa sinica*（Tieder）； 叶色草蛉 *Ch.phyllochroma* Wesmael； 丽草蛉 *Ch. formosa* Brauer； 斜纹点脉蚁蛉 *Myrmecaelurus* sp.； 中华蚁蛉 *Euroleon sinicus*（Navas）； 黄花蝶角蛉 *Libelloides sibiricus*（Eversmann）。
		蛇蛉目 Raphidioptera： 盲蛇蛉科 Inocelliidae	盲蛇蛉 *Inocellia crassicornia* Schummel
		长翅目 Mecoptera： 蝎蛉科 Panorpidae	端斑黑蝎蛉 *Panorpa* sp.； 斑翅蝎蛉 *Panorpa* sp.。
肉食者	捕食类	鞘翅目 Coleoptera： 虎甲科 Cicindelidae； 步甲科 Carabidae； 芫菁科 Meloidae； 郭公虫科 Cleridae； 花萤科 Cantharidae； 瓢虫科 Coccinellidae。	云纹虎甲 *Cicindela elisae* Motschulsky； 月斑虎甲 *Cicindela lunulata* Fabricius； 中华金星步甲 *Calosoma chinense* Kirby； 麻步甲 *Carabus brandti* Faldermann； 蒙古伪葬步甲 *Pseudotaphoxenus mongolicus* Jedlicka； 直角通缘步甲 *Pterostichus gebleri*（Dejean）； 中国豆芫菁 *Epicauta chinensis* Laporte； 绿芫菁 *Lytta caraganae* Pallas； 红斑芫菁 *Mylabris speciosa* Pallas； 苹斑芫菁 *Mylabris calida* Pallas； 中华食蜂郭公虫 *Trichodes sinae* Chevrolat； 红毛花萤 *Canthuris rufa* Linnaeus； 七星瓢虫 *Coccinella septempunctata* Linnaeus； 日本龟纹瓢虫 *Propylaea japonica*（Thunberg）； 二星瓢虫 *Adalia bipunctata*（Linnaeus）； 多异瓢虫 *Hippodamia variegate*（Goeze）； 异色瓢虫 *Harmonia axyridis*（Pallas）。
		双翅目 Diptera： 瘿蚊科 Cecidomyiidae； 食虫虻科 Aslidae； 鹬虻科 Rhagioae； 虻科 Tabanoiae。	食蚜瘿蚊 *Aphidoletes aphidimyza*（Diptera）； 中华斑虻 *Chrysops sinensis* Walker。
		膜翅目 Hymenoptera： 土蜂科 Scoliidae； 钩臀土蜂科 Tiphiidae； 隧蜂科 Halictidae； 蚁科 Formicidae； 蜾蠃科 Eumenidae； 胡蜂科 Vespidae； 泥蜂科 Sphecidae； 大唇泥蜂科 Stizidae； 方头泥蜂科 Crabronidae； 节腹泥蜂科 Cerceridae。	白毛长腹土蜂 *Campsomeris annulata* Fabricius； 黑钩臀土蜂 *Tiphia brevilineata* Allen et Jaynes； 红腹钩臀土蜂 *Tiphia* sp.； 短额隧蜂 *Halictus simplex* Billthgen； 日本弓背蚁 *Camponotus japonicus* Mary； 艾箭蚁 *Cataglyphis aenescens* Nylander； 光亮黑蚁 *Formica candida* F.Smith； 墙沟蜾蠃 *Ancistrocerus parietinus*（Linnaeus）； 中华长脚胡蜂 *Polistes chinesis antennalis* Perez； 黄斑胡蜂 *Vespula mongolica*（André）； 长柄腹泥蜂 *Ammophila infesta* Smith； 黄条节腹泥蜂 *Cerceris* sp.。

（续表）

营养层	功能团	类　群	优势种
肉食者	寄生类	鳞翅目 Lepidoptera： 举肢蛾科 Heliodinidae	北京举肢蛾 *Beijinge utila* Yang
		双翅目 Diptera： 寄蝇科 Tachinidae	日本追寄蝇 *Exorista japonica*（Townsend）； 饰额短须寄蝇 *Linnaemya compta* Fallen； 粘虫缺须寄蝇 *Cuphocera varia* Fabricius； 灰等腿寄蝇 *Lsomera cinerascens* Rondani。
		膜翅目 Hymenoptera： 姬蜂科 Ichneumonidae； 茧蜂科 Braconidae； 小蜂科 Chalcididae； 金小蜂科 Pteromalidae； 广腹细蜂科 Platygasteridae； 青蜂科 Chrysididae； 蚁蜂科 Mutillidae。	舞毒蛾黑瘤姬蜂 *Coccygomimus disparis*（Viereck）； 夜蛾瘦姬蜂 *Ophion luteus*（Linnaeus）； 菜粉蝶绒茧蜂 *Apanteles glomeratus*（Linnaeus）； 赤腹茧蜂 *Iphiaulax impostor*（Scopoli）； 次生大腿小蜂 *Brachymeria secundaris*（Ruschka）； 上海青蜂 *Chrysis shanghaiensis* Smith； 赤胸大蚁蜂 *Mutilla europea* Linnaeus。
环境友好者	中性昆虫	石蛃目 Microcoryphia： 石蛃科 Machilidae	石蛃 *Machilia* sp.
		襀翅目 Plecoptera： 石蝇科 Perlidae	黑角石蝇 *Kamimuria quadrata* Klapalek
		半翅目 Hemiptera： 跳蝽科 Saldidae； 扁蝽科 Aradidae。	跳蝽 *Saldula* sp.； 同扁蝽 *Aradus campar* Kiritschenko。
		毛翅目 Trichoptera： 石蛾科 Phryganeidae	花翅大石蛾 *Neuronia* sp.
		鞘翅目 Coleoptera： 龙虱科 Dytiscidae； 牙甲科 Hydrophilidae； 萤科 Lampyridae； 锹甲科 Lucanidae。	黄缘龙虱 *Cybister japonicas* Sharp； 黄缘小龙虱 *Ilybius apicalis* Sharp； 棘翅小牙甲 *Berosus lewisius* Sharp； 大牙甲 *Hydorus acuminatus* Mots； 小牙甲 *Hydrophilus affinis* Sharp； 红胸黑萤 *Luciola* sp.； 戴维刀锹甲 *Dorcus davidis*（Fairmaire）。
		鳞翅目 Lepidoptera： 蝠蛾科 Hepialidae； 蚕蛾科 Bombycidae； 苔蛾科 Lithosiidae。	小金斑红蝠蛾 *Hepialus* sp.； 黄波花蚕蛾 *Oberthuria caeca* Oberthur； 灰土苔蛾 *Eilema griseola*（Hübner）； 玫痣苔蛾 *Stigmatophora rhodophila*（Walker）。
		双翅目 Diptera： 蠓科 Ceratopogonidae； 毛蚊科 Bibionidae； 水虻科 Stratiomyiidae；	原野库蠓 *Culicoides homotomus* Kieffer； 红黑异毛蚊 *Bibio rufiventris* Duda； 水虻 *Stratiomys* sp.； 剑虻 *Thereva* sp.；

营养层	功能团	类群	优势种
	中性昆虫	剑虻科 Therevidae； 虻科 Tabanidae； 网翅虻科 Nemestrinidae； 舞虻科 Empididae。	鹰瘤虻 *Hybomitra* astur（Erichson）； 长吻网翅虻 *Nemestrina longirostris* Linnaeus； 长吻舞虻 *Empis* sp.。
		膜翅目 Hymenoptera： 蛛蜂科 Pompilidae； 地蜂科 Andrenidae； 小唇沙蜂科 Larridae； 分舌蜂科 Colletidae； 准蜂科 Melittidae。	六斑蛛蜂 *Anoplius fusus* Linnaeus； 黑地蜂 *Andrena carbonaria* Linnaeus； 小唇沙蜂 *Larra* sp.； 大分舌蜂 *Colletes gigas* Cockerell； 毛足蜂 *Dasypodo plumipes* Pzanzer。
环境友好者	分解昆虫	鞘翅目 Coleoptera： 埋葬甲科 Silphidae； 阎虫科 Histeridae； 金龟科 Scarabaeidae； 蜉金龟科 Aphodiidae。	日负葬甲 *Nicrophorus japonicus* Harold； 黑负葬甲 *Nicrophorus concolor* Kraatz； 阎魔虫 *Hister* sp.； 台风蜣螂 *Scarabaeus typhon* Fischer； 墨侧裸蜣螂 *Gymnopleurus mopsus*（Pallas）； 臭蜣螂 *Copris ochus* Motschulsky； 直蜉金龟 *Aphodius rectus* Mots.。
		双翅目 Diptera： 蝇科 Muscidae； 丽蝇科 Calliphoridae； 粪蝇科 Scathophagidae。	绿额翠蝇 *Neomyia coeruleifrons*（Fallen）； 肥躯金蝇 *Chrysomya pinguis*（Walker）； 黄粉粪蝇 *Scathophaga stercoraria*（Linnaeus）。
	地下昆虫	鞘翅目 Coleoptera： 隐翅甲科 Staphylinidae； 泥甲科 Dryopidae； 长泥甲科 Heteroceridae。	大颚斧须隐翅虫 *Oxyporus maxillosus* Fabricius； 狄氏泥甲 *Helichus dicksoni* Waterhouse； 长泥甲 *Heteroceus* sp.。
	传粉昆虫	双翅目 Diptera： 蜂虻科 Bombyliidae	黄绒长吻蜂虻 *Anastoechus nitidulus* Fabricius
		膜翅目 Hymenoptera： 切叶蜂科 Megachilidae； 蜜蜂科 Apidae； 木蜂科 Xylocopidae。	苜蓿切叶蜂 *Megachile rotundata* Fabricius； 中华蜜蜂 *Apis cerana* Fabricius； 意大利蜂 *A. mellifera* Linnaeus； 紫木蜂 *Xylocopa valga* Cerstaxker。

第二部分　各　论

第一章　昆虫纲 INSECTA

一、蜻蜓目 Odonata

体大中型，头大且转动灵活；两对膜质翅透明，多横脉，前缘近顶角处常有翅痣。腹部细长，雄性交配器着生在腹部第 2、第 3 节腹面。

（一）蜓科 Aeshnidae

成虫体大型，胸部粗厚，腹部细长。体一般具绿、蓝、黄、褐等花纹。复眼大而接触。翅透明，有两条粗的结前横脉；翅及和翅痣均狭长，中基室内有时具脉，前后翅三角室形状相似，后翅臀套显著。雌虫产卵器发达。

1. 碧伟蜓 *Anax parthenope julius*（Brauer, 1865）（图 2-1）

成虫腹长 53 ～ 57 mm，后翅长 51 ～ 55 mm。头部前额顶端有 1 条黑横细纹，其后为天蓝色横条纹。合胸黄绿色，被细黄毛。翅透明略带黄色，翅痣黄褐色。雄虫第 2、第 3 腹节为天蓝色，其余各腹节背面黑褐，侧面淡黄色；雌虫第 1、第 2 腹节为黄绿色或淡蓝色，侧面具不规则褐斑，其余各腹节背面黑褐色，侧缘有淡黄绿色斑纹。足基节黄色，转节基半部黄色。

分布：宁夏（全区草原）、河北、北京、陕西、河南、湖北、湖南、江苏、福建、台湾、四川、云南、新疆、西藏及东北地区；日本、韩国、缅甸及东亚地区。

寄主：小型昆虫。

（二）蜻科 Libellulidae

体小至中型，前缘室与亚缘室的横脉常连成直线，翅痣无支持脉，前翅三角室朝向与翅的长轴垂直，距离弓脉甚远，后翅三角室朝向与翅的长轴平行，通常其基边与弓脉连成直线，臀套足形具趾状突出和中肋。

图 2-1 碧伟蜓 *Anax parthenope julius*（Brauer, 1865）

2. 白尾灰蜻 *Orthetrum albistylum speciosum*（Uhler, 1858）（图 2-2）

成虫腹长 32 ～ 40 mm，后翅长 36 ～ 43 mm。体色变异大，黄褐色至黑褐色，被白粉。头顶为 1 大突起。后头褐色，后面黄色，边缘具褐色毛。翅胸肩板暗灰褐色，中胸后侧板灰白色，第 1、第 2 侧缝线黑色。翅透明，翅痣黑褐，前缘脉及邻近的横脉黄色。足基节、转节及腿节大部褐色，其余黑色。腹部第 3 ～第 5 节被白粉，其余各节黑褐色，第 7 ～第 10 节全黑。

分布：宁夏（全区草原）、北京、河北、山西、黑龙江、吉林、江苏、浙江、福建、湖南、广东、海南、四川、云南、甘肃；日本、朝鲜。

寄主：小型昆虫。

3. 方氏赤蜻 *Sympetrum fonscolombei*（Selys, 1840）（图 2-3）

成虫腹长 27 ～ 29 mm，后翅长 28 ～ 31 mm。雄虫头部额顶红色，合胸黄褐色至红褐色，侧面具有黑细纹，中央第 2 黑纹较短，末端尖锐，中央和后方有淡黄色斑块，翅基部金黄色。雄虫腹部红色，雌虫腹部黄色，第 8、第 9 腹节背面和侧面具小黑斑。

分布：宁夏（盐池、中宁及中卫等荒漠草原）、北京、云南。

寄主：小型昆虫。

4. 小黄赤蜻 *Sympetrum kunckeli*（Selys, 1884）（图 2-4）

成虫腹长 22 ～ 25 mm，后翅长 24 ～ 27 mm。雌虫头部前额上有 2 个小黑斑，合胸黄色至黄褐色，背前方具三角形黑斑，左右各有 1 条黑纹，侧面大部分黄色，具有不规则的黑碎纹，腹部橙色至深黄色，且第 3 ～第 9 腹节侧面具有黑斑。雄虫额头黄白色，老熟时转为青白色且腹部为深红色。翅透明，翅痣黄褐色。足基节、转节和前足腿节下方黄色，余黑色，具黑刺。

分布：宁夏（贺兰山荒漠草原）、北京、河北、山西、吉林、上海、浙江、福建、江西、江苏、山东、河南、湖北、湖南、陕西、台湾；日本、朝鲜、俄罗斯。

寄主：小型昆虫。

（三）蟌科 Coenagrionidae

体小型，细长，翅窄而长，顶端圆，有翅柄。方室为四边形，前边短于后边，外角尖锐，内无横脉；五边形的翅室较多，翅端无插入的分脉。

① ②

图 2-2 白尾灰蜻 *Orthetrum albistylum speciosum*（Uhler, 1858）

① 侧面；② 背面

① ②

图 2-3 方氏赤蜻 *Sympetrum fonscolombei*（Selys, 1840）

① 背面；② 侧面

图 2-4 小黄赤蜻 *Sympetrum kunckeli*（Selys, 1884）

5. 长叶异痣蟌 Ischnura elegans（Vander Linden, 1823）（图 2-5）

成虫腹长 23 ～ 25 mm，后翅长 18 ～ 20 mm。雄虫蓝绿至天蓝色。合胸背前方黑色并具 1 对蓝纹，腹部第 2 腹节背面具金属蓝色光泽，第 7、第 9 腹节下方蓝色，第 8 腹节全部为淡蓝色，其余各节背面黑色，侧缘黄色。雌虫有 3 种色型，合胸前方或侧面粉红色、紫色及淡绿色等，但尾部成虫均会有部分淡蓝色。

分布：宁夏（盐池、中宁、中卫及贺兰山等荒漠草原）、北京、河北、山西、黑龙江、广东、陕西、中国台湾；日本和欧洲地区。

寄主：蚜虫、叶蝉、叶螨等。

6. 褐斑异痣蟌 Ischnura senegalensis（Rambur, 1842）（图 2-6）

成虫腹长约 25 mm，后翅长约 15 mm。雄虫与长叶异痣蟌特别相似，唯第 8 腹节没有蓝斑与之相区别。雌虫有 3 种色型，"异色型"：身体黄绿色，合胸前方黑色，腹部黄绿色背面黑色；"同色型"：身体色泽和斑纹与雄虫相差无几；"橙色型"：合胸部侧面全部橙色。

分布：宁夏（盐池、中宁及中卫等荒漠草原）、福建、湖南、湖北、广东、广西、四川、云南；日本、菲律宾、印度。

寄主：蚜虫、叶蝉、叶螨等。

7. 捷尾蟌 Paracercion v-nigrum（Needham, 1930）（图 2-7）

成虫腹长约 23 mm，后翅长约 16 mm。雄虫复眼后方具蓝色单眼后色斑，合胸背前方黑色具蓝色条纹，腹部黑蓝相间，特别第 2 腹节背面的黑斑呈 "V" 形盾状，第 7 腹节大部分黑色，第 8 腹节蓝色，后端有 2 个三角形状的小黑斑，第 9 腹节全蓝色。

分布：宁夏（全区草原）、北京、河北、江苏、四川。

寄主：蚜虫、叶蝉、叶螨等。

二、蜚蠊目 Blattaria

体较扁平、长椭圆形，前胸背板大，盾形，盖住头部。各足相似，基节宽大，跗节 5 节。腹部 10 节，其背面只看到 8 节或 9 节，雄虫腹面可看到 8 节，雌虫 6 节；有的种类（如德国小蠊）雄虫背面具驱拒腺开口，可分泌臭气。雌虫产卵管短小，藏于第 7 腹片的里面；雄虫外生殖器复杂，常不对称，被生有一对腹刺的第 9 节所掩盖，尾须多节。无鸣器和听器。

图 2-5 长叶异痣蟌 *Ischnura elegans*（Vander Linden, 1823）

①　　　　　　　　　②　　　　　　　　　③

图 2-6 褐斑异痣蟌 *Ischnura senegalensis*（Rambur, 1842）

①同色型；②橙色型；③绿色型

图 2-7 捷尾蟌 *Paracercion v-nigrum*（Needham, 1930）

（四）地鳖蠊科 Polyphagidae

体密被微毛。头近球形，头顶常不露出前胸背板；唇部极隆起，与颜面形成明显的界限。前、后翅一般较发达，有时雌性无翅；前翅 Sc 脉有分支；休息时后翅臀域通常平放。无翅类型常具有 1 个加厚的厚唇基片。前胸背板和前翅常具细毛；中、后足腿节腹缘缺刺。跗节有跗垫，爪对称，中垫有或无。

8. 中华真地鳖 *Eupolyphaga sinensis* Walker, 1868 （图 2-8）

体长 19 ～ 23 mm，雌雄异型。雄虫有翅，淡褐色；头顶黑色，被前胸背板前缘掩盖，单眼淡黄色；前胸背板横椭圆形，深黑褐色，表面有短而密的微毛；前翅膜质，长超过腹端，表面密布褐色网纹，后翅宽大，膜质透明，密布淡褐色微纹；足淡褐色，前足胫节较短，有 8 根端刺，1 根中刺，腿节端部下方有 1 根刺；肛上板略呈三角形，后端圆；尾毛短，黄褐色。雌虫无翅，卵圆形，背隆起，被有赤褐竖毛；前胸背板黑色，前、后缘有赤褐带，背面密被小颗粒及赤褐短毛；肛上板横形，后缘中央有小切口。

分布：宁夏（全区草原）、河北、山西、内蒙古自治区（以下称内蒙古）、辽宁、上海、江苏、浙江、安徽、山东、河南、湖北、四川、贵州、陕西。

寄主：疏松略潮湿的腐殖质土中或石块下。可入药，治疗妇科常见病和多发病。

三、螳螂目 Mantodea

体中至大型，头三角形且活动自如；前足腿节和胫节有利刺，胫节镰刀状，常向腿节折叠，形成捕捉式前足；前翅皮质，为覆翅，缺前缘域，后翅膜质，臀域发达，扇状，休息时叠于背上；腹部肥大。

（五）螳螂科 Mantidae

体小至大型。头宽大于长，复眼大，单眼仅雄性发达；雌性翅常退化或消失；前翅无宽带或圆形斑；前足腿节腹面内缘的刺长短交互排列，胫节外缘的刺直立或倾斜，彼此分离，中、后足一般无瓣；雄性下生殖板常具 1 对腹刺。

① ②

图 2-8 中华真地鳖 *Eupolyphaga sinensis* Walker, 1868

① 雄虫；② 雌虫

9. 薄翅螳螂 *Mantis religiosa* Linnaeus, 1758 （图 2-9）

体长 50～70 mm，体淡绿或淡褐色，无斑纹。头部三角形。单眼 3 只，排列略呈三角形，复眼卵圆形而突出，比头部的颜色稍深。触角丝状。前翅浅褐色，前缘区浅绿色，后翅扇状；雌虫前翅较厚，雄虫的薄而透明；后翅在腹末超过前翅。前足腿节中刺 4 根，基节内侧基部具黑色斑或茧状斑，后足腿节缺端刺。腹部细长。

分布：宁夏（全区草原）及全国各地；世界广布种。

寄主：菜粉蝶、粘虫、槐羽舟蛾、杨毒蛾、蝗虫、叶蝉、蟋蟀、金龟子、天牛、蝇类等。

四、革翅目 Dermaptera

体中、小型昆虫，体长而扁平，统称"蠼螋"。头部扁阔，复眼圆形，少数种类复眼退化；上颚发达，较宽，其前端有小齿。触角 10～30 节，线形。前胸游离，较大，近方形；后胸有后背板。腹板较宽，除少数种类多具翅。前翅短，革质，末端多平截，无翅脉，左右翅在背中央相遇，呈直线形，不相重叠；后翅膜质，宽大扇形，基部的翅脉粗，围成 2～3 个翅室；臀域大，翅脉呈辐射状；静止时，后翅折叠隐藏于革质前翅下。足较短，跗节 3 节，具爪。腹部 11 节，常有 8～10 节露于翅外。尾须 1 对，不分节，铗状，铗形常因种类的不同而有变化；雄虫尾铗较雌虫发达；铗状尾须可用于防御、捕食和求偶。

（六）蠼螋科 Labiduridae

体型狭长，稍扁平。头部圆隆，触角 15～36 节。前胸背板两侧向后稍变宽，背面前部圆隆，后部平。鞘翅发达，具侧纵脊，表面平；后翅缩短或退化。腹部狭长，基部狭窄，两侧逐渐向后扩展。尾铗中等长，呈弧弯形，顶端尖，两支基部远离。足发达，腿节较粗。

10. 日本蠼螋 *Labidura japonica*（De Haan, 1842）（图 2-10）

体长 22～30 mm，黄褐色至红褐色。触角细长，21～30 节；第 4、第 5 节球形相等。复眼黑色，椭圆形。前胸背板方形，两侧淡色向上翻折，背中色深，常有 1 个"八"字形黑色晕纹。前翅革质，半透明；后翅膜质，折叠于革翅内，仅白色翅端露出于前翅后端。雄虫腹端宽，端缘中央有 1 对小齿和突起，尾铗长，基部相距较远，铗内侧近端部 1/3 处有 1 突起；雌虫腹端缩窄，端缘 1 对突起，尾铗较短，基部很接近，铗内侧列有微齿。

分布：宁夏（盐池、中宁、中卫及贺兰山等荒漠草原和中宁、中卫等草原化荒漠）、河北、吉林；日本、朝鲜。

寄主：蛾类、蚜虫等。

图 2-9　薄翅螳螂 *Mantis religiosa* Linnaeus, 1758

图 2-10　日本蠼螋 *Labidura japonica*（De Haan, 1842）

五、直翅目 Orthoptera

体小型至大型，体长 4 ～ 11.5 mm。咀嚼式口器，下口式，少数穴居种类为前口式。上颚强大而坚硬。触角长而多节，多数种类丝状，少数种类触角为剑状或锤状。复眼大而突出，单眼一般 2 ～ 3 只，少数种类缺单眼。前翅狭长、革质，停息时覆盖在体背，称为覆翅；后翅膜质，臀区宽大，停息时呈折扇状纵褶于前翅下，翅脉多平直；有些种类的翅退化成鳞片状；雄性在肘—臀脉区特化成发音构造，两前翅相互摩擦发音，雌虫不发音；发音的种类常具听器（雌、雄两性通常均具听器），螽斯、蟋蟀、蝼蛄等的听器位于前足胫节基部，或显露，或呈狭缝形；蝗虫类的听器位于腹部第 1 节的两侧，近似月牙形。前胸发达，可活动；前胸背板常向背面隆起呈马鞍形，中、后胸愈合。前足和中足适于爬行，部分种类前足胫节膨大，特化成开掘足，适于掘土，多数种类后足形成跳跃足；跗节 3 ～ 4 节，少数种类 1 节。腹部一般 11 节，少数仅见 8 ～ 9 节，第 11 腹节较退化，分成背面的肛上板和两侧的肛侧板。雄性外生殖器具尾须 1 对，短而不分节或长丝状；雌性产卵器发达，仅蝼蛄等无特化的产卵器。

（七）硕螽科 Bradyporidae

体中型至大型，强壮。前后翅退化，雄性前翅具发音器。前足胫节内外两侧挺起均为封闭型。后足胫节背面具端距；跗节第 1、第 2 节具侧沟。产卵瓣长，剑状。

11. 阿拉善懒螽 *Mongolodectes alashanicus* Bey-Bienko, 1951　（图 2-11）

雄成虫体长 24 ～ 27 mm，黄褐色或黄绿色。复眼褐色，半球形。触角略超过体长。头顶密布黑褐色斑点，有 3 条淡色纵线。前胸背板前缘弧形，上生 1 列细齿，两侧各有 1 大齿。沟前区两侧各有 1 圆形黑色凹斑，斑前有 2 刺。后缘为 1 列小齿，略向后弯，中央内侧有 1 对黑色光亮突起。侧板有细皱和 1 淡色长斑，光滑或有刺突。前胸背板下方有 1 对较小的鸣翅。前胸腹板前缘两侧有 1 尖刺。各足基节上缘生有 1 对短齿。雌成虫 33 ～ 37 mm，产卵器长 28 mm，黄褐色或草绿色，腹面每节两侧各有 1 弯形黑斑。余同雄成虫。

分布：宁夏（全区草原）、内蒙古；蒙古、俄罗斯。

寄主：白茨，沙蒿及禾本科牧草。

图 2-11　阿拉善懒螽 *Mongolodectes alashanicus* Bey-Bienko, 1951

12. 皮柯懒螽 *Zichya piechockii* Cejchan, 1967 （图2-12）

外形与阿拉善懒螽极其相似，主要区别是雄成虫尾须端部显向内弯，阿拉善懒螽则较直，绿色个体较多。

分布：宁夏（中宁、中卫草原化荒漠）、内蒙古；蒙古。

寄主：骆驼蓬、红砂、珍珠。

（八）蝼蛄科 Gryllotalpidae

前口式。触角较短。复眼小而突出，单眼2只。前胸背板卵形，隆起，前缘内凹。前翅短，雄虫能鸣，发音器不完善，仅以对角线脉和斜脉为界，形成长三角形室。前足特化为挖掘足，胫节具2～4个趾状突。雌虫产卵器退化。

13. 非洲蝼蛄 *Gryllotalpa africana* Palisot de Beauvois, 1805 （图2-13）

体长30.0～35.0 mm。全体黑褐色，密布细毛。头圆锥形，触角丝状。前胸背板卵圆形，中间具1明显的暗红色长心脏形凹陷斑。前翅灰褐色，较短，仅达腹部中部；后翅扇形，较长，超过腹部末端。腹部末端具1对尾须。后足胫节背面内侧有4个距。

分布：宁夏（全区草原）及全国各地；亚洲、非洲地区及澳大利亚。

寄主：豆科、禾本科牧草及林木幼苗。

14. 华北蝼蛄 *Gryllotalpa unispina* Saussure, 1874 （图2-14）

体长39.0～50.0 mm。体黄褐或灰色，腹面略淡。头狭长，触角丝状。前胸背板中央有1个心形红色斑点。前翅黄褐色甚短，后翅纵褶成条，突出腹端。后足胫节背侧内缘有刺1个，兼有2刺或无刺者。

分布：宁夏（全区草原）、河北、山西、内蒙古、辽宁、吉林、江苏、山东、河南、陕西、甘肃；土耳其、俄罗斯。

寄主：禾本科、十字花科牧草、苹果、梨、桃幼苗、杨、柳、榆、刺槐、松、柏。

（九）蟋蟀科 Gryllidae

体中小型，体色多较暗，黄褐色至黑褐色。头通常圆球形，触角丝状，长于体长；复眼较大，单眼3只。前翅通常发达，部分种类前翅退化或缺失，后翅常呈尾状或缺失。前足为步行足，前足胫节近基部具听器；后足为跳跃足，胫节背面具长刺。产卵器外露，针状或矛状，由2

图 2-12 皮柯懒螽 *Zichya piechockii* Cejchan, 1967

图 2-13 非洲蝼蛄 *Gryllotalpa africana* Palisot de Beauvois, 1805

图 2-14 华北蝼蛄 *Gryllotalpa unispina* Saussure, 1874

对管瓣组成。雄、雌腹端均有尾毛 1 对。雄腹端有短杆状腹刺 1 对。

15. 银川油葫芦 Teleogryllus infernalis（Saussure, 1877）（图 2-15）

体长 19～25 mm。体中型，全体黑褐带绛色。头黑色有反光。前胸背板黑色，有 1 对半月形斑纹。雄虫前翅黑褐色，斜脉 4 根，发音镜大，镜膜内具分脉，端域发达；雌虫前翅有黑褐、淡褐两型，背面可见许多斜脉；雌雄虫前翅一般达不到腹端，后翅发达，远超过腹端如长尾。足黑褐色至黑色，后足股节较粗，胫节有背刺 5 对。产卵管甚长，约与体长相等，矛状。

分布：宁夏（全区草原）、河北、北京、山西、内蒙古、辽宁、吉林、黑龙江、甘肃、青海。

寄主：甘草等豆科植物、瓜果类、沙枣、果树等。

（十）癞蝗科 Pamphagidae

体型变异较大，中至大型，雌、雄两性异型较常见，表面密具粗糙颗粒状突起。头部大而短于前胸背板。颜面隆起明显，具纵沟。触角丝状。复眼近圆形。前胸背板背面呈鸡冠形或屋脊形；前胸腹板平坦，前缘具片状突起或不具突起。前、后翅发达、短缩、鳞片状或退化消失。后足股节外侧中区具不规则的短棒状隆线或颗粒状突起，端部具外端刺或缺。多数具鼓膜器。腹部第 2 节背板两侧的前下方各具有摩擦板。

16. 裴氏短鼻蝗 Filchnerella beicki Ramme, 1931 （图 2-16）

成虫：雄虫体长 26 mm，前翅长 11～13 mm；雌虫体长 32～39 mm，前翅长 6～8 mm。体黄褐色，粗笨，密布颗粒或刺状突起。头顶前端凹陷，有侧缘，颜面隆起面凹陷成纵沟，在中单眼处内缩，使隆起面在触角间向前突出呈短鼻状。前胸背板中隆线片状隆起，为 3 条横沟深切，后横沟切口宽而深；沿后缘具有 1 列尖刺状突起。后翅具较宽的暗色斑纹带，在第 3 翅域不缩狭。前胸腹板前缘片状隆起，顶端中央低凹，形成 2 尖齿。后足股节内侧有蓝、红色斑带；后足胫节端部和基部红色，中间部分呈暗蓝色；后足胫节具外端刺。

卵囊：大小为 8 mm×12 mm，在卵囊中有 4～15 粒不等的卵粒，平均 10 粒，卵粒抱团产在卵囊下部；卵：长椭圆形，金黄色，长轴长 5.76～7.34 mm，短轴长 1.28～1.70 mm。

分布：宁夏（全区草原）、陕西、甘肃；蒙古、俄罗斯及欧洲地区。

寄主：禾本科、菊科牧草及糜、谷等。

图 2-15　银川油葫芦 *Teleogryllus infernalis*（Saussure, 1877）

图 2-16　裴氏短鼻蝗 *Filchnerella beicki* Ramme, 1931

① 雌、雄虫；② 产卵；③ 卵囊；④ 卵

17. 贺兰山疙蝗 *Pseudotmethis alashanicus* B.-Bienko, 1948 （图 2-17）

雄虫体长 20～25 mm，前翅长 6～11 mm；雌虫体长 29～35 mm，前翅长 6.5～7 mm。体中型，粗壮，体表粗糙，灰褐、黄褐或暗褐色。颜面隆起在触角间稍突出，在中眼之下略凹，颜面侧隆线片状，发达，从背面观，明显可见，头顶宽，凹陷，侧缘隆起，头部前端具浅纵沟。触角丝状，到达前胸背板后缘。前胸背板中隆线具 3 个深切口，后横沟的切口最深且宽，前后缘角形突出，沿后缘具 1 列刺状突起。雄性前翅到达第 5 腹节背板，后翅与前翅等长，或稍长。雌性前翅鳞片状，倒置，到达第 2 腹节背板。前翅上常具有灰白色纵条及黑色斑，后翅基部淡黄，外侧具黑色带纹。后足股节上隆线具细齿，内侧蓝黑色，下缘红色，底侧淡黄色；内侧下膝侧片红色；后足胫节内侧基部及端部红色，中部蓝黑色。

分布：宁夏（贺兰山荒漠草原）、内蒙古、甘肃。

寄主：灌丛，禾草。

（十一）斑腿蝗科 Catantopidae

体中型至大型，变异较大。头部一般为卵形；颜面垂直或向后倾斜；头顶前端缺颜顶沟。触角丝状。前胸背板一般具有中隆线，侧隆线在多数种类中缺失，仅少数种类具有明显的侧隆线。前胸腹板具有明显的前胸腹板突，呈锥形、圆柱形或横片状等。前、后翅发达，有时退化为鳞片状或完全消失，后翅透明，有些种类基部红色。鼓膜器在具翅种类中均很发达，仅在缺翅种类中不明显或消失。后足股节外侧上、下隆线间具羽状平行隆线。

图 2-17 贺兰山疙蝗 *Pseudotmethis alashanicus* B.-Bienko, 1948

18. 短星翅蝗 *Calliptamus abbreviatus* Ikonnikov, 1913 （图2-18）

成虫：雄虫体长 20 mm，前翅长 11 mm；雌虫体长 30 mm，前翅长 19 mm。头大而短，颚区中部有一近椭圆形凹陷。触角剑状，长达前胸背板后缘。前胸背板前缘直，后缘钝角形或钝圆形；中隆线明显，侧隆线向外呈弧形弯曲。前后翅发达，达不到或刚达腹端，前翅具黑褐色花斑，后翅透明，基部红色。后足股节粗壮，有 3 条黑褐色横带，外侧上、下隆线上各具 1 列黑色小点，内侧红色，具 2 个不完整的大黑斑。后足胫节红色，外侧具 8 个刺，内侧具 9 个刺。

若虫：共 5 龄。1 龄若虫，体长 6 mm，宽 2 mm；头部黑色；头略宽于前胸背板，前胸背板乳白色略带黄色小斑点，表面有 5 排黄色短毛，前缘直，后缘钝圆；前、中足及腹板第 1、第 2 节乳白色略带黄褐色斑点；后足股节外侧有 3 条褐色条带，外侧上下隆线具 1 列黑色小点，后足胫节内侧具 9 根刺，外侧具 8 根刺。2 龄若虫，体长 8.8 mm，宽 2.5 mm；头部黑色；前胸背板紫红色，中部隆起，前缘直后缘钝圆；前、中足股节、胫节、跗节表面淡紫红色，密布黑色斑点，后足股节外侧有 3 条黑色条带。3 龄若虫，体长 10 mm，宽 3 mm；头部颅顶黑色，表面有稀疏白点；前胸背板棕黄色略泛白，中部隆起，前缘直后缘钝圆；后胸背板可见一短黄色翅芽；前、中足各节表面棕黄色泛白，密布黑色斑点。4 龄若虫，体长 13 mm，宽 4 mm；头部棕色表面密布黑色斑点；前胸背板棕色、密布黑色斑点，前缘直后缘钝圆，中部隆起；后胸背板可见刀片状翅芽；前、中足各节表面棕色密布黑色斑点。5 龄若虫，体长 17 mm，宽 4.5 mm；头部棕色表面密布黑色斑点；前胸背板背面棕色、密布黑色斑点，前缘直后缘钝圆，中部隆起；前、中足各节白色，表面密布黑色斑点。

卵囊，大小为 8 mm × 12 mm，在卵囊中有 18～25 粒卵，平均 23 粒，卵粒并列抱团。卵：长椭圆形，鲜黄色，长轴长 4.65 mm ± 0.05 mm，短轴长 1.36 mm ± 0.05 mm。

分布：宁夏（全区草原）、北京、河北、山西、内蒙古、东北、江苏、浙江、安徽、江西、山东、湖北、湖南、广东、广西壮族自治区（以下称广西）、四川、贵州、陕西、青海；朝鲜、蒙古、俄罗斯。

寄主：阿尔泰狗哇花、星毛委陵菜、冷蒿、萹蓄豆、西山委陵菜、苜蓿、荞麦、玉米、马铃薯。

19. 黑腿星翅蝗 *Calliptamus barbarus*（Costa, 1836）（图2-19）

全体灰褐色，体形较粗壮。雄虫体长 20 mm，前翅长 11 mm；雌虫体长 30 mm，前翅长 19 mm。头短于前胸背板，复眼卵形，头侧窝不明显，头顶狭，前端凹陷，侧缘明显。前胸背板宽平，中、侧隆线均明显，3 条横沟均切断中、侧隆线，前缘平，后缘呈钝角形突出。前后翅发达，前翅长显然超过腹端，前翅有黑褐色小斑点和若干大斑点，后翅端部淡灰色，基部红色。后足股节内侧黑色，下侧红色。后足胫节橙红色，内侧色深。

分布：宁夏（贺兰山、中宁及中卫等荒漠草原和中宁、中卫草原化荒漠）、内蒙古、甘肃、青海；日本、朝鲜、蒙古、俄罗斯及欧洲地区。

寄主：禾本科及莎草科植物。

① ② ③

④ ⑤

图 2-18　短星翅蝗 *Calliptamus abbreviatus* Ikonnikov, 1913

① 雄虫；② 雌虫；③ 卵和卵囊；④ 3 龄若虫；⑤ 4 龄若虫

① ②

图 2-19　黑腿星翅蝗 *Calliptamus barbarus*（Costa, 1836）

① 雌虫；② 雌虫展翅

20. 无齿稻蝗 *Oxya adentata* Willemse, 1925 （图 2-20）

体中小型，具细小刻点。雄虫体长 17 ～ 25 mm，雌虫体长 23 ～ 28 mm。头部光滑无斑纹，头顶近圆形，顶端钝圆。触角丝状，不到达（雌）或超过（雄）前胸背板的后缘。前胸背板侧边平行，后缘呈钝角形突出，中隆线不明显，无侧隆线。翅较发达，前翅褐色，基部呈绿色，无明显斑纹；后翅褐色透明，无斑纹。后足股节绿色，上侧淡褐色，下膝侧片的顶端具有锐刺；胫节绿色，端部淡褐色，刺顶端黑色。

分布：宁夏（贺兰山荒漠草原和六盘山草甸草原）、河北、陕西、甘肃；欧洲地区。

寄主：麦类、蒿草、茅草。

21. 中华稻蝗 *Oxya chinensis*（Thunberg, 1825）（图 2-21）

体中型，具细小刻点。雄虫体长 22 ～ 27 mm，体形狭窄；雌虫体长 28 ～ 31 mm，体形粗壮。头、胸、腹及足绿色，头胸背面淡赤褐色。触角褐色。从复眼向后延及胸侧有 1 条宽黑带，带之上下两侧微黄。前翅超过后足股节顶端甚远，雌性前翅前缘具弱刺，产卵瓣具大小相等的钝齿。

分布：宁夏（银川、贺兰山、中宁、中卫、吴忠及青铜峡等荒漠草原）、河北、内蒙古、山西、江苏、浙江、安徽、福建、江西、山东、河南、湖北、湖南、广东、广西、海南、四川、贵州、云南、陕西、甘肃、台湾；日本、巴基斯坦、斯里兰卡、菲律宾、马来西亚、新加坡、印尼、俄罗斯、澳大利亚等。

寄主：麦类、蒿草、茅草。

（十二）斑翅蝗科 Oedipodidae

体中至大型，一般较粗壮，体表不光滑，具突起。头部近卵形，头顶背面略凹或平坦。触角丝状。前胸背板一般隆起。前、后翅发达，后翅具明显色斑。后足股节外侧上、下隆线具羽状平行隆线。

图 2-20　无齿稻蝗 *Oxya adentata* Willemse, 1925

①　　　　　　　　　　　　　　②

图 2-21　中华稻蝗 *Oxya chinensis*（Thunberg, 1825）

①成虫；　②卵囊

22. 花胫绿纹蝗 *Aiolopus tamulus*（Fabricius, 1798）（图 2-22）

体中型，雄虫体长 15～21.5 mm，雌虫体长 20～29 mm，体瘦长，暗褐至黄褐色，色彩鲜明。头侧面在复眼下常有绿斑，头顶窝近似蛇头形，前缘尖，头侧卧梯形。前胸背板上有"X"纹，侧片底缘及沟后区常呈鲜绿色，中隆线较低。前翅狭长，有黑色大斑，基部近前缘处有绿色纵纹。后足股节内侧有 2 个黑斑，膝黑色，后胫节基部 1/3 黄色，中部蓝色，顶端鲜红色。

分布：宁夏（全区草原）、辽宁、河北、北京、山东、江苏、浙江、江西、安徽、福建、台湾、广东、广西、云南、四川、贵州、陕西、甘肃、海南、湖南。

寄主：禾本科牧草。

23. 红翅皱膝蝗 *Angaracris rhodopa*（Fischer-Walheim, 1836）（图 2-23）

体中型。体浅绿或黄褐色，上具细碎褐色斑点。头、胸、前翅绿色或黄褐色，腹部褐色。前胸背板前端较狭，后端宽，中隆线明显，被 2 个横沟切断；前缘较平，中部突起，后缘直角形。前翅较长，超过后胫节中部，密具细碎褐色斑点；后翅略短于前翅，前缘呈"S"形弯曲，透明，基部翅脉红色，第 2 臀叶的第 1 纵脉粗，黑色，轭脉红色。后足股节外侧绿色或褐色，具不太明显的 3 个暗色横斑，内侧橙红，具黑色斑 2 个，近端部具 1 个黄色膝前环。

分布：宁夏（全区草原）、内蒙古、河北、山西、黑龙江、甘肃、青海；蒙古、俄罗斯。

寄主：长芒草、三芒草、赖草、狗尾草等禾本科植物和褐穗莎草、花穗莎草等莎草科植物。

图 2-22　花胫绿纹蝗 *Aiolopus tamulus*（Fabricius, 1798）

①

②

③

图 2-23　红翅皱膝蝗 *Angaracris rhodopa*（Fischer-Walheim, 1836）

① 褐色型；② 绿色型；③ 展翅

24. 科氏痂蝗 *Bryodema kozlovi* B.–Bienko, 1930 （图 2-24）

雌雄异型，雄虫体长 24 ～ 30 mm，雌虫体长 25 ～ 34 mm。体黑褐色。前翅褐色，在翅中部和基部有 1 个明显黑色横斑，翅顶端具有细碎黑斑；后翅基部紫红色，其余部分黑色，红黑之间分界不明显。后足股节外侧及上侧具有 2 个黑色横斑，内侧及下侧黑色，具红色内膝前环，膝内侧黑色；后足胫节内侧蓝黑紫色。

分布：宁夏（贺兰山、中宁、中卫、青铜峡及永宁等荒漠草原）、内蒙古；蒙古。

寄主：长芒草、三芒草、赖草、狗尾草等禾本科植物和灌丛。

25. 黑翅痂蝗 *Bryodema nigroptera* Zheng et Gow, 1981 （图 2-25）

与科氏痂蝗近似，雄虫体长 27 ～ 40 mm，雌虫体长 36 ～ 45 mm。后翅基部蓝色，其余部分黑色。后足股节内侧、下侧内缘黑色，具黄色膝前环；后足胫节内侧、上侧暗蓝或暗蓝紫色，外侧暗褐色。

分布：宁夏（贺兰山、中宁、中卫、青铜峡及永宁等荒漠草原和中宁、中卫草原化荒漠）、甘肃。

寄主：长芒草、三芒草、赖草、狗尾草等禾本科植物和灌丛。

26. 黄胫异痂蝗 *Bryodemella holdereri holdereri*（Krauss, 1901） （图 2-26）

雌雄同型，雄虫体长 31 ～ 36 mm，雌虫体长 34 ～ 40 mm。前后翅发达，雄性翅长不到达或超过后足胫节顶端，雌性到达后足胫节 1/3 处；前翅中脉域缺中闰脉，后翅基部红色，无暗色横带纹，仅在前缘基部具暗色斑块。后足股节内侧黑色，具黄色膝前环；后足胫节黄色，顶端无暗色。

分布：宁夏（中宁、中卫草原化荒漠）、甘肃、内蒙古、东北、青海；蒙古、俄罗斯。

寄主：长芒草、三芒草、赖草、狗尾草等禾本科植物和褐穗莎草、花穗莎草等莎草科植物。

图 2-24 科氏痂蝗 *Bryodema kozlovi* B.-Bienko, 1930

① ② ③

图 2-25 黑翅痂蝗 *Bryodema nigroptera* Zheng *et* Gow, 1981
① 成虫；② 产卵；③ 展翅

① ②

图 2-26 黄胫异痂蝗 *Bryodemella holdereri holdereri*（Krauss, 1901）
① 成虫；② 展翅

27. 轮纹异痂蝗 *Bryodemella tuberculatum dilutum* （Stoll, 1813） （图 2-27）

与黄胫痂蝗相似，雌雄同型，雄虫体长 29～39 mm，雌虫体长 34～38 mm。前翅中脉域具弱的中闰脉，后翅基部玫瑰色，中部具有较狭的暗色横带纹，外缘色淡，仅前缘具暗色斑点。后足股节下膝侧片下缘几乎直线形，后足股节内侧黑色，具黄色膝前环；膝部外侧褐色，内侧黑色；后足胫节污黄色，顶端暗色。

分布：宁夏（盐池温性草原）、河北、山西、内蒙古、辽宁、吉林、黑龙江、山东、陕西、青海、新疆；蒙古、前苏联地区。

寄主：长芒草、三芒草、赖草、狗尾草等禾本科植物和灌丛。

28. 大胫刺蝗 *Compsorhipis davidiana*（Saussure, 1888） （图 2-28）

体大型，雄虫体长 28～33 mm，雌虫体长 36～40 mm。后翅基部红色部分很小，和黑色宽带纹内缘无明显分界，横脉黑色，中部黑色宽带纹较宽，后翅顶端透明带纹较宽。后足胫节橙红色，中部具 1 个暗色环。

分布：宁夏（贺兰山、中宁及中卫等荒漠草原和中宁、中卫草原化荒漠）、河北、内蒙古、甘肃、陕西、新疆；俄罗斯、欧洲。

寄主：长芒草、三芒草、赖草、狗尾草等禾本科植物和灌丛。

29. 黑胫胫刺蝗 *Compsorhipis nigritibia* Zheng et Ma, 1995 （图 2-29）

与大胫刺蝗近似，雄虫体长 28 mm，雌虫体长 31～32 mm。前后翅发达；前翅褐色，基部 1/3 处有一片黑色斑点构成的大斑，1/2 处具相似大斑，略小于基部的，端半部纵脉不规则颜色加深；后翅基部红色，紧邻红色区域为暗褐色纵带，形成半圆形，端部及 1/3 处无色透明，二者中间区域具大块暗斑。雄性后足胫节黑色，近基部具 1 个淡白色环；雌性后足胫节基部、中部黑色，近基部和端部淡白色。其余特征与大胫刺蝗相同。

分布：宁夏（贺兰山东麓、中宁及中卫等荒漠草原）、甘肃。

寄主：禾草。

图 2-27　轮纹异痂蝗 *Bryodemella tuberculatum dilutum*（Stoll, 1813）

①　　　　　　　　　　　　　　　　　　　②

图 2-28 大胫刺蝗 *Compsorhipis davidiana*（Saussure, 1888）

①成虫；②展翅

图 2-29　黑胫胫刺蝗 *Compsorhipis nigritibia* Zheng *et* Ma, 1995

30. 大垫尖翅蝗 *Epacromius coerulipes*（Ivanov, 1888）（图 2-30）

体中小型，雄虫体长 14.5 ～ 18 mm，雌虫体长 23 ～ 29 mm，体黄褐、暗褐或黄绿色。头侧窝三角形。触角粗短。前胸背板中央常具淡色、红褐色或暗褐色纵纹，在背面具有不明显的淡色"＞＜"形纹。前翅到达后足胫节中部，具中闰脉。后足股节下侧橙红色，胫节淡黄色，基部、中部及端部具黑环。跗节爪间中垫较长，三角形，超过爪之中部。

分布：宁夏（盐池温性草原）、河北、山西、内蒙古、东北、河南、陕西、甘肃、青海、新疆、江苏、安徽、山东；日本、俄罗斯。

寄主：达乌里胡枝子、阿尔泰狗哇花、长芒草、赖草等。

31. 小垫尖翅蝗 *Epacromius tergestinus tergestinus*（Chapentier, 1825）（图 2-31）

体中小型，雄虫体长 17 ～ 22 mm，雌虫体长 25 ～ 30 mm。触角细长。前翅较长，超过后足胫节中部。后足股节下侧无红色；雄性后足跗节第 3 节略长于第 1 节；跗节爪间中垫小，不超过爪之中部。

分布：宁夏（贺兰山、中宁及中卫等荒漠草原和盐池、同心温性草原）、陕西、甘肃、青海、新疆；蒙古、俄罗斯、欧洲地区。

寄主：长芒草、三芒草、赖草、狗尾草等禾本科植物。

32. 细距蝗 *Leptopternis gracilis*（Eversmann, 1848）（图 2-32）

体中型，细瘦。雄虫体长 14 ～ 20 mm，雌虫体长 24 ～ 32 mm。体黄白色，具黑褐色纵条纹和斑点。眼后带黑色。前胸背板具黑、黄、白相间的纵条纹。头部极突出于前胸背板之上。前胸背板中隆线细，无侧隆线；后缘圆弧形，侧片后下角圆形，下缘近直。前翅狭长，到达后足胫节中部之后；具黑色纵条和斑点。后翅透明，主要纵脉黑色。后足股节外侧灰白色，上侧具 2 个黑斑，内侧淡色。后足胫节黄白、淡黄或浅蓝色，基部较淡。

分布：宁夏（贺兰山、中宁及中卫等荒漠草原和中宁、中卫草原化荒漠）、新疆、甘肃、内蒙古；中亚地区。

寄主：禾本科牧草。

图 2-30 大垫尖翅蝗 *Epacromius coerulipes*（Ivanov, 1888）

图 2-31 小垫尖翅蝗 *Epacromius tergestinus tergestinus*（Chapentier, 1825）

①

②

图 2-32 细距蝗 *Leptopternis gracilis*（Eversmann, 1848）

① 成虫；② 展翅

33. 亚洲飞蝗 *Locusta migratoria migratoria* Linnaeus, 1758 （图 2-33）

散居型亚洲飞蝗，体大型，雄虫体长 30～40 mm，雌虫体长 30～40 mm，体绿色。头部较狭，复眼较小。前胸背板稍长，沟前区不明显缩狭，沟后区略高，不呈鞍状；中隆线呈弧状隆起，呈屋脊状；前缘为锐角形向前突出，后缘呈直角形。前翅较短，略超过腹部尾端。后足股节常为淡红色。

分布：宁夏（全区草原）、新疆、甘肃、内蒙古、河北。

寄主：禾本科和莎草科牧草。

34. 亚洲小车蝗 *Oedaleus decorus asiaticus* B.-Bienko, 1941 （图 2-34）

体中型，体长 18.5～37 mm。体淡褐、黄褐色或在颜面、颊、前胸背板、前翅基部及后股节处带绿斑。触角丝状到达或超过前胸背板后缘。前胸背板"×"形淡色纹明显，在沟前区及沟后区几等宽；侧片近后部具有倾斜的淡色斑。前翅发达，超过后足股节顶端，基半具大块黑斑 2～3 个，端半具细碎不明显的褐色斑；后翅宽大，略短于前翅，基部淡黄绿色，中部具黑色横带纹，带纹在第 1 臀脉处有狭窄的断裂，带纹的后端距翅缘较远，在翅基部的翅脉上带淡蓝色。后足股节具三个倾斜的暗色横斑，膝部暗色；后足胫节红色。

分布：宁夏（全区草原）、内蒙古、河北、山东、甘肃、陕西、青海、东北；蒙古、俄罗斯。

寄主：禾本科、莎草科、鸢尾科等牧草。

图 2-33 亚洲飞蝗 *Locusta migratoria migratoria* Linnaeus, 1758

图 2-34 亚洲小车蝗 *Oedaleus decorus asiaticus* B.-Bienko, 1941

① 褐色型雄虫；② 褐色型雌虫；③ 绿色型雄虫；④ 绿色型雌虫；⑤ 展翅

35. 黄胫小车蝗 *Oedaleus infernalis* Saussure, 1884 （图 2-35）

体中型，体长 21～39 mm，体黄褐、暗褐或绿褐色。触角丝状，超过前胸背板后缘。前胸背板"X"形纹在沟后区宽于沟前区部分。前翅发达，长到达后足胫节中部，中脉域具闰脉，暗色横斑明显，在前缘处具 2 个淡色三角形斑；后翅与前翅等长，基部淡黄色，基部主要脉不染有蓝色，中部暗色带纹到达或不到达后缘，翅顶暗色。后足股节上隆线平滑，后足股节底侧红或黄色；膝侧片顶圆形；后足胫节红或黄色。

分布：宁夏（贺兰山东麓、中宁及中卫等荒漠草原和中宁、中卫草原化荒漠）、内蒙古、河北、北京、山西、吉林、黑龙江、江苏、山东、陕西、青海；日本，韩国，蒙古，俄罗斯。

寄主：长芒草、三芒草、赖草、狗尾草等禾本科植物。

36. 蒙古束颈蝗 *Sphingonotus mongolicus* Saussure, 1888 （图 2-36）

体小至中型，雄虫体长 13～21.5 mm，雌虫体长 22～27.5 mm。头部侧观略高于前胸背板。前胸背板中隆线低、细，沟后区长度为沟前区长的 2 倍。前翅狭长，长为宽的 6 倍，具 2 个暗色横纹；后翅基部淡蓝色，中部暗色带纹宽，但不到达后翅外缘和内缘。后足股节内侧蓝黑色，端部淡色；后足胫节污黄白色，近基部具 1 条淡蓝色斑纹。

分布：宁夏（贺兰山、永宁、青铜峡、中宁及中卫等荒漠草原和中宁、中卫草原化荒漠）、河北、内蒙古、山西、辽宁、吉林、黑龙江、山东、陕西；蒙古、朝鲜、前苏联地区。

寄主：禾本科和莎草科牧草。

37. 宁夏束颈蝗 *Sphingonotus ningsianus* Zheng et Gow, 1981 （图 2-37）

体中型，雄虫体长 19～20 mm，雌虫体长 24～29 mm，体黄褐色或灰褐色，具明显的黑褐色斑点。头部大，短于前胸背板，侧视明显高于前胸背板。触角丝状，超过前胸背板后缘。前胸背板侧观明显收束，前缘呈弧形突出，后缘圆弧形突出。前翅具明显的黑褐色斑纹，基部斑宽大；中部斑较小，狭长；端部斑较细碎；后翅透明无色，翅基部略淡蓝色，翅外缘不具烟色纹，后翅的主要纵脉（轭脉）黑色，几达翅基。后足胫节淡青黄色，基部黑色，具 1 条不明显的斑纹，外缘具 7～8 个刺，内缘具 11～12 个刺。

分布：宁夏（贺兰山、永宁、青铜峡、中宁及中卫等荒漠草原和中宁、中卫草原化荒漠）、新疆、甘肃、内蒙古。

寄主：长芒草、三芒草、赖草、狗尾草等禾本科植物。

① ②

图 2-35　黄胫小车蝗 *Oedaleus infernalis* Saussure, 1884

① 成虫；② 展翅

图 2-36　蒙古束颈蝗 *Sphingonotus mongolicus* Saussure, 1888

① ②

图 2-37　宁夏束颈蝗 *Sphingonotus ningsianus* Zheng et Gow, 1981

① 成虫；② 展翅

38. 疣蝗 *Trilophidia annulata*（Thunberg, 1815）（图 2-38）

体小型，雄虫体长 14.5～18 mm，前翅长 16～19 mm，雌虫体长 22～24 mm，前翅长 19～23 mm。全体灰褐色，体狭长。头胸部有疣状突起分布。前胸背板中隆线在沟前区被横沟割断，下陷较深，侧面观似 2 齿。后头复眼间有 2 个粒状突起。前翅狭长超过后足胫节中部，翅面在暗色斑纹中有淡色横斑；后翅基部黄色带绿，前缘黑色外缘部分淡黑色。后足腿节上侧有 3 个三角形黑斑。后足胫节暗色，有 2 个较宽的淡色环纹。

分布：宁夏（全区草原）、东北、河北、山东、内蒙古、甘肃、陕西、四川、云南、贵州、西藏、江西、江苏、安徽、浙江、福建、广东、广西；朝鲜、日本、印度。

寄主：禾本科牧草。

（十三）网翅蝗科 Arcypteridae

体小至中型。头部多呈圆锥形，头顶前端中央缺颜顶角沟。触角丝状。前胸背板中隆线低。前、后翅发达，短缩或有时消失，前翅如发达，则中脉域常缺中闰脉，如具中闰脉，其上也不具音齿；后翅通常本色透明，有时也呈暗褐色，但不具彩色斑纹。后足股节上基片长于下基片，外侧具羽状纹，股节内侧下隆线常具发音齿或不具音齿。后足胫节缺外端刺。

39. 黑翅雏蝗 *Chorthippus aethalinus*（Zubovsky, 1899）（图 2-39）

体中型，雄虫体长 11～13 mm，雌虫体长 12～15 mm。暗褐色。头顶直角形或钝角形，顶圆，头侧窝四角形。前胸背板沿侧隆线具有宽的黑色纵带。前翅褐色，后翅黑色。后足股节外侧及上侧具 2 个暗黑色横斑，内侧基部具黑色斜纹，下侧橙黄色，膝部黑色；后足胫节橙黄色，基部黑褐色。

分布：宁夏（全区草原）、河北、山西、吉林、黑龙江、陕西、甘肃；俄罗斯。

寄主：长芒草、三芒草、赖草、狗尾草等禾本科植物。

①   ②

图 2-38 疣蝗 *Trilophidia annulata*（Thunberg, 1815）

① 成虫；② 展翅

图 2-39 黑翅雏蝗 *Chorthippus aethalinus*（Zubovsky, 1899）

40. 白纹雏蝗 Chorthippus albonemus Cheng et Tu, 1964　（图 2-40）

成虫：体小型，雄虫体长 18 mm，雌虫体长 28 mm。触角剑状，触角长达后足基部。头三角形，中部有一纵向棕黄色条带，条带两侧各有一油棕色色斑点围成的弧形条带。前胸背板中部具明显的黄白色"X"形纹；周围具黑色饰边。前翅略长于后翅，前翅中脉域具 1 列大黑斑，前缘脉域具白色纵纹。后足股节内侧具 2 条黑斜纹，后足胫节淡黄色。

卵：长椭圆形，浅黄色，长轴长 3.83 mm ± 0.05 mm，短轴长 1.04 mm ± 0.06 mm。

若虫：共 5 龄。1 龄若虫，体长 6 mm；头顶锐角形，头大于前胸背板，前胸背板平坦，前缘直，后缘钝圆，中隆线明显；俯观头胸，腹中部有一纵向白色条带；触角短粗，刚到达前胸背板中部；后足股节内侧有一横向黑纹条带，胫节外侧有 9 根刺，内侧有 9 根刺。2 龄若虫，体长 7 mm；前胸背板中部白色，前缘有 7 个纵向黑斑，前角钝圆，后缘有 5 个纵向黑斑，后角直；前、中、后足各节白色，表面密布黑色斑点；后足股节内侧有横向的黑色条带，后足胫节内、外端刺各 11 个。3 龄若虫，体长 10 mm；前胸背板中部有一"X"状白色条带，两侧黑色。4 龄若虫，体长 11 mm；俯观体中部有一纵向绿色条带；前胸背板中部有一"X"状白色条带，两侧黑色；后胸背板有小翅芽，长 1 mm。5 龄若虫，体长 19～21 mm；触角剑状，长达前胸背板中部至后缘；前胸背板具明显的黄白色"X"形纹，中部有一黑色斑点条带，侧隆线具黑色饰边；后足股节内侧基部具 2 条黑斜纹；头三角形，两边各有一内凹的弧形棕色条带；翅芽呈三角形，基部有一横向的白色斑点；腹部黄色。

分布：宁夏（全区草原）、陕西、甘肃、青海。

寄主：长芒草、三芒草、赖草、狗尾草等禾本科牧草。

41. 青藏雏蝗 Chorthippus qingzangensis Yin, 1984　（图 2-41）

体小型，雄虫体长 10～12 mm，雌虫体长 11～15 mm。体黄绿色。头部背面、前胸背板、前翅有时呈棕褐色。前胸背板后横沟位于中部，沟前区长度等于沟后区长度。前翅具明显翅痣，前缘脉域常具白色条纹。后足股节内侧基段音齿呈双排不规则排列，音齿呈桃形；后足胫节黄褐色。

分布：宁夏（全区草原）、河北、黑龙江、内蒙古、青海、新疆、山西、西藏、甘肃。

寄主：长芒草、三芒草、赖草、狗尾草等禾本科牧草。

①　　　　　　　　　　　　　　　②

③　　　　　　　　　　　　　　　④

图 2-40　白纹雏蝗 *Chorthippus albonemus* Cheng *et* Tu, 1964

① 雌、雄成虫；② 产卵；③ 卵；④ 若虫

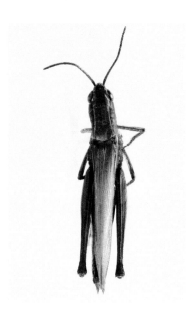

图 2-41　青藏雏蝗 *Chorthippus qingzangensis* Yin, 1984

42. 邱氏异爪蝗 *Euchorthippus cheui* Hsia, 1964 （图 2-42）

体中小型，雄虫体长 17 mm，雌虫体长 21～22 mm。体灰褐色，少数北部绿色。眼后带宽，黑褐色。头顶三角形。前胸背板侧隆线淡褐色。前翅狭长，灰褐色、暗褐色或绿色，雌性前缘脉域具 1 条白色纵纹；雄性各个脉域不具闰脉，雌性缘前脉域具闰脉；中脉域狭于肘脉域。后足股节灰褐色、黄褐色，外侧上缘具刺 11～12 个，无外端刺，内侧基部具 1 条黑色斜纹；后足胫节黄褐色。

分布：宁夏（贺兰山、银川及永宁等荒漠草原）、内蒙古、陕西、甘肃。

寄主：长芒草、三芒草、赖草、狗尾草等禾本科牧草。

43. 永宁异爪蝗 *Euchorthippus yungningensis* Cheng et Chiu, 1965 （图 2-43）

体中小型，雄虫体长约 17.9 mm，雌虫体长 22.5～24 mm。体绿而带黄色。眼后带黑色。头顶三角形。前胸背板侧隆线外侧具狭的黑纵带。前翅发达，雄性超过后足股节顶端，缘前脉域具闰脉，后翅与前翅等长；雌性前翅略不到达后足股节顶端，缘前脉域、前缘脉域、中脉域及肘脉域均具闰脉，前翅淡黄褐色。后足股节黄褐色，上膝侧片黑色。

分布：宁夏（贺兰山、银川及永宁等荒漠草原）、甘肃。

寄主：长芒草、三芒草、赖草、狗尾草等禾本科牧草。

44. 素色异爪蝗 *Euchorthippus unicolor* （Ikonnikov, 1913） （图 2-44）

体中小型，雄虫体长 15.5～17 mm，雌虫体长 20～23 mm。体黄绿或褐绿色。不具黑色眼后带。头顶及后头具不明显的中隆线。前胸背板侧隆线在沟前区几平行，侧隆线外侧具不明显的暗色纵纹。前翅到达肛上板基部。前翅、后足股节及胫节黄绿色。上膝侧片色较暗。

分布：宁夏（贺兰山、银川及永宁等荒漠草原）、内蒙古、陕西、甘肃。

寄主：长芒草、三芒草、赖草、狗尾草等禾本科牧草。

①　　　　　　　　　　　　　　　　②

图 2-42　邱氏异爪蝗 *Euchorthippus cheui* Hsia, 1964

① 雄虫；② 雌虫

图 2-43　永宁异爪蝗 *Euchorthippus yungningensis* Cheng *et* Chiu, 1965

图 2-44　素色异爪蝗 *Euchorthippus unicolor*（Ikonnikov, 1913）

45. 宽翅曲背蝗 *Pararcyptera microptera meridionalis*（Ikonnikov, 1911）（图2-45）

体中型，雄虫体长23～25 mm，雌虫体长36～39 mm。前胸背板侧隆线呈黄白色"X"形。前翅前缘脉域具较宽的黄白色纵纹。雄性前翅略不到达或刚到达后足股节端部；雌性前翅较短，通常超过后足股节的中部，肘脉域与中脉域几等宽，中脉域无中闰脉。雄性后足股节下侧淡橙红色，膝黑色；后足胫节红色，基部黑色，近基部具淡色环。

分布：宁夏（贺兰山、盐池及同心等温性草原）、河北、山西、内蒙古、东北、山东、江西、陕西、甘肃、青海；蒙古、俄罗斯。

寄主：禾本科牧草。

（十四）槌角蝗科 Gomphoceridae

触角端部几节膨大呈棒状或槌状。一般体表较光滑。后足股节上基片明显长于下基片，外侧中区具羽状隆线。

46. 李氏大足蝗 *Gomphocerus licenti*（Chang, 1939）（图2-46）

体小至中型，雄虫体长14～21 mm，雌虫体长20～25 mm，体褐色。头部较小，短于前胸背板。复眼近圆形，较大。触角黄色，端部黑色，细长，槌状，顶端明显膨大。前胸背板中隆线明显，略隆起；侧隆线明显，黑褐色。翅较发达，前翅黄褐色，后翅略短于前翅。前足胫节明显膨大；后足胫节橙红色，基部黑黄色，缺外端刺。

分布：宁夏（贺兰山、银川及永宁等荒漠草原）；河北、山西、内蒙古、西藏、陕西、青海。

寄主：长芒草、三芒草、赖草、狗尾草等禾本科牧草。

47. 宽须蚁蝗 *Myrmeleotettix palpalis*（Zubovski, 1900）（图2-47）

体中小型，雄虫体长11.6～12.1 mm，雌虫体长13.7～15.1 mm。触角较粗短，渐向顶端膨大但不形成槌状。前翅发达，略超过后足股节顶端，前缘平直，缘前脉域顶端下过前翅中部，中脉域最宽处为肘脉域宽的2倍。体黑褐色。腹面黄白色，膝部及后足胫节基部黑色。雄性腹端部橘黄色至橘红色。雌性上膝侧片黑色，下膝侧片黄白色。

分布：宁夏（全区草原）、内蒙古、青海、新疆、甘肃、河北、山西；蒙古、俄罗斯。

寄主：长芒草、三芒草、赖草、狗尾草等禾本科牧草。

①　　　　　　　　　　　　　②

图 2-45　宽翅曲背蝗 *Pararcyptera microptera meridionalis*（Ikonnikov, 1911）

①成虫；②展翅

图 2-46　李氏大足蝗 *Gomphocerus licenti*（Chang, 1939）

图 2-47　宽须蚁蝗 *Myrmeleotettix palpalis*（Zubovski, 1900）

（十五）剑角蝗科 Acrididae

体型变异较大，粗短至细长，大多侧扁。头部侧观为钝锥形或长锥形。复眼较大，位近顶端，远离基部。触角剑状，基部各节较宽，向顶端明显趋狭。前胸背板具或不具侧隆线。前翅发达，或呈鳞片状。后足股节上基片长于下基片，外侧具羽状纹。

48. 中华剑角蝗 *Acrida cinerea*（Thunberg, 1815）（图 2-48）

体大型，雄虫体长 45 mm（至翅端），雌虫体长 80 mm（至翅端），体绿色或枯草色。头圆锥形，明显地长于前胸背板。前胸背板宽平，具细小颗粒，后角锐角形突出。前翅发达，超过后股节顶端，狭长，顶尖锐，翅基部具有较密的网状横脉；后翅短于前翅，长三角形。后足股节上膝侧片顶端内侧刺略长于外侧刺。后足股节及胫节绿色或褐色。

分布：宁夏（全区草原）、北京、河北、山西、江苏、浙江、安徽、福建、江西、山东、湖北、湖南、广东、广西、四川、云南、贵州、陕西、甘肃。

寄主：禾本科牧草。

（十六）锥头蝗科 Pyrgomorphidae

体小型到中型。头部圆锥形，颜面极向后倾斜，颜面隆起具纵沟，头顶向前突出较长，顶端中央具深而狭的颜顶角沟。触角剑状，基部数节较宽扁，其余各节较细。前胸背板较平坦，具颗粒状突起。前、后翅发达，狭长，顶端尖锐或狭圆。后足股节外侧无羽状纹而具不规则的短棒状隆线或颗粒状突起；后足胫节具外端刺。

49. 短额负蝗 *Atractomorpha sinensis* Bolivar, 1905 （图 2-49）

体中小型，绿色或枯草色。雄虫体长 19～23 mm，雌虫体长 28～35 mm。头顶较短，其长度略长于复眼之纵径。触角较短。复眼卵形，眼后具一列颗粒。前胸背板具少数颗粒，前缘平直，后缘钝圆形，中、侧隆线均明显，后横沟位于中后部；侧片后缘具膜区，后下角锐角形，向后突，下缘颗粒小。前翅狭长，超过后足股节顶端部分的长度为翅长的1/3。后翅略短于前翅，基部红色。后足股节外侧下隆线向外突出。雌性产卵瓣粗短，上缘具锯齿。

分布：宁夏（贺兰山、银川及石嘴山等荒漠草原）、北京、河北、山西、上海、江苏、浙江、安徽、福建、江西、山东、河南、湖北、湖南、广东、广西、四川、贵州、云南、陕西、甘肃、青海、西藏；日本、越南。

寄主：禾本科牧草、豆类、麻类、棉花、茄子、马铃薯、向日葵、各种蔬菜、苍耳及红蓼等杂草。

图 2-48　中华剑角蝗 *Acrida cinerea*（Thunberg, 1815）

图 2-49　短额负蝗 *Atractomorpha sinensis* Bolivar, 1905

（十七）蚱科 Tetrigidae

体小型，颜面隆起在中央单眼处分叉。复眼较大，位于头的前上方。触角短，丝状，少数扁平，近乎锯齿状。前胸背板较发达，向后延伸，覆盖在腹部上。前翅退化，鳞片状，位于胸部两侧，后翅较发达，呈长三角形，隐藏于前胸背板之下，少数种类无翅。前、中足跗节2节，后足跗节3节。

50. 日本蚱 *Tetrix japonica*（Bolivar, 1887）（图2-50）

体小型，体长9 mm左右，体黄褐色或暗褐色。头部突起，头顶稍突出于复眼前缘，颜面稍倾斜。前胸背板部分个体无斑纹，有部分个体具有1～2对黑斑，有些个体具1对条状黑斑。前翅卵形，后翅较为发达。前、中足股节上缘微弯，下缘近乎直，中足股节宽稍大于前翅可见部分宽，后足股节短，后足胫节第1节明显长于第3节。

分布：宁夏（固原温性草原）、陕西、甘肃、内蒙古；日本。

寄主：禾本科及唇形科牧草。

六、半翅目 Hemiptera

体小至中型。口器为典型的刺吸式。前胸背板发达。翅膜质或革质，或前翅为基部骨化而端部膜质的半鞘翅。

（十八）飞虱科 Delphacidae

体长2～9 mm，多呈灰白色或褐色。前胸常呈衣领状，中胸三角形。后足胫节有2个大刺，端部有1个可动的距。

图 2-50 日本蚱 *Tetrix japonica*（Bolivar, 1887）

51. 灰飞虱 *Laodelphax striatellus*（Fallen, 1826）（图 2-51）

长翅型体长 3.5～4.0 mm，短翅型体长 2.2～2.5 mm。雄虫体黑褐色，雌虫黄褐色。头顶端半两侧脊间、面部和胸部侧板黑褐色。头顶后半部、前胸背板、中胸翅基片、额和唇基的脊，触角和足均为淡黄褐色。雄虫中胸背板黑褐色，仅小盾片末端和后侧缘黄褐色；雌虫中胸背板中域淡黄色，两侧具暗褐色宽斑。前翅淡黄褐色，透明，脉与翅面同色，翅半黑褐色。触角圆筒形。

分布：国内的宁夏（贺兰山、中卫、中宁及盐池等荒漠草原）、河北、山西、吉林、黑龙江、浙江、江苏、安徽、福建、江西、山东、河南、湖北、湖南、广东、广西、海南、四川、贵州、云南、西藏、陕西、甘肃、新疆；朝鲜、日本、菲律宾、印度尼西亚、俄罗斯及欧洲地区。

寄主：禾本科牧草。

52. 白背飞虱 *Sogatella furcifera*（Horváth, 1899）（图 2-52）

体长 4～5 mm。雄虫为长翅型，雌虫有长翅、短翅两型。体浅黄色有黑斑，头顶在眼前方突出，额、唇基和上唇上有 2 条黑色纵纹。颊、颜额黑色，唯隆起部分为黄白色。触角 3 节淡褐色，鞭节鬃毛状。前胸背板黄褐色，有 3 条隆起纵线。小盾片浅黄色，侧缘黑色。前翅半透明，其后缘中央在两翅会合处有 1 黑点。体腹面雄虫黑褐色，雌虫黄色。足淡黄色，后足胫节末端有 1 豆瓣形距。

分布：宁夏（全区草原）、河北、山西、东北、浙江、江苏、安徽、福建、江西、山东、河南、湖北、湖南、广东、广西、四川、贵州、云南、西藏、陕西、甘肃、台湾；朝鲜、日本、菲律宾、印度尼西亚、马来西亚、印度、斯里兰卡、俄罗斯、澳大利亚。

寄主：禾本科及芸香科牧草。

53. 稗飞虱 *Sogatella longifurcifera*（Esaki et Ishihara, 1947）（图 2-53）

长翅型体长 3.6～4.8 mm，短翅型体长 2.5～3.2 mm。体褐色，具光泽。雌雄有长短两种翅型和深浅两种色型。深色型头顶和前胸背板褐色，中胸背板色较深暗，面部和触角稍带暗褐色，足基节、腹部除各节后缘和后侧角及基部节间膜为黄褐或鲜橙黄色，其余均为黑褐色；浅色型仅腹部背板具暗褐色斑，前翅透明，端脉暗褐色，翅斑黑褐色。头部狭于前胸背板，头顶近方形，额长方形，中部稍膨大，中脊在基端分叉。触角圆筒形。后足基跗节外侧具 2～4 个小刺。短翅型前翅伸达腹部第 5、第 6 节。

分布：宁夏（全区草原）、河北、辽宁、吉林、江苏、浙江、安徽、福建、江西、山东、河南、湖北、湖南、广东、广西、海南、四川、贵州、云南、陕西、台湾；蒙古、日本、俄罗斯、越南、澳大利亚。

寄主：禾本科牧草。

图 2-51　灰飞虱 *Laodelphax striatellus*（Fallen, 1826）

图 2-52　白背飞虱 *Sogatella furcifera*（Horváth, 1899）

图 2-53　稗飞虱 *Sogatella longifurcifera*（Esaki *et* Ishihara, 1947）

（十九）蝉科 Cicadidae

体中到大型。触角短，自头前方伸出。单眼 3 个，呈三角形排列。前足腿节膨大，下缘具刺。

54. 寒蝉 *Meimuna opalifera*（Walker, 1850）（图 2-54）

体长 31 mm。体型中等。头部及胸部橄榄绿色，具黑色斑纹，前胸背板中央具漏斗状斑纹，其中央为 "!" 状的橄榄绿色斑纹，后缘两侧具黑点；中胸背板黑色，中央 1 对短带纹、其两侧不规则的纵带及侧缘的带纹橄榄绿色；柱状突起橄榄绿色。腹部黑色，覆有银白色短毛。腹瓣短，不超过第 4 节。体腹面黑色，具有白粉。翅透明，第 1 及第 2 横脉具有暗褐色斑纹。

分布：宁夏（银川、贺兰山荒漠草原）；朝鲜，日本。

寄主：多种林木。

55. 枯蝉 *Subpsaltria yangi* Chen, 1943 （图 2-55）

体长 28 ～ 34 mm。黑色。头冠明显窄于中胸背部基部。后唇基具褐色中沟。喙管达中足基节前缘。前胸背板梯形，侧缘倾斜，前端窄，后角扩张，中央纵纹和刻纹红褐色，外片侧缘和后缘外侧黄褐色。中胸背板黑色，前缘中央两条内弯的刻纹、"X" 隆起及前角处 2 个斑点和中胸背板两端两侧副发音区均为褐色。前后翅透明，翅面上有规则排列的波形横皱纹，翅脉黄褐色；后翅臀区发达。前足腿节具刺。

分布：宁夏（贺兰山、中宁、中卫及盐池等荒漠草原和中宁、中卫草原化荒漠）、陕西。

寄主：灌丛。

（二十）叶蝉科 Cicadellidae

体长 3 ～ 15 mm。单眼 2 只，少数种类无单眼。后足胫节有棱脊，棱脊上有 3 ～ 4 列刺状毛。后足胫节具刺毛列。

56. 三带脊冠叶蝉 *Aphrodes bifasciata*（Linnaeus, 1758）（图 2-56）

体长 5 ～ 6.5 mm，黄褐色。头冠及颜面均为黑褐色。前胸背板前半部红褐色，后半部黄白色。小盾板红褐色，末端色浅。前翅黄褐色，基部 1/3 和 2/3 处具黄白色横带。

分布：宁夏（隆德、泾源及六盘山等草甸草原）、内蒙古。

寄主：禾本科牧草。

①　　　　　　　　　　　　　　②

图 2-54　寒蝉 *Meimuna opalifera*（Walker, 1850）

① 成虫；② 羽化

图 2-55　枯蝉 *Subpsaltria yangi* Chen, 1943

图 2-56　三带脊冠叶蝉 *Aphrodes bifasciata*（Linnaeus, 1758）

57. 四点叶蝉 Cicadula masatonis（Matsumura, 1900）（图 2-57）

体长 4 mm 左右，全体黄绿至灰黄色。头部黄绿，在头冠部具有 4 个明显黑纹，2 个位于头冠前缘，与颜面交接处，横置不规则形，2 个位于中域两侧，为斜向不规则形斑纹。小盾板黄绿色，在基缘近二基角处各有三角形黑斑 1 枚。前翅淡灰黄色，各翅室具有淡灰色条纹。足淡黄色，后足胫刺基部黑色。

分布：宁夏（贺兰山、银川、中宁及灵武等荒漠草原和中宁、中卫草原化荒漠）、河北；朝鲜、日本。

寄主：禾本科牧草。

58. 大青叶蝉 Cicadella viridis（Linnaeus, 1758）（图 2-58）

体长 7.2 ～ 10 mm。青绿色。头部颜面淡褐色，后唇基侧、中间纵条及每侧 1 组弯曲的横纹呈黄色，颊区在近唇基缝处有 1 个小形黑斑，触角窝上方有黑斑 1 块；头冠前部左右各有 1 组淡褐色弯曲横纹，与后唇基横纹相接，在近后缘处有 1 对不规则的多边形黑斑。前胸背板淡黄绿色，后半部深青绿；小盾片淡黄绿色，中间横刻痕短不伸达边缘。前翅绿色带有青蓝色泽，前缘淡白，端部透明，翅脉青黄色，具有狭窄的淡黑色边缘；后翅烟黑色，半透明。腹部背面蓝黑色，两侧及末节橙黄带有烟黑色，胸部与腹部腹面均为橙黄色。足橙黄色，跗爪及后足胫节内侧的细小条纹黑色，后足胫节刺列的基部黑色。

分布：宁夏（全区草原）、华北、东北、江苏、浙江、安徽、福建、江西、山东、河南、湖北、湖南、四川、陕西、青海、新疆、台湾；朝鲜、日本、俄罗斯、欧洲地区、加拿大。

寄主：豆科、禾本科、十字花科、蔷薇科、杨柳科等植物。

59. 棉叶蝉 Empoasca biguttula（Shiraki, 1913）（图 2-59）

体长 3 mm 左右，淡绿色。头部近前缘处有 2 个小黑点，小黑点四周有淡白色纹。前胸背板黄绿色，在前缘有 3 个白色斑点。前翅端部近爪片末端有 1 个明显黑点。

分布：宁夏全区草原；全国各地除新疆均有分布；印度、日本。

寄主：甘草、什草、榆树、枸杞、水稻、大麻。

图 2-57 四点叶蝉 *Cicadula masatonis*（Matsumura, 1900）

图 2-58 大青叶蝉 *Cicadella viridis*（Linnaeus, 1758）

图 2-59 棉叶蝉 *Empoasca biguttula*（Shiraki, 1913）

60. 黄面横脊叶蝉 *Evacanthus interruptus*（Linnaeus, 1758）（图 2-60）

体长 6～8 mm，黑色具有黄色条纹。头冠黑色，后角及后缘黄色，近前缘处单眼周围具黄色斑纹，黄色部分大小变化不一。复眼黑褐色，单眼黄色，单眼位于前缘脊后。冠缝脊及后额缝脊细小但很明显，二脊成"十"字形相交。前胸背板黑色，后缘及侧缘黄色，有时在后缘中央有 1 个较大的三角形黄斑，或整个前胸背板全为黑色，前胸背板中后区生有横皱。小盾板全为黑色，或中部现出大小不等的黄色斑。前翅黄色，末端黑色，末端黑色部分向上延伸，在革片中央形成 1 条黑色带。

分布：宁夏（六盘山草甸草原）、内蒙古、四川；日本、欧洲地区、前苏联（西伯利亚、高加索）。

寄主：艾蒿、野枸杞、山楂、柳树、榆树。

61. 黑纹片角叶蝉 *Idiocerus koreanus* Matsumura, 1915 （图 2-61）

体长 4 mm。体黄绿色，具黑色斑纹。在小盾板基缘近两侧角处各有 1 个三角形黑斑，中央又有 2 条黑色纹；前翅半透明，淡黄绿色，其后缘沿缝合线两侧及翅末端为暗黑色，翅脉在末端暗黑色，其余与四周同为淡黄绿色，后翅淡白，翅脉黑褐色。腹部背面除中央具有黑褐色带外其余为黄绿色。

分布：宁夏（全区草原）、内蒙古、河南、甘肃；朝鲜、日本。

寄主：艾蒿、野枸杞、山楂、柳树、榆树。

62. 黄缘黑翅叶蝉 *Kolla atramentaria*（Motschulsky, 1859）（图 2-62）

体连翅长 5～7 mm。头冠前端宽圆突出，侧缘与复眼外缘在一圆弧线上；头冠橙黄色，基部中央至 2 只单眼间有 1 个"凸"字形黑斑，此斑两侧各有 1 条斜纹伸至单眼，在头冠前缘区有 1 对横长圆形黑斑，中央有 1 个较小的圆形黑斑点。前胸背板全部黑色，中胸腹板上无黑色斑。小盾片橙黄色，二基侧角区各有 1 个三角形黑色斑纹。前翅黑色，仅前缘具透明边，无橙黄色斜纹。

分布：宁夏（隆德、六盘山草甸草原）、河北、河南、辽宁、陕西、安徽、浙江、福建、湖南、湖北、四川、重庆、贵州、云南、广东、广西、台湾、香港、海南；柬埔寨、泰国、日本、越南、马来西亚、印度尼西亚、尼泊尔、缅甸、印度、斯里兰卡、孟加拉。

寄主：艾蒿、荞麦、大麻、大豆、苋菜、萝卜、花椒、杂灌木。

图 2-60 黄面横脊叶蝉 *Evacanthus interruptus*（Linnaeus, 1758）

图 2-61 黑纹片角叶蝉 *Idiocerus koreanus* Matsumura, 1915

图 2-62 黄缘黑翅叶蝉 *Kolla atramentaria*（Motschulsky, 1859）

63. 黑胸黄斑叶蝉 *Oniella leucocephala* Matsumura, 1912 （图 2-63）

体长（包括翅长）：雄虫 5.5 ～ 6 mm，雌虫 6.5 ～ 7 mm，体色淡黄，具黑色斑纹。头冠及颜面均为淡黄色，无斑点。复眼淡褐色，单眼淡黄。前胸背板黑色，侧缘淡黄。小盾板除末端外全为黑色。前翅淡黄色，中央具黑色宽带，此带在两翅接合缝处、爪片后缘部分连及小盾板末端，显出缺刻，形成 2 个大形淡黄色斑纹。黑带在端部分出 3 条条纹伸向翅前缘，翅端缘全为黑色。

分布：宁夏（泾源、六盘山草甸草原）、四川、浙江；日本。

寄主：沙棘、杂草、杨树。

64. 条沙叶蝉 *Psammotettix striatus* （Linnaeus, 1758） （图 2-64）

体长 3.3 ～ 4.3 mm，黄褐色。头部浅黄色，在头冠近前端处有 1 对浅褐色三角形斑，斑后连接褐黑色中线，中线两侧中部各有 1 个大型不规则斑块，近后缘处各有 2 条 "," 形条纹，伸达后缘。复眼褐色，单眼红褐色。前胸背板暗黄褐色，前缘浅黄色，其间散布暗褐色小斑点，其后有 5 条平行的浅黄色条纹。小盾片浅黄色，基部两侧具有暗褐色斑，中央有 2 个褐色小点。前翅浅灰黄色，半透明，翅脉黄白色，脉纹侧缘具有暗褐色条纹，在中端室中具暗褐色斑，外端室透明。足浅黄色，在股节及胫节上有浅褐色斑点。

分布：宁夏（全区草原）、华北、东北、安徽、四川、西藏、台湾、新疆；朝鲜、日本、印度尼西亚、马来西亚、缅甸、印度及欧洲、北美地区。

寄主：沙蒿、野生枸杞、水稻。

（二十一）角蝉科 Membracidae

体长 2 ～ 20 mm，一般黑色或褐色，少数色泽艳丽。单眼 2 个，位于复眼间。前胸背板非常发达，向后方延伸至腹部上方，常有各种形状的突起。

65. 圆角蝉 *Gargara genistae* （Fabricius, 1775） （图 2-65）

雌虫体长 4.5 ～ 5 mm，体黑或红褐色。头和胸部被细毛，刻点密，中、后胸两侧和腹部第 2 节背板侧面有白色长细毛组成的毛斑。头黑色，复眼黄褐色，单眼浅黄色。前胸背板中脊起在前胸斜面至顶端均很明显，后突起屋脊状，刚伸达前翅内角。前翅基部 1/5 革质，黑色，具刻点，其余部分灰白色透明，有细皱纹，翅脉黄褐色，盘室端部横脉黑褐色。后翅灰白色，透明。腹部红褐或黑色。足基节和腿节基部大部分黑色，其余黄褐色。雄虫 3.9 ～ 4.1 mm，黑色。

分布：宁夏（全区草原）及全国各地；日本、朝鲜、俄罗斯、欧洲地区。

寄主：沙蒿、柠条、苜蓿、野生枸杞、酸枣、枸杞、糜子。

图 2-63 黑胸黄斑叶蝉 *Oniella leucocephala* Matsumura, 1912

图 2-64 条沙叶蝉 *Psammotettix striatus*（Linnaeus, 1758）

图 2-65 圆角蝉 *Gargara genistae*（Fabricius, 1775）

（二十二）菱蜡蝉科 Cixiidae

体小型，略狭长。头不突出。单眼通常 3 个，中单眼生在额的端部。触角柄节短；梗节圆球形；鞭节通常不分节。喙末节长。前胸极狭，颈状，向前弯曲。中胸盾片较大，菱形，常有 3～5 条脊线。前翅膜质，除爪脉外，脉纹上有颗粒突起；有翅痣；爪脉上"丫"形末端不到达爪片顶端。后翅亚前缘脉与径脉有长距离愈合，通常径脉二分支，中脉三分支。

66. 端斑脊菱蜡蝉 *Oliarus apicalis*（Uhler, 1896）（图 2-66）

雄虫体长 6 mm，雌虫体长 8 mm 左右。体黑色或淡褐色，头顶前缘突起成角状，后缘凹入，侧缘脊状淡黄褐色，中域凹陷黑色。额与唇基连成一体，略呈菱形，中、侧脊隆起黄褐色。单眼 3 个，黄色，2 个在复眼下方、触角前方，1 个在额中脊中央。触角短，基节淡褐色。前胸背板淡黄褐色，两侧近端部黑褐色，后缘凹入呈钝角状。中胸背板中央有 5 条纵隆线，隆线黄褐色。肩片黄褐色。腹部黑褐色，背腹板后缘黄色。翅淡黄色，半透明，端缘黑色。翅脉同翅色。翅端横脉黑褐色。足淡黄褐色，有深色条纹。体腹面黑色。

分布：宁夏（全区草原）、新疆、内蒙古。

寄主：禾本科牧草。

（二十三）象蜡蝉科 Dictyopharidae

多数种类中等大小，头部长度延伸，前翅有明显的翅痣，后足跗节第 2 节有刺。胸部明显。前胸背板一般短阔，颈状；通常有中脊线及亚中脊线，在复眼后方有 2 明显的侧脊线。中胸盾片长为三角形，有时菱形，前缘三角形突出。肩板通常大，上有脊线。足细长，有些属的前足腿节或胫节或二者加阔。后足胫节通常有 3～5 个侧刺，后足跗节第 2 节大，端部有 1 列小而强的刺。

图 2-66　端斑脊菱蜡蝉 *Oliarus apicalis*（Uhler, 1896）

67. 伯瑞象蜡蝉 *Dictyophara patraelis*（Stal, 1859）（图 2-67）

体长 8～11 mm，翅展 18～22 mm。体绿色。头明显向前突出，略呈长圆柱形，前端稍狭；顶长约等于头胸长度之和，侧缘全长脊起，此脊线与基部中脊绿色，中央有 2 条橙色纵条，到端部消失。复眼淡褐色，单眼黄色，颜狭长，侧缘与中央脊线绿色，其间有 2 条橙色纵条。前胸背板和中胸背部各有 5 条绿色脊线和 4 条橙色条纹。腹部背面有很多间断的暗色带纹及白色小点，侧区绿色。翅透明，脉纹绿色，前翅端部脉纹和翅痣多为褐色，后翅端部脉纹多深褐色。足黄绿色，有暗黄色和黑褐色纵条纹。后足胫节有 5 个侧刺。

分布：宁夏（贺兰山荒漠草原）、内蒙古、东北、山东、陕西、江苏、浙江、江西、湖北、四川、福建、台湾、广东、云南、海南；日本、马来西亚。

寄主：禾本科牧草。

（二十四）木虱科 Psyllidae

颊锥状，额被颊覆盖，由背面看不到。前翅前缘有断痕，有翅痣；脉呈 2 叉分支；后足胫节通常具基齿，通常端距 5 个以上，基跗节具爪状距。

68. 梭梭胖木虱 *Caillardia azurea* Loginova, 1956　（图 2-68）

体黄色。粗壮、光裸。头向下缩入前胸。头顶粗糙，后缘略弧鼓，前缘呈双喙状突出，两侧具凹窝。复眼呈半球形向两侧突出。触角 10 节。胸部宽于头宽。后足胫节无基齿，端距 10 个，后基突短锤状，端钝。前翅端具絮状褐斑，翅面凹凸不平，翅痣宽阔。

分布：宁夏（盐池荒漠草原）、新疆；高加索、俄罗斯、格鲁吉亚、土库曼斯坦、塔吉克斯坦、亚美尼亚、吉尔吉斯斯坦、阿塞拜疆、乌兹别克、沙特阿拉伯。

寄主：梭梭、白梭梭。

69. 枸杞木虱 *Paratrioza sinica* Yang et Li, 1982　（图 2-69）

成虫：体长 3.75 mm。形如小蝉，全体黄褐至黑褐色具橙黄色斑纹。腹部背面褐色，近基部具 1 条蜡白色横带。翅透明，脉纹简单。

卵：长 0.3 mm，长椭圆形，橙黄色，具 1 细如丝的柄，固着在叶上。

若虫：扁平，固着在叶上，如似介壳虫。末龄若虫体长 3 mm，宽 1.5 mm。

分布：宁夏（全区草原）、甘肃、青海。

图 2-67　伯瑞象蜡蝉 *Dictyophara patraelis*（Stal, 1859）

图 2-68　梭梭胖木虱 *Caillardia azurea* Loginova, 1956

①　　　　　　　　　　　　　　　　　②

图 2-69　枸杞木虱 *Paratrioza sinica* Yang *et* Li, 1982

① 成虫及卵；② 幼虫

70. 红柳木虱 *Psylla* sp. （图 2-70）

成虫：体长 2 mm，四翅透明，成屋脊形覆盖在腹背面。触角 10 节，第 1～第 3 节色淡，第 4～第 7 节端部黑色，末 3 节全为黑色。头顶黄褐色，中线黑色。单眼橙色；复眼赤褐色。胸部背面黄褐色或稍带绿色，中线色淡，中胸有深褐色纵纹 8 条，中后胸小盾板白色。腹部黄绿色。足淡黄色，第 1 跗节端部黑色，基部黄色，第 2 跗节黑色。

若虫：共 4 龄，淡绿色或微褐，腹部背面及周缘有淡色刚毛。腹部末端可透见橙色的内脏器官。

分布：宁夏（银川、永宁、中宁、中卫及吴忠等荒漠草原）。

寄主：红柳。

71. 沙枣木虱 *Trioza magnisetosa* Loginova, 1964 （图 2-71）

成虫体长 2.5～3.4 mm，深绿至黄褐色。复眼大、突出，赤褐色。触角丝状 10 节，端部 2 节黑色，顶部生 2 毛。前胸背板弓形，前、后缘黑褐色，中间有 2 条棕色纵带。中胸盾片有 5 条褐色纵纹。翅无色透明，前翅 3 条纵脉各分 2 叉。腹部各节后缘黑褐色。

分布：宁夏（贺兰山荒漠草原）、甘肃、青海；欧洲。

寄主：沙枣、沙果、苹果、李、杏、禾本科牧草。

（二十五）粉虱科 Aleyrodidae

体小型，翅展约 3 mm，雌雄成虫均有翅。喙 3 节，复眼的小眼群常分为上、下两部分。单眼 2 个，着生在复眼群的上缘。翅 2 对，翅脉简单。腹部第 1 节常柄状，第 8 节常背板狭，膜质。腹部第 9 节背面有管状孔，中间是舌状器。

72. 烟粉虱 *Bemisia tabaci* （Gennadius, 1889） （图 2-72）

体长 1 mm 左右，翅白色，腹部黄色。静止时两翅略呈"八"字形，从上方可见黄色的腹部。

分布：宁夏（银川、永宁、贺兰山东麓、中宁、中卫及吴忠等荒漠草原）及全国各地；日本、印度、马来西亚及非洲、北美地区。

寄主：豆科、十字花科、锦葵科、茄科、葫芦科、烟草、棉花等。

图 2-70 红柳木虱 *Psylla* sp.

①   ②

图 2-71 沙枣木虱 *Trioza magnisetosa* Loginova, 1964

① 成虫；② 若虫

图 2-72 烟粉虱 *Bemisia tabaci*（Gennadius, 1889）

（二十六）蜡蚧科 Coccidae

雌成虫体形变化较大，大小不一。头、胸、腹合并，体节几乎完全消失；有的种类在体缘稍见分节痕迹。有时在腹面中部，特别是腹部中部，可见不很明显的体节褶纹。触角 6～9 节或退化，具臀裂。

73. 朝鲜球蚧 *Didesmococcus koreanus* Borchsenius, 1955 （图 2-73）

雌虫介壳直径 2～3 mm，初呈黄褐色，后呈浓褐色有反光，近球形，表面皱纹不显著但凸凹不平。雄虫体长 1.5 mm，头胸腹面赤褐色，具翅 1 对，微青，前缘处红色，末端有尾毛 1 对，性刺 1 根，介壳椭圆形，无色半透明，背面有龟甲状隆起横线。

卵：椭圆形，橙黄色，长 0.3 mm。

若虫：长椭圆形，背面浓褐色，腹面淡褐色，触角、足均全，腹部末端有尾毛 2 条。

蛹：雄蛹赤褐色，体扁平藏于雄壳中，腹背有 2 条纵黑纹，腹端有 1 个锥状突起。

分布：宁夏（全区草原）、华北、东北、山东、河南、湖北、青海；朝鲜。

寄主：刺梅、李、杏、桃、樱桃。

74. 瘤大球坚蚧 *Eulecanium gigantea*（Shinji, 1935） （图 2-74）

雌虫产卵前半球形，背面棕褐或红褐色，前半高突，后半斜狭，灰黑色斑明显：中纵宽带 1 条，两侧锯齿状缘带各 1 条，中纵带与各缘带间又有不规则的 8 个斑点排列成亚中或亚缘 1 列，前、中部斑点较大，尾部较小；背面常有毛绒状蜡被，腹面不规则圆形。触角 7 节，第 3 节最长，第 4 节突然变细。雄成虫头部黑褐色，前胸及腹部黄褐色，中、后胸红棕色；触角丝状，10 节，腹末针状，两侧各有白色长蜡丝 1 根。

分布：宁夏（全区草原）、河北、山西、辽宁、江苏、安徽、山东、河南、青海；朝鲜、日本。

寄主：酸枣、沙枣、核桃。

① ②

图 2-73 朝鲜球蚧 *Didesmococcus koreanus* Borchsenius, 1955

① 雌虫；② 若虫

图 2-74 瘤大球坚蚧 *Eulecanium gigantea*（Shinji, 1935）

75. 槐花球蚧 *Eulecanium kuwanai*（Kanda, 1934）（图 2-75）

雌虫半球形，表现为两型：一个型体光滑，体长 5.0～6.0 mm，宽 4.0～5.0 mm，体壁红褐色，产卵前灰黑色背中带和锯齿状缘带间有 8 个灰黑色斑，产卵后体背硬化；另一个型体壁皱缩，体长和宽均为 3.0～6.0 mm，淡黄褐色，产卵前有灰黑色斑状花纹，产卵后体壁皱缩硬化，呈黄褐色。雄成虫体长 2.0～2.5 mm，宽约 0.6 mm，橙黄褐色，翅展 5.0 mm。头部黑褐色。前胸及腹部黄褐色，中、后胸红棕色。触角丝状，共 10 节，均具长毛。前翅发达，透明无色，似菜刀状，有 1 支两分叉的翅脉，自基部约 1/3 处分叉；后翅特化为平衡棒。尾部有锥状交配器 1 根和白色蜡丝 2 根。

分布：宁夏（全区草原）、甘肃、陕西、新疆、河南、辽宁。

寄主：蔷薇、杨、柳、榆、沙棘、复叶槭、苹果。

76. 柠条大球蚧 *Eulecanium sp.* （图 2-76）

雌虫半球形，体光滑，体长 5.5～6.5 mm，宽 4.5～5.0 mm，体壁黄色，上有灰绿色花纹。产卵后体壁皱缩硬化，灰绿色花纹面积扩大。

分布：宁夏（贺兰山东麓、盐池、同心的温性草原）、内蒙古。

寄主：柠条。

（二十七）绵蚧科 Monophlebidae

雌虫营自由生活。体椭圆形，身体柔软，腹部分节明显。触角 6～11 节。复眼退化，单眼 2 个。足发达。腹部气门 2～8 对。肛门位于身体的背面。雄虫体红色，翅黑色。具单眼和复眼。触角羽状，10 节。腹末有成对突起。

77. 杨绵蚧 *Pulvinaria betulae*（Linnaeus, 1758）（图 2-77）

雌虫椭圆形，长 7 mm，宽 5 mm，灰褐色。体节褶皱明显，腹裂深，背中线色深，腹部中线两侧散布有不整形黑斑。卵囊由腹下向后分泌，呈白色棉团状，颇大，半球形，最大者长 8 mm，宽 6 mm，囊背中有 1 条纵沟纹。

分布：宁夏（银川荒漠草原）、西北、内蒙古；前苏联、伊朗、欧洲（西部）。

寄主：杨、柳、桦、葡萄等枝条。

图 2-75 槐花球蚧 *Eulecanium kuwanai*（Kanda, 1934）

图 2-76 柠条大球蚧 *Eulecanium* sp.

图 2-77 杨绵蚧 *Pulvinaria betulae*（Linnaeus, 1758）

（二十八）珠蚧科 Margarodidae

体多数大型。雄有桑葚状复眼；触角7～8节；成虫无口器；翅黑色或烟煤色，能纵褶；第9腹节背板有2个生殖突，第8腹节有时每侧向后突出；前足较中后足发达，开掘式；第2龄若虫无足，触角只存遗迹，身体近似圆球形。雌虫体壁柔软，胸、腹部分节明显；第9腹节瘦小，短而近方形。

78.甘草胭珠蚧 *Porphyrophora sophorae*（Archangelskaya, 1935）（图2-78）

雌成虫：体长5～8 mm，卵圆形或梨形，背面凸起，全体胭脂红色，体壁柔软，密生淡色细毛。触角8节，节短缩呈环状，第1节淡色，末节呈半球形，着生10余根长毛及17个左右的感觉刺，还有少数小孔。无喙。足3对，前足较中、后足粗壮，开掘式，转节和腿节愈合，胫节和跗节缩短，呈半愈合，爪长，由基部向尖端渐细而尖。胸气门2对，短粗呈圆柱形，顶端有较大孔一列。体节之多半部分密布细毛和蜡腺孔，常覆一层白色蜡粉或蜡丝。雄成虫：体长2.5 mm，暗紫红色，形似小蠓虫。触角8节，密生感觉刺毛。复眼大，在头后两侧各有1个突起，无喙。胸部膨大呈球形。腹部瘦细，第8节常分泌1簇直而长的蜡丝，拖在体后如长尾，超过体长1～2倍。交配器短勾状，生在腹端下方。各足腿节粗壮，跗节1节，爪钩尖细。前翅发达膜质，翅痣红色，另有3条不明显的长脉；后翅退化为平衡棍，红色，呈刀形，外端有1尖钩。

珠体：卵圆形或不规则形，有紫色、蓝灰色、黑紫色或紫红色的变化，成熟时长径为4～8 mm，表面可看到2对白色小点（胸气门）和丝状的喙，一般体表常黏附一厚层土粒。

分布：宁夏（同心、盐池荒漠草原）、内蒙古。

寄主：甘草、花棒等豆科牧草。

（二十九）坚蚧科 Didesmococcidae

雌成虫长卵圆形或少数近圆形。体有不同程度的向上隆起，有的强烈上凸，但前端和后端均有倾斜，两侧大部分倾斜。体紧贴在寄生植物上。体背老熟时硬化，腹面软。缘褶明显。体节仅腹面中部明显。触角较大，6～8节。足较大，不能自由移动。胫、跗关节不硬化。爪下常有齿，爪冠毛顶端膨大。

①　　　　　　　　　　　　　②

图 2-78　甘草胭珠蚧 *Porphyrophora sophorae*（Archangelskaya, 1935）

① 交尾；② 蛛体

79. 水木坚蚧 *Parthenolecanium corni*（Bouche, 1844）（图 2-79）

雌成虫长 4～6 mm，宽 3.5～5 mm，体短椭圆形，黄褐色至褐色，死体红褐色。背部隆起呈半球形，两侧又有多数凹点，并越向边缘越小。背面有光亮皱脊，皱脊两侧有成列的大凹点。介壳坚硬，呈龟甲状。触角常 7 节，少数 8 或 6 节；8 节时第 4 节分成两节，6 节时则第 3、第 4 节合并。足粗，爪下有小齿，两根爪冠突一粗一细。

分布：宁夏（银川荒漠草原）、河北、河南、山东、山西、江苏、青海等葡萄产区。

寄主：山楂、杏、葡萄、槐、桃、苹果、梨、核桃、白蜡、合欢等。

（三十）粉蚧科 Pseudococcidae

雌虫通常卵圆形，少数长形或圆形。体壁通常软，分节明显。腹部末端有肛叶、肛环及肛环刺毛 4～8 根（通常 6 根），足发达，无腹气门。自由生活，身体表面有蜡粉。雄虫通常有翅，单眼 4～6 个；腹部末端有 1 对长蜡丝。

80. 沙枣粉蚧 *Spilococcus pacificus*（Borchsenius, 1956）（图 2-80）

成虫椭圆形，长约 3.5 mm，体橙黄色，背被蜡粉，全体外观为雪白色。各节体缘向外分泌成团蜡丝，端节的蜡丝最长，指状伸向后方，呈"八"字形分开，腹端还有 1 对针状白色蜡丝。若虫初孵时红色，足及触角黄色，腹端有 1 对细丝。

分布：宁夏（银川、同心及盐池等荒漠草原）。

寄主：沙枣、刺槐。

（三十一）龟蝽科 Plataspidae

体小至中型，体长 2～10 mm，圆形至卵圆形，背面极隆，腹面较平或稍隆。通常黑色具黄色斑纹，或黄色具黑色斑纹。小盾片极大，将腹部完全覆盖，或仅露出狭窄的边缘；前翅大部膜质，静止时将端半部折叠于小盾片之下，仅前缘的基部露出；各足跗节 2 节。

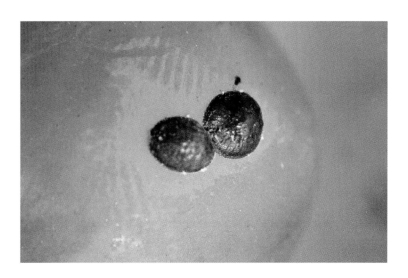

图 2-79　水木坚蚧 *Parthenolecanium corni*（Bouche, 1844）

图 2-80　沙枣粉蚧 *Spilococcus pacificus*（Borchsenius, 1956）

81. 西蜀圆龟蝽 *Coptosoma sordidula* Montandon, 1862 （图2-81）

体长 3.6 ～ 4.2 mm，前胸背板宽 2.6 ～ 3.1 mm，小盾片宽 3.3 ～ 3.8 mm。前胸背板前端及小盾片侧胝常具黄色斑点；触角第4、第5节褐色；腹部两侧刻点浅而稀疏；雄虫头前部两侧扩展，侧缘弯曲，生殖节上缘中央无突起，但具一列刷状短毛，雌虫头侧叶前端互相靠近；但不接触，第6腹板后缘中央较平，略呈双曲状。

分布：宁夏（全区草原）、四川、安徽。

寄主：艾蒿、达乌里胡枝子、苦豆子等豆科植物。

（三十二）土蝽科 Cydnidae

体小至大型，多为黑褐色，体背面隆起，具青蓝光泽。触角5节，喙4节。小盾片三角形，短于前翅革片。前足胫节扁平，两侧具强刺，适于掘土；跗节3节或退化。

82. 长点边土蝽 *Legnotus longiguttulus* Hsiao, 1977 （图2-82）

体长圆形，长4.4 mm。黑色，前胸背板侧缘、前翅革片前缘基中部的斜长形斑点、各足胫节背侧中部条纹及腹部侧缘白色。全身具稠密刻点，前胸背板前部两胝光平。眼小，圆形，向两侧突出。喙较长，几达于中足基节顶端。臭腺孔暗区小，具刻点。

分布：宁夏（全区草原）、山西、内蒙古、四川；俄罗斯（西伯利亚）。

寄主：禾本科、伞形科牧草。

（三十三）盾蝽科 Scutelleridae

体小型至中大型。背面强烈圆隆，腹面平坦，卵圆形。许多种类有鲜艳的色彩和花斑。头多短宽。触角4或5节。小盾片极大，"U"形，能盖住整个腹部和前翅的绝大部分。前翅与体等长，膜片不能折回。臭腺发达。

图 2-81　西蜀圆龟蝽 *Coptosoma sordidula* Montandon, 1862

图 2-82　长点边土蝽 *Legnotus longiguttulus* Hsiao, 1977

83. 扁盾蝽 *Eurygaster testudinarius*（Geoffroy, 1785）（图 2-83）

体长 9～9.5 mm, 宽 6 mm。黄褐至灰褐色，密被同色、褐色及黑褐色刻点，在前胸背板上组成数条不显著的赤褐色纵带，在小盾片上于中央形成"Y"形淡色纹，在小盾片两侧之前半各有 1 个斜列的、隐约的平行四边形淡色斑。其余区域则呈深色，腹部各节侧接缘后半黑色。腹下污黄褐。胸部腹面布深色刻点，腹部腹面刻点色较淡，侧缘中央有 1 个黑斑。腹下中央处常有一些由密集的黑点组成的小斑。

分布：宁夏（全区草原）、黑龙江、河北、山西、陕西、山东、江苏、浙江、湖北、江西。

寄主：不详。

84. 绒盾蝽 *Irochrotus sibiricus* Kerzhner, 1976 （图 2-84）

体长 4.0～5.5 mm，椭圆形。灰褐色到黑褐色，密被黑色和白色长毛；头三角形，触角 5 节，黄褐色；喙伸达后足基节；前胸背板长方形，中部具深横沟，前、后缘直；小盾片大而隆起，达腹部末端；足黑褐色。

分布：宁夏（全区草原）、内蒙古、甘肃、新疆；蒙古、俄罗斯。

寄主：禾本科牧草。

（三十四）蝽科 Pentatomidae

触角多为 5 节，少数种类 4 节。小盾片发达，多数为三角形，紧接前胸背板后方，盖在腹部背面，长度略过腹部 1/2～2/3，盖住整个腹部背板。

85. 实蝽 *Antheminia pusio*（Kolenati, 1846）（图 2-85）

体长 8.0～10.0 mm，椭圆形，青黄褐色。头部侧缘黑色，头、前胸背板、小盾片、侧接缘及体下方青黄色。触角 5 节，淡黄褐色至黑褐色。前胸背板前缘凹陷，后缘直，前角具小指状突，背板常有 4 条黑色纵纹，背板后半部黑色。小盾片末端尖，色淡。革片红褐色。

分布：宁夏（贺兰山荒漠草原）、北京、河北、山西、内蒙古、辽宁、吉林、陕西；中亚、土耳其、高加索。

寄主：菊科牧草。

图 2-83 扁盾蝽 *Eurygaster testudinarius*（Geoffroy, 1785）

图 2-84 绒盾蝽 *Irochrotus sibiricus* Kerzhner, 1976

图 2-85 实蝽 *Antheminia pusio*（Kolenati, 1846）

86. 苍蝽 *Brachynema germarii*（Kolenati, 1846）（图 2-86）

体长 10.5 ～ 12.0 mm，绿色，头部侧叶略卷起，边缘青白色；触角第 1 ～条 3 节暗绿色，第 4、第 5 节褐色；喙几伸达后足基节；前胸背板前侧缘略内凹，具较宽的白边，宽度一致；小盾片末端青白色；革片前缘大半部具青白色的宽边；膜片灰白色，脉细而多；侧接缘青白色，后侧角黑色；腹下淡黄白，密布灰绿色浅刻点；各腹节下方后侧角有 1 个小黑圆斑。

分布：宁夏（全区草原）、河北、西藏、陕西、甘肃、青海、新疆；阿拉伯、土耳其、叙利亚、俄罗斯、欧洲。

寄主：骆驼蓬、沙枣、假木贼等植物。

87. 紫翅果蝽 *Carpocoris purpureipennis*（De Geer, 1773）（图 2-87）

体长 11.5 ～ 13.0 mm。全体褐色带紫，头部两侧黑褐。触角 5 节，第 1 节最短，淡褐色，第 2 节以下黑色。前胸背板两侧角突出如角，尖端略向后弯，黑色，其前侧缘淡色边，无刻点，从前缘向后方放射出 4 条模糊的黑纹。小盾片中线淡黄色，其两侧微黑，后端淡色。前翅膜质部分黑褐色，翅端超出股端。侧接缘黑色，各节中部橙黄色与黑色底相间成斑。体腹面淡黄褐色，有小黑点分布。足褐色微紫，跗节各端黑色。

分布：宁夏（全区草原）、河北、北京、山西、内蒙古、辽宁、吉林、黑龙江、山东、陕西、甘肃、青海、新疆；蒙古、俄罗斯、朝鲜、日本、印度、土耳其、伊朗。

寄主：甘草、柠条、白茨、骆驼蓬、什草、赖草、沙蒿、苜蓿、枸杞、沙棘、胡杨、丁香、沙枣、胡麻、土豆、向日葵。

88. 斑须蝽 *Dolycoris baccarum*（Linnaeus, 1758）（图 2-88）

体长 8.0 ～ 13.0 mm，椭圆形，体色黄褐至黑褐色，体被细茸毛及黑色刻点；触角黑色，第 2 ～第 4 节的基部和末端、第 5 节基部淡黄色；前胸背板前侧缘常成淡白色边，后部暗红色；小盾片末端淡色；革片红褐色；侧接缘黄黑相间；足及腹下淡黄色。

分布：宁夏（全区草原）、河北、北京、山西、内蒙古、辽宁、吉林、黑龙江、江苏、浙江、福建、江西、山东、河南、湖北、广东、广西、四川、云南、西藏、陕西、新疆；蒙古、俄罗斯、日本、印度、土耳其、巴基斯坦、阿拉伯、叙利亚、埃及。

寄主：大蓟、甘草、苜蓿、野艾、什草、沙枣、丁香、枸杞、梨树、榆树、苜蓿、小麦、玉米、大豆、谷子、胡萝卜、棉花。

图 2-86　苍蝽 *Brachynema germarii*（Kolenati, 1846）

图 2-87　紫翅果蝽 *Carpocoris purpureipennis*（De Geer, 1773）

①

②

图 2-88　斑须蝽 *Dolycoris baccarum*（Linnaeus, 1758）

① 成虫；② 若虫

89. 麻皮蝽 *Erthesina fullo*（Thunberg, 1783）（图 2-89）

体长 20.5 ～ 25.0 mm，体宽大，密布刻点，黑色，前胸背板、小盾片和革片具不规则的小黄斑。由头端至小盾片基部有 1 黄色细纵中线。喙伸达第 3 腹节末端。前胸背板侧缘黄白色，胝黄白色，后缘边黑色；小盾片基部两侧具黄斑，末端黄白色；革片中央黄褐色；膜片黑色；头侧缘、腹部各节侧接缘中央、触角末节基部、胫节中段及体背若干散布的小斑点黄色。

分布：宁夏（全区草原）、河北、山西、内蒙古、辽宁、甘肃、山东、江苏、浙江、安徽、江西、湖南、广东、广西、海南、贵州、云南；日本、马来西亚、印尼、缅甸、印度。

寄主：梨、杨、柳、榆、刺槐、臭椿等。

90. 斑菜蝽 *Eurydema dominulus*（Scopoli, 1763）（图 2-90）

体长：6.0 ～ 7.5 mm，椭圆形；橙黄色，具黑斑；头横宽，密布黑刻点，前缘和侧缘橘红色；触角黑色；喙伸达中足基节；前胸背板前缘凹入具黄白边，中部具橘红色斑，侧缘与后缘具橘红色边；小盾片具 1 个大的三角形黑斑，近顶端处具 2 个黑斑，末端橘红色；革片具 2 个橘红色斑，端部黄白色；膜片近黑色，边缘暗红色；足腿节端部、胫节两端、跗节黑色，其余橙黄色。

分布：宁夏（全区草原）、河北、北京、山西、吉林、黑龙江、江苏、浙江、福建、江西、山东、湖南、广东、广西、四川、贵州、云南、西藏、陕西；前苏联东部、西伯利亚、欧洲。

寄主：十字花科植物。

91. 茶翅蝽 *HalHalyomorpha picus*（Fabricius, 1794）（图 2-91）

体茶褐色或黄褐色，有黑色点刻。体长 15 mm。扁椭圆形，前胸背板前缘有 4 个黄褐色小斑点。翅茶褐色，翅基部和端部翅脉颜色较深。腹部两侧各节间均有 1 个黑斑。

分布：宁夏（全区草原）、北京、东北、河北、河南、山东、山西、陕西、四川、云南、贵州、湖北、湖南、安徽、江苏、江西、浙江、广东、台湾。

寄主：果树。

图 2-89　麻皮蝽 *Erthesina fullo*（Thunberg, 1783）

图 2-90　斑菜蝽 *Eurydema dominulus*（Scopoli, 1763）

图 2-91　茶翅蝽 *Halyomorpha picus*（Fabricius, 1794）

92. 短翅蝽 *Masthletinus nigriventris*（Jakovlev, 1889）（图 2-92）

体长 5.5 ～ 7.0 mm，宽卵圆形，暗褐色。头椭圆形，密布深褐色刻点。头前缘呈宽阔的圆弧形，顶端有 1 个小缺刻。触角第 1 ～ 第 3 节黄白色，第 4、第 5 节褐色。喙伸达后足基节。前胸背板横宽，前后缘直，胝光滑。小盾片近基角处有 1 黄斑。前翅短于小盾片，无膜片。前、中足腿节黑褐色，后足腿节有细小的黑褐色斑。

分布：宁夏（贺兰山荒漠草原）、北京、内蒙古、山东；俄罗斯（西伯利亚）。

寄主：鳞翅目幼虫。

（三十五）同蝽科 Acanthosomatidae

体通常椭圆形，多为黄褐色，具粗糙刻点。头三角形，单眼明显，触角 5 节（有少数 4 节）。喙 4 节，末端黑色。前胸背板梯形，侧缘波曲，侧角通常延伸呈刺状，角状或强烈扩展呈翼状。小盾片发达，三角形，顶端窄缩。中胸腹板有 1 个纵隆脊，有时向前延伸，直达头的前缘。第 3 腹节有 1 根腹刺，向前延伸与中胸隆脊相重叠。

93. 宽铗同蝽 *Acanthosoma labiduroides* Jakovlev, 1880 （图 2-93）

体长 13.5 ～ 17.5 mm，宽椭圆形，灰黄绿色，前胸背板后缘、革片内域和爪片红棕色；头黄褐色具横皱纹和黑色刻点；触角第 1、第 2 节暗褐色，第 3、第 4 节红棕色，第 5 节末端棕色；喙黄绿色，末端黑色，伸达后足基节；前胸背板近前缘处有 1 条黄褐色横带，侧角延伸成短刺，棕红色，末端尖锐，有时顶尖黑色，指向前侧方；小盾片中央具暗棕色斑，顶端延伸，黄白色；爪片棕褐色；革片外域深绿色；膜片浅棕色；中胸隆脊低，末端不伸达前胸腹板前缘；腹部背面浅棕红色，各腹节后缘具黑色横带纹，侧接缘全部黄褐色；腹面和足黄褐色，跗节浅棕色。

分布：宁夏（固原、泾源草甸草原）、黑龙江、河北、山西、陕西、浙江、湖北、江西、四川、云南；日本、西伯利亚地区。

寄主：山杨、山榆。

（三十六）缘蝽科 Coreidae

体中至大型，宽扁或狭长，两侧缘略平行。多为褐色或绿色。触角 4 节，喙 4 节，有单眼。前胸背板及足常有叶状突或尖角。中胸小盾片小，三角形，短于前翅爪片。前翅膜质部有多条分叉的纵脉，均出自基部 1 条横脉上。足较长，有时后足腿节粗大，跗节 3 节。

图 2-92　短翅蝽 *Masthletinus nigriventris*（Jakovlev, 1889）

图 2-93　宽铗同蝽 *Acanthosoma labiduroides* Jakovlev, 1880

94. 波原缘蝽 *Coreus potanini*（Jakovlev, 1890）（图 2-94）

体长 12～14 mm，黄褐色。触角基内侧各具 1 个棘。触角基部 3 节菱形，第 4 节纺锤形。前胸背板侧角近于直角。

分布：宁夏（全区草原）、河北、山西、四川、云南、陕西、甘肃。

寄主：牛舌草、马铃薯。

95. 粟缘蝽 *Liorhyssus hyalinus*（Fabricius, 1794）（图 2-95）

体长 6.0～6.5 mm，黄绿色，具淡色细毛。头顶具黑色斑纹。触角近黑色，被淡色斑点。前胸背板前横沟具黑色斑纹，侧缘黄白色，爪片色暗，革片浅褐色。腹部背面黑色，第 5 背板中央 1 个卵形黄斑，两侧各有 1 个小黄斑，第 6 背板中央具 1 条带纹，后缘两侧黄色，第 7 背板基部黑色，端部中间及两侧黄色。侧接缘各节端部黑色。足具黑色小斑点。

分布：宁夏（贺兰山荒漠草原）、北京、天津、河北、黑龙江、江苏、安徽、江西、湖北、广东、广西、四川、贵州、云南、西藏、甘肃；世界各地均有分布。

寄主：禾本科牧草。

（三十七）姬缘蝽科 Rhopalidae

体小至中型，细长或椭圆形；体色多为灰暗，少数鲜红色。头三角形，前端伸出于触角基前方；触角较短，第 1 节短粗，第 4 节呈纺锤形。单眼不贴近，着生处隆起。前翅革片端缘直，革片中央透明，翅脉明显。胸部腹板中央具纵沟，侧板刻点明显。雌虫第 7 腹节完整，不纵裂为两半。产卵器片状，受精囊末端具明显的球部。

96. 亚姬缘蝽 *Corizus tetraspilus* Horvath,1917 （图 2-96）

体长 8.0～11.0 mm，宽 2.7～3.9 mm。长椭圆形，红色，布显著黑色斑纹，密被浅色长毛。头三角形，在眼后突然狭窄，侧缘黑，中央红色部分呈菱形，中叶长于侧叶，触角基顶端外侧向前突出呈刺状。触角黑褐或黑色，各节间色稍浅，第 2、第 3 节圆柱状，约等长，第 4 节长纺锤形，长于其他各节。前胸背板刻点密，前端 2 块黑斑通常界限清楚，后端 4 块纵长黑斑有时连接成 2 块横长的肾形斑。小盾片基半部黑色。前翅爪片黑，革片内侧具不规则黑斑。

分布：宁夏（全区草原）、内蒙古、山西、黑龙江、贵州、西藏；蒙古、前苏联。

寄主：铁杆蒿、苜蓿、蒲公英、鸦葱、小麦。

图 2-94　波原缘蝽 *Coreus potanini*（Jakovlev, 1890）

图 2-95　粟缘蝽 *Liorhyssus hyalinus*（Fabricius, 1794）

图 2-96　亚姬缘蝽 *Corizus tetraspilus* Horvath, 1917

（三十八）盲蝽科 Miridae

体小至中型。触角4节，细长。无单眼。喙4节。前胸背板近前缘被横沟分出狭长的领片，其后具2个低的突起。前翅具楔片，缘片不明显，膜片仅具1或2个翅室，纵脉消失。雄虫常为长翅型，雌虫为短翅型或无翅型。跗节2节或3节。

97. 苜蓿盲蝽 *Adelphocoris lineolatus*（Goeze, 1778）（图2-97）

成虫：体长8～8.5 mm，黄褐色，被细毛。头小，三角形，褐色，光滑。复眼扁圆，黑色。喙4节，端部黑，后伸达中足基节。触角丝状，被黑色细毛。前胸背板绿色，胝区隆突，黑褐色，其后有黑色圆斑2个。小盾片突出，三角形，黄色，中线两侧各有纵行黑色纵带1条。革片前缘、后缘黄褐色，中央三角区褐色；爪片褐色；膜区暗褐色，半透明；楔片黄色；翅室脉纹深褐色。足基节长，斜生。腿节略膨大，端部约2/3的部分具有黑褐色斑点；胫节具刺，基部有小黑点；跗节3节。

若虫：全体深绿色，遍布黑色刚毛，刚毛着生于黑色毛基片上，本种若虫特点为绿色而杂有明显的黑点。头三角形。眼小，位于头侧。触角4节，第4节长而膨大。喙有横缝状臭腺开口，周围黑色。足绿色。腿节上杂以黑色斑点，胫节灰绿色，上有黑刺；跗节2节，端节长。爪2枚，黑色。眼紫色，翅芽超过腹部第3节，腺囊口"八"字形。

分布：宁夏（全区草原）、北京、天津、河北、山西、内蒙古、辽宁、吉林、黑龙江、浙江、江西、山东、河南、湖北、广西、四川、云南、西藏、陕西、甘肃、青海、新疆。

寄主：苜蓿、草木樨、马铃薯、棉花等农作物。

98. 四点苜蓿盲蝽 *Adelphocoris quadripunctatus*（Fabricius, 1794）（图2-98）

成虫体长9.5～10.5 mm，褐色，具黑色短毛。头小，两复眼间具黑色斑，触角细长，第3和第4节基部有时具短白色环。喙4节，伸达后足基节。前胸背板前缘窄，具"领"，后缘宽，后部有4个黑色斑点，形状变化较大，中间2个斑圆形，两侧2个斑几成纵带状，有时变为圆形，并和中斑相连。小盾片平，具横皱。翅长为腹部2倍，前缘直，革片后半中央具1条黑色纵带。由基部向后延伸，颜色逐渐变深；或黑色纵带不显，仅后部变暗。足细长，腿节具均匀的黑色斑点，胫节黑褐色，具小刺毛，跗节基部和端部黑色。腹部腹面黄褐色。

分布：宁夏（全区草原）、河北、内蒙古、辽宁、安徽、四川、甘肃；欧洲、西伯利亚。

寄主：豆科牧草、棉花。

图 2-97 苜蓿盲蝽 *Adelphocoris lineolatus*（Goeze, 1778）

图 2-98 四点苜蓿盲蝽 *Adelphocoris quadripunctatus*（Fabricius, 1794）

99. 牧草盲蝽 *Lygus pratensis*（Linnaeus, 1758）（图 2-99）

体长 5.5～6 mm，长椭圆形。体绿色或黄绿色，越冬前为黄褐色。头宽而短，呈短三角形。复眼呈椭圆形，褐色，位于头后两侧，较突出，无单眼。触角丝状，达到后足基节部分，各节均被细毛，其两侧为断续的黑边，胝的后方有 2 个或 4 个黑色的纵纹，纵纹的后面即前胸背板的后缘，尚有 2 条黑色的横纹，这些斑纹个体间变化较大。前胸背板前端有 1 个环状领片，后缘和侧缘均呈弧形，前缘有黑点，有橘皮状刻点；后缘有 2 个黑斑纹。中胸小盾片黄色，较小，为倒三角形，基部、中央色深，有中央凹陷，呈心脏形，外缘黄白色，呈 "V" 字形。前翅具刻点及细绒毛，爪片中央、楔片末端和革片靠爪片、翅结、楔片的地方有黄褐色的斑纹，翅膜区透明，微带灰褐色。足黄褐色，腿节末端有 2～3 条深褐色环状斑纹，胫节具黑刺，跗节、爪及胫节末端颜色较深。爪 2 个。

分布：宁夏（全区草原）、河北、山西、内蒙古、河南、四川、西藏、陕西、甘肃、新疆；欧洲、美洲。

寄主：豆科、禾本科牧草。

100. 植盲蝽 *Phytocoris* sp.（图 2-100）

体长椭圆形。无刻点。身体背面常具斑纹，具 2～3 种毛（浅色丝状毛，浅色及深色直立或半直立毛）。下颚片膨胀隆起。触角长，圆柱形。后足股节长，常达于或超过腹部末端，轻度到中度扁平，近基处最宽，向端逐渐变窄。

分布：宁夏（盐池、红寺堡、同心及中宁等荒漠草原）、内蒙古、陕西。

寄主：柠条。

101. 红楔异盲蝽 *Polymerus cognatus*（Fieber, 1858）（图 2-101）

体长 4.0～5.5 mm，椭圆形。头部黑色，中后部两侧具黄斑。触角近黑褐色。喙伸达中足基节后端。前胸背板几乎黑色，后侧角淡黄色。小盾片黑色，末端具黄斑。爪片黑色。革片黑色，边缘色淡。楔片近红色。

分布：宁夏（全区草原）、山西、内蒙古、黑龙江、山东、河南、陕西、甘肃、新疆；蒙古、俄罗斯、欧洲、北非。

寄主：草木樨、三叶草、苜蓿等豆科牧草及荞麦、马铃薯、亚麻、红花、胡萝卜、苋菜等。

图 2-99　牧草盲蝽 *Lygus pratensis*（Linnaeus, 1758）

图 2-100　植盲蝽 *Phytocoris* sp.

图 2-101　红楔异盲蝽 *Polymerus cognatus*（Fieber, 1858）

102. 条赤须盲蝽 Trigonotylus coelestialium（Kirkaldy, 1902）（图 2-102）

成虫：身体细长，雄性体长 5～5.5 mm，雌性体长 5.5～6.0 mm，全身绿色或黄绿色。头部略呈三角形，顶端向前突出，头顶中央有一条纵沟。复眼黑色半球形，紧接前胸背板前角。触角细长，红色或橘红色，4 节。喙 4 节，黄绿色，向后伸达后足基节处，第 4 节端部黑色。前胸背板梯形，近前端两侧有 2 个黄色或黄褐色较低平的胝。小盾片三角形，基部不被前胸背板后缘覆盖，中部有横沟将小盾板分为前后两部分，基半部隆起，端半部中央有浅色纵脊。前翅革质部与体色相同，膜质部白色透明，长度超过腹端；后翅白色透明。体腹面淡绿或黄绿色，腹部腹面有疏生浅色细毛。足黄绿色，胫节末端及跗节黑色，生有稀疏黄色细毛；跗节 3 节，覆瓦状排列；爪黑色，中垫片状。

若虫：全身黄绿色，触角红色，足胫节末端、跗节及喙末端均黑色。

分布：宁夏（全区草原）、北京、河北、内蒙古、黑龙江、吉林、辽宁、山东、河南、江苏、江西、安徽、陕西、甘肃、青海、新疆。

寄主：赖草、羊草、披碱草、芨芨草、拂子茅、野青茅、沙鞭等牧草及小麦、谷子、糜子、高粱、燕麦、雀麦、玉米、黑麦、水稻等禾本科作物和甜菜、芝麻、大豆、苜蓿、棉花等作物。

（三十九）长蝽科 Lygaeidae

体形各异，多骨化较强，大小不等，中、小型者多。除红长蝽亚科（Lygacinae）常为鲜红色或橙黄色并有明显花斑外，其余几乎全为淡黄褐、黄褐、褐、黑褐至黑色不等。本科的主要特征为：具单眼。触角 4 节，着生于眼的中线下方。前翅膜片有 4～5 条纵脉。足跗节 3 节。喙 4 节。腹部腹面无侧接缘缝。

103. 淡色叶缘长蝽 Emblethis denticollis Horvath, 1878 （图 2-103）

体长 5.8～6.4 mm。体色较淡、狭长。头橙褐，眼内侧黑，成方斑状，将单眼包括在内，中、侧叶间的缝线黑，刻点黑褐，头两侧具淡色平伏细毛，前半具少数直立长毛。触角淡污黄褐，第 4 节暗褐，触角毛为平伏的短硬毛。前胸背板前叶淡橙褐色，领及后叶淡污黄色，刻点较浅，侧边上的小点斑亦浅小，侧缘刚毛列极短小。小盾片橙黄或淡橙褐，刻点黑，侧角处有 2 小黑斑，爪片与革片底色为很淡的污灰黄色，刻点色极淡，前缘域刻点略深。膜片淡白，脉间暗色带极浅，成断续的暗斑状。体较狭长，翅两侧平行，翅伸达腹端。腹部后半背腹面各节侧接缘黄色，中央黑色，黑色部分面积小于黄色部分。足淡灰黄色，具褐色点斑。

分布：宁夏（全区草原）、甘肃、内蒙古、新疆；欧洲、中亚、巴基斯坦、蒙古、西伯利亚。

寄主：苔草、银柴胡、辣辣英、独行菜、苜蓿、蜀葵。

①　　　　　　　　　　　　　②

图 2-102　条赤须盲蝽 *Trigonotylus coelestialium*（Kirkaldy, 1902）

① 成虫；② 若虫

图 2-103　淡色叶缘长蝽 *Emblethis denticollis* Horvath, 1878

104. 巨膜长蝽 *Jakovleffia setulosa*（Jakovlev, 1874）（图 2-104）

成虫：体长 2.7～3.0 mm（至翅端），雌虫较大，长圆形，黄褐色，前翅革质。触角 4 节，末端黑褐色，基部淡色。复眼黑色，两眼距宽于前胸前缘，头、胸、小盾片背面及腹面密附白色鳞毛。前胸背板前区革质而隆起，淡黄褐色，4 条纵脉呈棱状突起，各脉上有黑色条点，脉间散布淡灰褐色斑纹；内侧二脉于近末端处汇合。前翅爪片狭尖，几与末端平齐，革片形状与爪片相似，表面及后缘均列有白色鳞毛。雌虫腹面淡黄色，雄虫为黑褐色。

卵：初产乳白色，椭圆形，长约 0.3 mm，卵面有微细网纹，产后 3d 呈淡黄色至红色，近孵化时，在卵的一端出现深红色两个眼点。

若虫：共 3 龄。头呈尖形，胸部较细，腹部宽圆。

分布：宁夏（中宁、中卫及红寺堡的草原化荒漠）、甘肃、内蒙古、新疆。

寄主：白茎盐生草、猪毛蒿、猪毛菜、骆驼蓬、红砂、珍珠、禾本科牧草等。

105. 横带红长蝽 *Lygaeus equestris*（Linnaeus, 1758）（图 2-105）

体长 12.0～13.5 mm，红色具黑色斑。头顶红色，眼周围黑色。触角黑褐色，各节末端略带红色。喙伸达或接近后足基节。胸部侧板每节各具 2 个较底色更黑的圆斑。前胸背板前叶、中纵线向后突出部和后缘呈大的黑色斑。小盾片黑色。前翅红，爪片中部具椭圆形黑斑，端部黑褐色；革片中部具不规则大黑斑，在爪片末端相连成 1 条横带；膜片黑褐色，超过腹部末端，革片端缘两端的斑点、中部的圆斑以及边缘白色。腹部红，每侧具两列黑色斑纹，各斑均位于腹节前部，一列位于近侧接缘，另一列位于腹中线两侧，横带形。

分布：宁夏（全区草原）、河北、山西、内蒙古、东北、江苏、浙江、山东、四川、云南、青海、西藏、陕西、甘肃、新疆；蒙古、日本、印度、俄罗斯、英国及非洲地区。

寄主：豆科牧草、十字花科蔬菜、榆、沙枣、刺槐。

① ② ③

④ ⑤

图 2-104 巨膜长蝽 *Jakovleffia setulosa*（Jakovlev, 1874）

① 虫；② 卵；③ 若虫；④、⑤ 田间为害状

图 2-105 横带红长蝽 *Lygaeus equestris*（Linnaeus, 1758）

106. 桃红长蝽 *Lygaeus murinus*（Kiritschenko, 1914）（图 2-106）

体长 10.5 ～ 12.5 mm，红色，体密被白色短毛。头黑，头顶自基部至中叶基部具橘红色椭圆形斑。触角黑色，各节末端浅红色。喙伸达中足基节。胸部侧板每节后背方各 1 个黑绒色圆斑。前胸背板黑色，侧缘前部略凹，后缘直，后部中央具桃形红斑。小盾片黑；爪片黑褐色，中部具小圆斑；革片黑褐，中部具 1 个圆斑，圆斑至翅基部橘红色，外方也具 1 个红斑；膜片褐色，超过腹部末端，其内角、中央圆斑以及革片顶角与圆斑相连的横带乳白色，外缘和端部灰白色。

分布：宁夏（全区草原）、北京、河北、山西、内蒙古、四川、西藏、甘肃、新疆；中亚、西伯利亚、欧洲。

寄主：豆科牧草及十字花科蔬菜。

107. 小长蝽 *Nysius ericae*（Schilling, 1829）（图 2-107）

体长 3.5 ～ 4.6 mm，长椭圆形。头部淡褐色至棕褐色，每侧在单眼处有 1 条黑色纵带，较宽。复眼后方常黑色，复眼与前胸背板接近，眼面无毛。头密被丝状平伏毛，无直立毛。触角褐色。喙伸达后足基节后缘。前胸背板污黄色，胝区处成 1 条宽黑横带，中央往往向后延伸成 1 条黑色短纵带；具短伏毛；梯形，前缘较平，后缘两侧成短叶状后伸；具均匀而较密刻点。小盾片铜黑色，有时两侧各有 1 块大黄斑；被平伏毛。前翅爪片及革片淡白色，半透明，翅面具平伏毛，革片脉上具断续的黑斑，端缘脉上尤显。膜片无色，半透明。

分布：宁夏（全区草原）、北京、天津、河北、河南、内蒙古、陕西、甘肃、西藏、四川、浙江。

寄主：豆科牧草、谷子、高粱、玉米、小麦、烟草等。

（四十）红蝽科 Pyrrhocoridae

体中型，多为红色或黑色，前翅常具星状斑纹。触角 4 节，喙 4 节，跗节 3 节。无单眼，前翅膜片纵脉多于 5 条，膜质区基部由 4 条纵脉围成的 2 ～ 3 个大形翅室，并由此发出多条纵脉。

图 2-106 桃红长蝽 *Lygaeus murinus*（Kiritschenko, 1914）

图 2-107 小长蝽 *Nysius ericae*（Schilling, 1829）

108. 地红蝽 *Pyrrhocoris tibialis* Stal, 1874 （图 2–108）

体长 8.5 ～ 10.0 mm。头黑色，头顶微具稀疏刻点。触角黑色。喙伸达中足基节。前胸背板前叶、侧缘黑色；背板前缘略凹，后缘在小盾片前向前凹入。小盾片黑色；爪片中央 1 列刻点与两侧缘的距离近等，淡黄褐至黄白色；革片前缘域有大约为 1 列较整齐的黑刻点，内角处有 1 个大的方形黑斑，斑后具 1 个小白斑；膜片黑，伸达腹端。各足除基节白色外，其余黑色。

分布：宁夏（全区草原）、北京、天津、河北、内蒙古、辽宁、上海、江苏、浙江、山东、西藏、甘肃；日本、朝鲜、蒙古、俄罗斯。

寄主：蜀葵、什草、骆驼蓬、甘草、禾本科牧草、沙果、酸枣、枸杞等。

（四十一）网蝽科 Tingidae

体小型，前翅扩张而体形外观扁薄。头顶、前胸背板及前翅具网状花纹，颜色有白、黄至褐色不等。前胸背板遍布网状小室，中部具 1 ～ 5 条纵脊；两侧常呈叶状扩展而成翅状；后端成三角形向后伸出，将小盾片完全遮盖；前胸背板中央常向上突出成一罩状构造，向前延伸遮盖头部，向后延长覆盖中胸小盾片，两侧多扩展成侧背板。前翅质地均一，不分成革质与膜质两部分。

109. 沙柳网蝽 *Monostira unicostata*（Mulsant et Rey, 1852）（图 2–109）

体长（至翅端）22 mm 左右，灰黄色，狭长，两端尖，胸背和翅密布网状点坑。头部黑褐色，在复眼后方有 2 个黄褐色斑，头上方有 5 条淡黄色纵隆线，复眼内侧 2 条，触角瘤内侧 1 条，前端突出头部前缘，触角基部内侧 2 条，大部突出头部前缘成刺突，前端会合。复眼暗黑色。触角 4 节，向后可伸达前胸背板中部。前胸背板延长呈菱形，大半部为暗褐色，中部密布粗大点坑，前端圆筒形有淡黄色边，颈部黑色，两侧有淡黄色半月形片状隆起；前胸背板后半部呈三角形黄褐色，尖端部有黑褐色斑，背中线为 1 条淡色隆脊，伸达近末端处。前翅黄褐色，中部有黑褐色斑，两翅并拢时褐斑呈"工"字形，前缘有黑褐色边，翅面点坑略透明，每翅有 2 条隆脊。足细长，灰黄色，跗节 2 节，色较深，足基节内侧有淡黄色连成"凸"字形的隆线。

分布：宁夏（灵武荒漠草原）、内蒙古、甘肃、新疆；前苏联、叙利亚、摩洛哥、欧洲南部、非洲北部。

寄主：沙柳、柳、杨（小叶杨、箭杆杨）。

图 2-108 地红蝽 *Pyrrhocoris tibialis* Stal, 1874

图 2-109 沙柳网蝽 *Monostira unicostata*（Mulsant *et* Rey, 1852）

（四十二）猎蝽科 Reduviidae

体中至大型，头较小，头与前胸之间收缩成颈状。触角 4 节，具单眼。喙 3 节，粗短而弯曲，不能平贴于身体腹面，端部尖锐。前胸腹板两前足间具有 1 条横皱的纵沟，前胸背板有横凹分为两叶。前翅膜片基部有 2 ～ 3 个翅室，端部伸出 1 条纵脉。少数种类无翅。不少种类前足为捕捉足。

110. 中黑土猎蝽 Coranus lativentris Jakovlev, 1890 （图 2-110）

体长 10.5 ～ 12.5 mm，暗棕褐色，被灰白色平伏短毛及棕色长毛。前胸背板后叶淡于前叶，暗黄褐色，前叶较圆鼓，后叶平，侧角钝圆，后角显著，后缘中部向前凹。小盾片中央脊状，色淡，端部向上翘起。一般为短翅型，前翅仅达第 2 腹节后缘，膜片常消失。腹部向两侧扩展，侧接缘向上翘折。腹部腹面中央具黑色纵带纹。

分布：宁夏（贺兰山、盐池及同心等温性草原）；内蒙古、北京、天津、山西、山东、河南、陕西。

寄主：鳞翅目幼虫、蚜虫。

七、脉翅目 Neuroptera

体小至大型。体壁通常柔弱，有时生毛或覆盖蜡粉。咀嚼式口器。复眼发达。触角类型多样。前、后翅均为膜质透明，翅脉呈网状。幼虫一般衣鱼型或蛴虫型，口器适于穿刺或为吸收性咀嚼式。胸足发达。蛹为离蛹，多包在丝质薄茧内。卵圆球形或长卵形，有的种类具丝状卵柄。

（四十三）草蛉科 Chrysopidae

体小至中型，细长而柔弱，草绿色、黄色或灰白色。触角丝状。复眼相距较远，具金属光泽。前后翅形状、脉序相似，前缘区内有 30 条以下的横脉，末端不再分叉。亚前缘室近基部有 1 条横脉，Rs 脉的各支不是简单的梳状分支。

图 2-110 中黑土猎蝽 *Coranus lativentris* Jakovlev, 1890

111. 丽草蛉 *Chrysopa formosa* Brauer, 1850 （图 2-111）

体长 9 ～ 11 mm，前翅长 13 ～ 15 mm。体绿色，头部有 9 个小黑斑：头顶 2 个黑点，触角间 1 个，触角窝各有 1 个新月形黑斑，两颊各有 1 个黑斑，唇基两侧各有 1 个线状斑。下颚须和下唇须均为黑色。触角黄褐色，第 2 节黑褐色。前胸背板两侧各有 2 条黑纹，中、后胸背面的褐斑不显著。腹部全为绿色，密生黄毛，腹端腹面多黑色毛。翅透明，端翅较圆，翅痣黄绿色，前、后翅的前缘横脉列及径横脉列上端、前翅基部少数横脉为黑色，所有横脉均为绿色，翅痣上有黑毛。

分布：宁夏（全区草原）、河北、北京、天津、山西、辽宁、吉林、黑龙江、上海、山东、河南、湖北、四川、陕西、甘肃、新疆；日本、朝鲜、欧洲、俄罗斯（西伯利亚）。

寄主：蚜虫、叶蝉、叶螨、介壳虫、粉虱、木虱、蓟马及鳞翅目的卵和初龄幼虫。

112. 中华通草蛉 *Chrysopa sinica*（Tieder, 1936）（图 2-112）

体长 9 ～ 10 mm，前翅长 13 ～ 14 mm。体黄绿色，胸和腹部背面有黄色纵带。头部黄白色，两颊及唇基两侧各有 1 条黑带，上下多接触。触角灰黄色，基部两节与头同色。下颚须及下唇须暗褐色。翅透明，翅较窄，翅端部尖，翅痣黄白色。翅脉黄绿色，前缘横脉的下端、Rs 脉基部及径横脉的基部均为黑色，阶脉、翅基部的横脉多为黑色。翅脉上有黑色短毛。

分布：宁夏（全区草原）及全国各地；朝鲜、蒙古、俄罗斯。

寄主：蚜虫、叶蝉、介壳虫、粉虱、木虱、蓟马等多种昆虫的卵和初龄幼虫。

（四十四）蚁蛉科 Myrmeleontidae

体型大，体翅均狭长，颇似蜻蜓。触角短，棍棒状。前后翅形状、大小和脉序相似，静止时前后翅覆盖腹背，呈明显的屋脊状。翅痣不明显，但有狭长形的翅痣下室。

①

②

图 2-111 丽草蛉 *Chrysopa formosa* Brauer, 1850

① 成虫；② 卵

①

②

③

图 2-112 中华通草蛉 *Chrysopa sinica*（Tieder, 1936）

① 成虫；② 幼虫捕食叶蝉；③ 幼虫捕食蚜虫

113. 白云蚁蛉 *Glenuroides japonicus*（Mclachlan, 1867）（图 2-113）

体长 30～34 mm，前翅长 35～36 mm。头部黄褐色，头顶及复眼间有黑褐色横带。触角端部逐渐膨大，暗褐色，节间有单色环。胸部黄褐色，背面有褐色斑点，侧面有褐色宽纵带。翅透明，翅脉褐色，其上有断续的黄色脉纹，翅痣白色；前翅后缘中央有 1 条褐色斜纹，翅端有乳白色云斑，内侧上下两端各有 1 个小褐斑，外缘淡褐色；后翅端也有白色云斑，内侧褐斑较前翅大而明显。腹部暗褐色，各节有黄边，第 3、第 4 节背中央有黄斑。足黄褐色，散生许多小褐点和黑色刚毛；胫节端部的 1 对红褐色距伸达第 1 跗节末端；末跗节黑褐色，爪红褐色。

分布：宁夏（全区草原）、北京、浙江、福建、江西、湖北、湖南、广东、甘肃、台湾；日本、朝鲜。

寄主：鳞翅目、鞘翅目等幼虫。

（四十五）蝶角蛉科 Ascalaphidae

体大型，外形似蜻蜓，触角细长，端部膨大呈球杆状。复眼大而突出，有 1 条横沟将复眼分成上下两半。头、胸部多密生长毛，足短小多毛，胫节有 1 对发达的端距。翅脉网状，翅痣下无狭长的翅室。腹部狭长。

114. 黄花蝶角蛉 *Libelloides sibiricus*（Eversmann, 1850）（图 2-114）

体长 17～26 mm，前翅长 18～28 mm。体黑色多毛。头顶及额中央的毛为灰黄色，额两侧光裸。触角黑色，基部具黑色毛，端部膨大成扁球状，节间有淡色环。胸部黑色，侧面有黄斑，前胸有 1 条黄色横线，侧瘤黄色；中胸背板有 6 个黄斑。腹部黑色，密生黑毛。翅长三角形，前翅基部 1/3 黄色不透明，其余透明，翅痣褐色三角形，内有横脉；翅脉褐色，翅基黄色部分的脉为黄色。足胫节和股节大部分均为黄色，胫节末端、跗节、腿节基部及转节均为黑色。

分布：宁夏（六盘山草甸草原）、河北、北京、山西、内蒙古、辽宁、吉林、黑龙江、山东、陕西、青海、甘肃；朝鲜、俄罗斯。

寄主：小型昆虫。

八、鞘翅目 Coleoptera

统称甲虫。体小至大型。复眼发达，常无单眼。触角形状多变。体壁坚硬，前翅质地坚硬，角质化，形成鞘翅，静止时在背中央相遇成一直线；后翅膜质，通常纵横叠于鞘翅下。全变态，成、幼虫均为咀嚼式口器。幼虫多为寡足型，少数无足型，胸足通常发达，腹足退化。

图 2-113 白云蚁蛉 *Glenuroides japonicus*（Mclachlan, 1867）

图 2-114 黄花蝶角蛉 *Libelloides sibiricus*（Eversmann, 1850）

（四十六）虎甲科 Cicindelidae

体狭长，中等大小，体常具金属光泽。头大，复眼突出。触角丝状，11 节。鞘翅长，盖于整个腹部。腹部雌虫可见 6 节，雄虫 7 节。雄虫前足第 1～第 3 跗节具毛，可区别于雌虫。

115. 中国虎甲 *Cicindela chinensis* De Geer, 1774　（图 2–115）

体长 15.0～19.0 mm，体色呈暗铜色、暗绿色、黑色等变异。形态特征与斜斑虎甲很相似。不同处在于：本种鞘翅肩部 C 形斑和端部 C 形斑均中断；中斑波浪形，末端细无逗点。

分布：宁夏（盐池、同心温性草原）；河南、湖北；日本、朝鲜。

寄主：小型昆虫。

116. 云纹虎甲 *Cicindela elisae* Motschulsky, 1859　（图 2–116）

体长 8.5～11 mm。体深绿色，具铜色光泽。触角第 1～第 4 节金属绿色，部分染红色，第 5～第 11 节暗黑色。上唇和鞘翅花纹乳白色。前胸背板两侧、胸部侧板和腹部两侧密被白色长粗毛。复眼大而突出，额在复眼之间有细纵皱纹。上唇宽短，前缘有 1 列 11 根白色长毛。前胸长宽约相等，两侧平行。小盾片红色，三角形，末端尖锐。鞘翅密布绿色圆刻点，刻点间距呈铜红色，每翅有 3 条弯曲的细斑纹，在侧缘互相连接。后胸腹板中部和腹板中部光亮，无毛。

分布：宁夏（全区草原）、北京、河北、山西、内蒙古、黑龙江、上海、江苏、浙江、安徽、江西、山东、河南、湖北、广东、海南、云南、甘肃、新疆、台湾；朝鲜、日本。

寄主：小型昆虫。

117. 斜斑虎甲 *Cicindela germanica obliguefasciata* Adams, 1817　（图 2–117）

体长 10.0～11.0 mm，墨绿色。前胸背板两侧中部稍外弧。鞘翅两侧中后部稍外扩，鞘翅中部由外向内侧斜白斑较粗，此斑内前方有小圆斑点。

分布：宁夏（银川、贺兰山、灵武及盐池等荒漠草原、盐池、同心温性草原和隆德草甸草原）、辽宁、华北、河南、山东、江苏、浙江、甘肃、青海、新疆；俄罗斯。

寄主：小型昆虫。

图 2-115　中国虎甲 *Cicindela chinensis* De Geer, 1774

图 2-116　云纹虎甲 *Cicindela elisae* Motschulsky, 1859

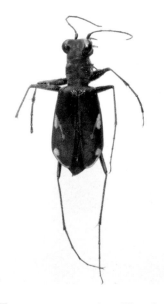

图 2-117　斜斑虎甲 *Cicindela germanica obliguefasciata* Adams, 1817

118. 月斑虎甲 *Cicindela lunulata* Fabricius, 1781 （图 2-118）

体长 12～16 mm。体背绿色，具铜色光泽。头胸部分铜红或宝蓝色，腹面胸部和足金属绿、紫或铜色，腹部蓝紫色。上唇和上颚基部外侧乳白色。触角第 1～第 4 节金属绿色。复眼间有细皱纹。上唇中部有 1 横列较密的淡色长毛，前缘中部有 1 个尖齿。前胸两侧被较密的白色半竖长毛。鞘翅密布小圆刻点，在肩胛内侧有少数大刻点，具乳白或淡黄色斑，在肩胛外侧和翅端部各有 1 个半月形斑，中部有 1 对部分连接的小斑，其后还有 1 对小圆斑。颊、胸部侧板、后胸腹板两侧和足密布白色长竖毛，腹部两侧毛平伏。

分布：宁夏（贺兰山、盐池、平罗、中宁及中卫等荒漠草原和盐池、同心及贺兰山等温性草原）、北京、河北、山西、内蒙古、辽宁、贵州、新疆、甘肃；俄罗斯、伊朗、叙利亚、埃及、欧洲。

寄主：小型昆虫。

（四十七）步甲科 Carabidae

体色泽幽暗，多为黑色、褐色，常带金属光泽，少数色鲜艳，有黄色花斑。体表光洁或被疏毛，有不同形状的微细刻纹。触角 11 节。腹部基部 3 节愈合。跗节 5 节。

119. 中华金星步甲 *Calosoma chinense* Kirby, 1818 （图 2-119）

体长 25～33 mm。体背面铜色，有时黑色，鞘翅星点闪金光或金绿光泽，腹面及足近黑色。头及前胸背板密被细刻点。前胸背板侧缘近弧形，中部以后较为平直，中部之前最宽，中部之前及后角之前各有侧缘毛 1 根，后角端部叶状，向后稍突出，侧缘在基部明显上翘，基凹较长。鞘翅近长方形，两侧近于平行，星行 3 行，行间具分散的小粒突。中、后足胫节弯曲，雄虫更明显，雄虫前足跗节基部 3 节膨大。

分布：宁夏（全区草原）、黑龙江、吉林、辽宁、内蒙古、山西、河北、北京、山东、河南、江苏、安徽、浙江、湖南、福建、四川、贵州、云南、西藏、青海、新疆、甘肃；日本、朝鲜、俄罗斯、东南亚。

寄主：蝗虫及粘虫、地老虎等鳞翅目幼虫和蛴螬。

图 2-118　月斑虎甲 *Cicindela lunulata* Fabricius, 1781

图 2-119　中华金星步甲 *Calosoma chinense* Kirby, 1818

120. 暗星步甲 *Calosoma lugens* Chaudoir, 1869 （图 2-120）

体长 22.0 ～ 31.0 mm。体黑色无金属光泽。头、前胸背板密布皱状刻点。触角丝状 11 节，基部 4 节光裸，余节密被短绒毛。前胸背板侧缘中部最宽，后角钝圆，基凹浅。鞘翅近长方形，两侧平行，每侧有 3 行圆形无金属光泽的星点。行距沟纹浅，瓦纹平坦不整齐。腹板末节端具纵皱纹。雄虫前足跗节基部 3 节膨大。

分布：宁夏（贺兰山、盐池温性草原）；东北、华北、山东、河南、新疆；朝鲜半岛、日本、蒙古、俄罗斯（西伯利亚）。

寄主：鳞翅目幼虫。

121. 麻步甲 *Carabus brandti* Faldermann, 1835 （图 2-121）

体长 16 ～ 24.5 mm。体黑色。头部密布细刻点；额沟较宽浅，其侧有纵皱纹；上颚内缘中央有 1 个粗大的齿，颚沟有横皱纹。前胸背板盘区密具刻点，后缘有 1 列长黄色毛，覆盖小盾片。鞘翅卵圆形，基缘无脊边，翅面密布大小瘤突，瘤突表面及无粒突之处均密布微细刻点。雄虫前跗节基部 3 节扩大，腹面黏毛棕黄色。

分布：宁夏（全区草原）、华北及东北地区；日本、韩国、俄罗斯。

寄主：蝗虫及鳞翅目幼虫。

122. 皮步甲 *Corsyra fusula*（Fischer-Waldheim, 1820）（图 2-122）

体长 8.5 ～ 10 mm。头胸部黑色，密布刻点和短毛。鞘翅浅黄色具黑斑。上唇横宽，前缘 6 根毛，唇基前角各具 1 根长毛。触角棕红色，向后超过前胸背板基部。前胸背板呈倒梯形，两侧缘弧形，边缘较宽的上翘，侧缘中部具长毛 1 根，盘区密布刻点和棕色绒毛。鞘翅宽卵形，刻点行 9 条，刻点细小。鞘翅中缝至第 4 刻点行以内形成倒等腰三角形棕色斑，第 4 ～第 8 行之间为黄色纵带，此带在中后部有斜长条形棕色带，鞘翅后缘 1/6 为棕红色。胸部腹板黑色，腹部腹板棕红色。足细长。

分布：宁夏（盐池、贺兰山温性草原）、内蒙古；俄罗斯。

寄主：鳞翅目幼虫、蚧螬。

图 2-120　暗星步甲 *Calosoma lugens* Chaudoir, 1869

图 2-121　麻步甲 *Carabus brandti* Faldermann, 1835

图 2-122　皮步甲 *Corsyra fusula*（Fischer-Waldheim, 1820）

123. 双斑猛步甲 *Cymindis binotata* Fischer-Waldheim, 1820 （图 2-123）

体长 6.8 ～ 8.5 mm，体扁，背面褐色。小盾片，鞘翅侧缘及盘区上的纵带棕黄色，触角、口器、足及腹面亦为棕黄色，鞘翅纵带形状变异较大。眼略突出，后头光洁无刻点。触角超过鞘翅基部。前胸背板心形，刻点密，侧缘在前部膨出呈弧形，侧缘边缘翘起，在中部偏前及基角各有 1 根毛，基缘两侧向前斜伸，前角宽圆，后角呈钝角，端部有小齿突；盘区隆起，横沟浅，中沟细基凹不甚。鞘翅平坦，密布刻点。足爪梳齿式。

分布：宁夏（盐池温性草原）；北京、内蒙古；韩国、日本、俄罗斯。

寄主：鳞翅目幼虫和蛴螬。

124. 赤胸长步甲 *Dolichus halensis*（Schaller, 1783）（图 2-124）

体长 15 mm 左右，长形，颜色变异较大，全黑及部分棕红。复眼间有 1 对棕红色斑，触角、口器及足棕色，前胸背板黑色具棕色边。小盾片黑色，鞘翅具棕红色斑，两翅色斑合成长舌形，或鞘翅全为黑色。腹面全黑色。前胸背板筒形，两侧稍膨出，前缘稍后凹，后缘较平直，后角宽圆，侧缘后部翘起，缘毛 2 根；两侧及基部有刻点及皱褶。鞘翅条沟 9 行，第 9 条沟有 23 ～ 28 个毛穴，行距平坦或稍隆，第 3 行距有 2 个毛穴。

分布：宁夏（盐池、彭阳温性草原）及全国各地；日本、朝鲜、俄罗斯、欧洲。

寄主：蚜虫、蝼蛄、粘虫、地老虎等鳞翅目幼虫。

125. 中华婪步甲 *Harpalus sinicus* Hope, 1862 （图 2-125）

体长 10 ～ 12 mm，体黑色，有光泽。上唇周缘，上颚、下颚、下唇须、触角、前胸侧缘、鞘翅后部、侧缘棕红色，腹面黑色带褐红色。头部光洁无刻点，触角向后伸达前胸后缘。前胸背板在前 1/3 处有 1 根毛，前缘后凹，后缘平直或在中部微凹入，基凹不深，表面有刻点。鞘翅有 9 条沟行距隆起，无明显刻点，第 7 条沟端有 1 个毛穴。前足胫节端部外侧有 4 ～ 5 根刺，端部基部宽，两侧形成明显的齿。雄虫前足跗节稍膨大。前、中足第 1 ～第 4 跗节腹面有毛。

分布：宁夏（盐池、贺兰山温性草原和中宁、中卫及贺兰山等荒漠草原）、全国各地；朝鲜、日本、越南、俄罗斯（西伯利亚）。

寄主：红蜘蛛、蚜虫、麦类、糜子等。

图 2-123　双斑猛步甲 *Cymindis binotata* Fischer-Waldheim, 1820

图 2-124　赤胸长步甲 *Dolichus halensis*（Schaller, 1783）

图 2-125　中华婪步甲 *Harpalus sinicus* Hope, 1862

126. 短翅伪葬步甲 *Pseudotaphoxenus brevipennis* Semenov, 1889 （图2-126）

体长17～20 mm，体黑色光亮。上唇横宽，前缘毛6根。唇基前角各具长毛1根。触角之间的头部有2个浅纵凹，纵凹间有浅横皱。前胸略呈方形，前后缘凹入平直，前角钝，两侧中部之前最宽，侧缘较宽的上翘，盘区中纵线明显，不达后缘。鞘翅卵形，刻点行有9条，刻点浅。前足胫节凹截内长刺1枚，长达胫节端部。

分布：宁夏（盐池、同心温性草原）、青海、西藏。

寄主：鳞翅目幼虫、蛴螬。

127. 蒙古伪葬步甲 *Pseudotaphoxenus mongolicus* （Jedlicka, 1953） （图2-127）

体长15～17 mm，瘦长。体暗红色，腹面暗棕色。上唇前缘有6根毛，中间2根短，唇基前角各有1根长毛。触角长度向后超过前胸背板后缘。前胸背板前缘深凹，后缘略直，两侧圆弧形，中部最宽，两侧缘上翘，中纵线明显，且达前后缘。鞘翅长卵形，具9条刻点行，行间微隆，密布微刻点，8、9行间具21～23个毛穴。足细长，前足胫节端距1枚，凹截内有刺1枚，毛刷稀疏。

分布：宁夏（盐池、同心温性草原）、山西；蒙古。

寄主：鳞翅目幼虫、蛴螬。

128. 直角通缘步甲 *Pterostichus gebleri* （Dejean, 1831） （图2-128）

体长11～18 mm。背面黑色，鞘翅具铜绿光泽，侧缘边绿色，头及前胸背板常有蓝色金属光泽，触角、口器、足及腹面棕褐至黑褐色。唇基每侧各具1根毛。上唇前缘微凹，有6根毛。触角伸达鞘翅肩胛。前胸背板近方形，侧缘稍膨，中前部及后角各有1根长毛，后角稍大于直角；中纵沟不达及背板后缘，基部每侧有2条纵沟，外沟与侧缘间明显隆起；盘区光洁。鞘翅与前胸背板宽度近等，两侧稍膨，在后端近1/3处收狭；基沟深，向前弯曲，外端有小齿突；条沟深，沟底有细刻点，行距平隆，第3行距有毛穴3个。

分布：宁夏（全区草原）、华北、东北、四川、云南；朝鲜、俄罗斯。

寄主：地老虎、草地螟、蝇类幼虫。

（四十八）龙虱科 Dytiscidae

水生。体呈流线型，背腹面隆拱。触角长，11节，丝状。下颚须短。后足转化为游泳足，基节增大，接近于鞘翅侧缘。腹部有6～8块腹板。

图 2-126　短翅伪葬步甲 *Pseudotaphoxenus brevipennis* Semenov, 1889

图 2-127　蒙古伪葬步甲 *Pseudotaphoxenus mongolicus*（Jedlicka, 1953）

图 2-128　直角通缘步甲 *Pterostichus gebleri*（Dejean, 1831）

129. 黄缘龙虱 *Cybister japonicus* Sharp, 1873 （图 2-129）

体长 34 ～ 43 mm。椭圆形，通体黑色，鞘翅侧缘黄色，黑色部闪绿色光泽。复眼位于头后方，紧靠前胸前缘。前、中足细小；后足发达，侧扁如桨，被长毛，适于游泳。雄体前跗节吸盘状。

分布：宁夏（银川、贺兰山荒漠草原）、天津、东北、上海、江西、湖南、贵州、云南、陕西、甘肃；日本、朝鲜、俄罗斯。

寄主：水生昆虫及小动物。

（四十九）埋葬甲科 Silphidae

体卵圆或较长，平扁。触角末端 3 节组成的端锤表面绒毛状，第 9、第 10 节梳状，有时触角膝状，柄节长，梗节退化。前胸背板有完整的侧边，有时侧边平展。前足基节横形突起，互相靠近，基腹连片大，前足基节窝后方开阔，内侧开放。中足基节远离。小盾片很大。鞘翅有时平截，露出 1 或 2 个腹节背板；多具 3 条脊。后足基节大，相互邻接。腹部可见 6 或 7 节腹板。

130. 黑负葬甲 *Nicrophorus concolor* Kraatz, 1877 （图 2-130）

体长 31.0 ～ 45.0 mm。体黑色狭长，后方略膨阔。触角末 3 节橙色，余黑色。前胸背板宽大于长，中央明显隆拱，边沿宽平呈帽状。小盾片大三角形。鞘翅平滑，纵肋几不可辨，后部近 1/3 处微向下弯折呈坡形，后足胫节弯曲较显，后半部明显扩大。雄虫前足第 1 ～第 4 跗节向两侧扩大。

分布：宁夏（盐池温性草原）、东北、华北、华东、华中、华南、西南（不含贵州）、河南；朝鲜、日本。

寄主：动物尸体。

131. 日负葬甲 *Nicrophorus japonicus* Harold, 1877 （图 2-131）

体长 19.5 ～ 24.0 mm。头部从背面观呈"凸"字形，两复眼内侧形成深的"U"形沟。触角端部膨大呈球状。前胸略呈方形，周缘饰边完整，前后角圆弧形。盘区中部有"十"字形沟，此沟与侧缘的内侧斜沟相连，基部波形凹陷宽，凹陷内刻点粗大。小盾片舌状。鞘翅未全覆盖腹部，暴露腹末 3 节，翅面基部、中部及后端中央有不规则黑带，其余部分暗红色。

分布：宁夏（盐池、贺兰山温性草原）、内蒙古、东北、上海、江西、河南、贵州、陕西、甘肃；朝鲜、蒙古、日本。

寄主：动物尸体。

图 2-129　黄缘龙虱 *Cybister japonicus* Sharp, 1873

图 2-130　黑负葬甲 *Nicrophorus concolor* Kraatz, 1877

图 2-131　日负葬甲 *Nicrophorus japonicus* Harold, 1877

（五十）粪金龟科 Geotrupidae

体黑色、黑褐色或黄褐色；唇基大，上唇横阔，上颚大而突出，背面可见。触角 11 节，鳃片部 3 节。前胸背板大而横阔。小盾片发达。鞘翅多有深显纵沟纹。前足胫节扁大，外缘锯齿形，内缘 1 枚距发达；中足。后足胫节外缘常有 2～5 道横脊，各有端距 2 枚。

132. 波笨粪金龟 *Lethrus potanini* Jakovlev, 1890 （图 2-132）

体长 17 mm，较圆隆，深黑褐色，光泽较弱。唇基近梯形，表面粗糙，头、眼脊片凸凹不平，中间呈穴状，有杂乱刻点，眼上刺突发达，从头部两侧伸出，呈三角形，有刻点。上颚强大，有致密刻点，内缘着生 4～5 个小齿，左上颚外缘下面生 1 个强直长角突，向下弯曲，右上颚下面有疣突。触角 11 节，最后 3 节（鳃片部）顺序倒置呈圆锥形。前胸背板横宽，密布刻点和小突起，背面中段有一条纵沟纹，边框明显，前侧角钝，后侧角圆。小盾片小，三角形。鞘翅圆隆，纵纹弱，有杂乱刻点和大小瘤突。前足胫节外缘有 7～8 枚齿突，各足具爪 1 对，中、后足胫节各有端距 2 枚。

分布：宁夏（贺兰山荒漠草原）、山西、甘肃；蒙古。

寄主：牛、羊粪。

（五十一）犀金龟科 Dynastidae

上唇为唇基覆盖。触角 10 节，鳃片部 3 节。前足基节横生，前胸腹板于前基节之间生出柱形、三角形、舌形等垂突等特征而易于识别。多大型至特大型种类，性二态现象在多数属中显著，其雄体头面、前胸背板有强大角突或其他突起或凹坑，雌体简单或有低矮突起。

133. 阔胸禾犀金龟 *Pentodon mongolicus* Motschulsky, 1849 （图 2-133）

体长 17～25.7 mm。体黑褐或赤褐色，腹面着色常较淡，全体较亮。体中至大型，短壮，卵圆形，背面隆拱。头阔大，唇基长大梯形，布密刻点，前缘平直，两端各呈 1 个上翘齿突，侧缘斜直；额唇基缝明显，中央有 1 对疣突，额上刻纹粗皱。触角 10 节，鳃片部 3 节。前胸背板宽而圆拱，散布圆大刻点，前部及两侧刻点皱密；侧缘圆弧形，后缘无边框；前侧角近直角形，后侧角圆弧形。鞘翅纵肋隐约可辨。足粗壮，前足胫节扁宽，外缘 3 齿，基齿中齿间有 1 个小齿，基齿以下有 2～4 个小齿；后足胫节端缘有刺 17～24 枚。

分布：宁夏（全区草原）、华北、西北、东北、山东、河南、江苏、浙江；蒙古。

寄主：多种植物的种子、芽、根、茎、块根等。

图 2-132　波笨粪金龟 *Lethrus potanini* Jakovlev, 1890

图 2-133　阔胸禾犀金龟 *Pentodon mongolicus* Motschulsky, 1849

（五十二）金龟科 Scarabaeidae

体小至大型，卵圆至椭圆形，背腹均隆拱。多呈黑、黑褐、褐色，少数有金属光泽。头唇基与刺突连成铲状，或前缘多齿形。触角多9节，鳃片部3节。前胸背板宽大，有时占体背面一半乃至过半。小盾片多不见。鞘翅通常较短，具7～8条刻点沟。臀板外露。前足跗爪明显退化或阙如；中足基节左、右远离；后足胫节端距1枚。性二态现象显著，雄虫头部、前胸背板常长有各式角突或突起。

134. 独角凯蜣螂 *Caccobius unicornis*（Fabricius, 1798）（图2-134）

体长2.6～4 mm，体宽卵圆形。前胸背板、腹面隆拱，鞘翅背面平整。体色棕褐至黑褐，体表光亮，全体被茸毛，鞘翅茸毛多数呈列。头大，近五角形，唇基短阔，前缘显著钝角形凹缺。触角8节，鳃片部各节短厚。前胸背板简单，匀布深大具毛刻点，侧缘至后缘圆弧形，近后缘中略见钝角形折曲，前角前伸近直角。小盾片缺如，每鞘翅有7条浅宽纵沟，沟间带布具毛刻点。足短壮，股节略呈扁纺锤形，前足胫节末端平截，外缘有4枚齿，基齿甚小，距指形端位，微外弯。

分布：宁夏（盐池、贺兰山温性草原）、山西、福建、湖北、台湾；朝鲜、日本、东洋区。

寄主：粪便。

135. 臭蜣螂 *Copris ochus* Motschulsky, 1860 （图2-135）

体长21～27 mm。体黑色。头大，唇基前缘中央微凹陷，雄虫头上有1个强大的向后弧弯的角突；雌虫头上无角突，在额前部有似马鞍形的横形隆起，其侧端瘤状或齿状。触角9节，鳃片部由3节组成。前胸背板雄虫中部高高隆起，呈1对对称的前冲角突，角突下方陡直光滑，侧方有不整凹坑，凹坑侧前方有尖齿突1枚；雌虫仅前方中段有1微缓斜坡，上端为1条微弧形横脊，后缘边框宽而深显。无小盾片。鞘翅刻点沟浅，沟间带几不隆起。足粗壮，前足胫节外缘3个齿强大，跗节退化成线形。

分布：宁夏（全区草原）、黑龙江、吉林、辽宁、内蒙古、河北、山西、山东、河南、江苏；蒙古、朝鲜、日本。

寄主：粪便。

图 2-134　独角凯蜣螂 *Caccobius unicornis*（Fabricius, 1798）

①　　　　　　　　　　　　　　　　　　②

图 2-135　臭蜣螂 *Copris ochus* Motschulsky, 1860

① 雄虫；② 雌虫

136. 墨侧裸蜣螂 *Gymnopleurus mopsus*（Pallas, 1781）（图 2-136）

体长 10.8～15.6 mm。体黑色、狭、中型，体上方扁平，下方略弧拱。头宽大，前缘明显凹入，头面有很密的细皱纹，前部散布大刻点。触角 9 节。前胸背板皱纹粗于头部刻纹，侧缘扩出，前段有小齿 5～8 个，前侧角锐而前伸，后侧角甚钝，后缘无边框。小盾片不见。鞘翅有 8 条纵沟可见，腹部侧方纵脊形，但第 1 腹节纵脊不完整，前部 1/3 圆弧形，1/3 之后为纵脊，与腹侧纵脊贯连。前足股节琵琶形，端距雌圆细，附爪部纤细。中足胫节有长大端距 1 枚。后足胫节细长，四棱形，有端距 1 枚。

分布：宁夏（盐池温性草原）、山西、黑龙江、吉林、辽宁、内蒙古、甘肃、新疆、河北、山东、江苏、浙江；南欧、北非、巴尔干半岛、高加索地区、小亚细亚、巴勒斯坦。

寄主：粪便。

137. 台风蜣螂 *Scarabaeus typhon* Fischer, 1823 （图 2-137）

体长 20.6～32.6 mm。体大、黑色，扁阔椭圆形。头阔大，唇基长大，前部向上弯翘，前缘有大齿 4 枚，中 2 齿最长，侧 2 齿较矮，眼上刺突低而有明显横形小丘突，头面散布具毛刻点和小瘤凸。触角 9 节，鳃片部 3 节。前胸背板横阔，有 1 条光滑中纵带，盘区散布刻点，四侧布小圆瘤凸，侧缘圆弧形扩出，锯齿形，后缘微向后钝角形扩出。小盾片缺如。鞘翅隆拱，纵线甚细弱但可辨，缘折高锐纵脊形。胸下密被深褐绒毛，腹面光。前足胫节外缘有 4 个齿，内缘中段弧凹，凹处两端各有 1 个小齿，雄虫的较狭长，距端位附爪部消失。中足、后足胫节仅有端距 1 枚，附爪部十分纤细。雄虫后足胫节背棱上刷毛紧挨，雌虫者则刷毛稀。

分布：宁夏（贺兰山、石嘴山、中宁、中卫及盐池等荒漠草原）、山西、黑龙江、吉林、辽宁、内蒙古、甘肃、新疆、河北、陕西、河南、山东、江苏、安徽、浙江；朝鲜、中亚、西亚。

寄主：粪便。

① ②

图 2-136 墨侧裸蜣螂 *Gymnopleurus mopsus*（Pallas, 1781）

① 成虫；② 分解粪便

① ②

图 2-137 台风蜣螂 *Scarabaeus typhon* Fischer, 1823

① 成虫；② 搬运粪球

138. 小驼嗡蜣螂 Onthophagus gibbulus（Pallas, 1781）（图 2-138）

体小到中型，近长卵圆形，鞘翅黄褐色，上有散乱黑褐小斑点，刻点具毛，其他部位黑色至棕褐。头长大，雄性头近三角形，头面散布刻点，唇基高高折翘，额唇基缝呈微隆弧形横脊，头顶向后上斜行延长呈条板，条板上端急剧收狭呈指状突，突端向后下弯指，侧视板突呈"S"形；雌性头呈梯形，前缘近横直或略有中凹，有 2 道近平行的横脊。触角 9 节。前胸背板甚横阔，雄虫十分隆拱，密布具短毛刻点，前中部有光亮倒"凸"形凹坑，雌虫隆拱较缓，近前缘中段有短矮横脊，脊端呈圆凸，发育好的个体则呈前探梯形突。无小盾片。鞘翅 7 条，刻点沟浅阔，沟间带疏布呈列短毛。前足胫节外缘有 4 个大齿，近基处锯齿形，距发达端位，中足后足胫节端部喇叭状。

分布：宁夏（盐池温性草原）、山西、黑龙江、吉林、辽宁、内蒙古、河北；蒙古、俄罗斯、中欧、南欧、小亚细亚。

寄主：粪便。

139. 黑缘嗡蜣螂 Onthophagus marginalis nigrimargo Goidanish, 1926（图 2-139）

体短阔椭圆形，头、前胸背板、臀板黑色，鞘翅黄褐色，四缘为不整黑色条斑，翅面有不规则斑驳黑斑，腹面棕褐至黑色，刻点具毛。雄虫唇基扇面形，雄虫通常前缘微凹缺并铲形上翘，充分发育的个体则前端平截并上翘，头面平，额唇基缝弧弯，头顶向后板形延伸，板端中央呈小指形突，雌虫头面前部梯形，刻点密而具毛，长而显，头面有 2 道高锐平行横脊。触角 9 节。前胸背板隆拱，雄虫前中有凹坑，发育较弱的个体，前部中央有一对小疣凸，雌虫前中有一半圆前伸突起，突起前端垂直光滑。无小盾片。鞘翅前阔后狭，表面平整，7 条刻点沟线可辨。前足胫节外缘有 4 枚齿。中、后足胫节喇叭形。

分布：宁夏（盐池温性草原）、山西、黑龙江、吉林、辽宁、内蒙古、河北、西藏；俄罗斯、阿富汗、印度。

寄主：粪便。

140. 立叉嗡蜣螂 Onthophagus olsoufieffi Boucomont, 1924 （图 2-140）

体长 5.0～7.5 mm，体椭圆形、黑色，多具棕褐或棕黄色短毛。头面扇面形，密被近鱼鳞状刻纹，边缘高高弯翘，唇基前缘中段浅缓凹缺，雄虫头顶生 1 个斜直板状角突，端部二分叉，有时在叉凹底部中央微有疣突，雌虫头顶板突更宽，宽超过头宽的一半，板突顶端 3 突形。触角 9 节，鳃片部 3 节。前胸背板凸起，前缘横列端亮丘凸 4 个，前侧角前伸，近直角形，后缘略钝并向后扩展。无小盾片。鞘翅有 7 条刻点沟线深显，沟间带微弧拱，疏布具较长毛刻点。前足胫节外缘 4 齿，距发达端位，中、后足胫节端部喇叭形。

分布：宁夏（盐池温性草原）、山西、东北、河北；俄罗斯（远东乌苏里地区）、朝鲜、日本。

寄主：粪便。

图 2-138 小驼嗡蜣螂 *Onthophagus gibbulus*（Pallas, 1781）

图 2-139 黑缘嗡蜣螂 *Onthophagus marginalis nigrimargo* Goidanish, 1926

图 2-140 立叉嗡蜣螂 *Onthophagus olsoufieffi* Boucomont, 1924

（五十三）丽金龟科 Rutelidae

体色彩艳丽，具金属光泽，或体色单调，呈棕、褐、黑、黄等色。体型中等，多呈卵圆形或椭圆形，背、腹面均较隆拱。头前口式，触角 9 ～ 10 节，9 节常见，鳃片部 3 节。

141. 黄褐异丽金龟 Anomala exoleta Faldermann, 1835 （图 2-141）

体长 15 ～ 18 mm，体中型，卵圆形，全体黄褐色带红，有光泽。头小，唇基长方形，前侧缘弯翘。触角 9 节，淡黄褐色。前胸背板深黄褐色，盘区颜色较深，后缘中段后弯，前缘内弯，有边框，侧缘弧形。小盾片三角形，前面密生黄色细毛。鞘翅具 3 条不显纵肋，密生刻点。足及胸部腹板均淡黄褐色，密生细毛。前足胫节外侧有齿，后足胫节发达，上有两排褐色小刺，末端生 2 距，跗节 5 节，端部生 1 对不等大的爪，前、中足大爪分叉。

分布：宁夏（全区草原）、山西、黑龙江、辽宁、内蒙古、甘肃、青海、河北、陕西、山东、河南。

寄主：骆驼蓬、柠条、各种林木果树以及玉米、高粱、大豆、花生、薯类等作物。

142. 中华弧丽金龟 Popillia quadriguttata （Fabricius, 1787） （图 2-142）

体长 7.5 ～ 12 mm。头、前胸背板、小盾片、胸、腹部腹面、3 对足均为青铜色，具金属光泽。鞘翅黄褐色，沿翅缝部分为绿或墨绿色。头部刻点细密。触角鳃片部雌虫粗短，雄虫长大。前胸背板隆起，密布小刻点，两侧中段具 1 个小圆形凹陷，前侧角突出，侧缘在中点处呈弧状外扩，后段平直，在中段向前呈弧形凹陷。小盾片三角形。鞘翅背面具 6 条刻点沟近平行，第 2 刻点沟基部刻点散乱，后方不达翅端。臀板外露，基部有 2 个白色毛斑。腹部第 1 ～第 5 节侧面具白毛斑。前足胫节外缘有 2 齿枚。

分布：宁夏（贺兰山荒漠草原）及全国各地；朝鲜、越南。

寄主：葡萄、苹果、梨、杏、桃、榆、杨、紫穗槐及牧草等。

（五十四）鳃金龟科 Melolonthidae

体中型，卵圆形或椭圆形，体色多棕、褐、至黑褐。触角 8 ～ 10 节，鳃片部由第 3 ～第 8 节组成。前胸背板基部等于或稍狭于鞘翅基部，中胸后侧片于背面不可见。小盾片多呈三角形。鞘翅发达，常有 4 条纵肋，后翅多发达能飞翔。臀板外露。前足胫节外缘有 1 ～ 3 枚齿，内缘多有距 1 枚，中、后足胫节端距 2 枚，有爪 1 对，亦有些种类其前、中足 2 爪大小不一，后足仅有爪 1 枚。

图 2-141 黄褐异丽金龟 *Anomala exoleta* Faldermann, 1835

图 2-142 中华弧丽金龟 *Popillia quadriguttata*（Fabricius, 1787）

143. 华北大黑鳃金龟 *Holotrichia oblita*（Faldermann, 1835）（图 2-143）

成虫：体中型，长椭圆形，体长 17～21.8 mm。体色黑褐至黑色，油亮光泽强。唇基短阔，前缘、侧缘向上弯翘，前缘中凹显。触角 10 节，雄虫鳃片部约等于其前 6 节总长。前胸背板密布粗大刻点，侧缘向侧弯扩，中点最阔，前段有少数具毛缺刻，后段微内弯。小盾片近半圆形。鞘翅密布刻点微皱，纵肋可见。肩凸、端凸较发达。胸下密被柔长黄毛。前足胫节外缘 3 齿，爪下齿中位垂直生。

幼虫：中型稍大，体长 35～45 mm。头部红褐色，前顶刚毛每侧 3 根。臀节腹面无刺毛列，只有钩状刚毛，肛门孔 3 裂。

分布：宁夏（全区草原）、山西、内蒙古、甘肃、河北、陕西、山东、河南、江苏、安徽、浙江、江西；俄罗斯（远东地区）。

寄主：豆科、禾本科牧草及小麦、玉米、谷子、高粱、大豆、苹果、杏、杨、柳、槐。

144. 斑单爪鳃金龟 *Hoplia aureola*（Pallas, 1781）（图 2-144）

体小型，体长 6.5～7.5 mm。体黑褐至黑色，鞘翅浅棕褐色。体表密被颜色有异的鳞片。头密被纤毛；额头顶部有金黄或银绿色圆形至椭圆形鳞片与纤毛相间而生。触角 9 节，鳃片部由 3 节组成。前胸背板弧隆，基部略狭于翅基，密被圆大金黄或银绿色鳞片，其间有短粗纤毛杂生；许多个体有 4 或 6 个黑褐鳞片形成的斑点，呈前 4 后 2 横向排列；前侧角锐角形前伸，后侧角钝角形，侧缘弧扩，锯齿形，齿刻中有毛。小盾片半椭圆形，密被金黄色鳞片，前中鳞片常呈黑褐色。鞘翅密被圆形或短宽披针形金黄色或污黄色鳞片，每鞘翅常有 7 个黑褐鳞片斑点。种内不少个体体背面黑褐斑点不完整、模糊或完全消失。各足跗节以上被有较多鳞片。足较壮实，胫节无端距，前足胫节外缘有 3 枚齿，基齿弱小，跗端 2 爪中大爪强大，端部上缘分裂，小爪较弱；后足胫节壮实，末端向下延伸如角突，跗端只有 1 爪，完整。

分布：宁夏（六盘山、隆德草甸草原和罗山温性草原）、山西、东北、内蒙古、甘肃、河北、江苏；蒙古、俄罗斯（远东地区）、朝鲜。

寄主：艾蒿、禾本科牧草、枸子、丁香、酸李子、红岩、山杨、甘蓝。

① ②

图 2-143　华北大黑鳃金龟 *Holotrichia oblita*（Faldermann, 1835）

① 成虫；② 幼虫

图 2-144　斑单爪鳃金龟 *Hoplia aureola*（Pallas, 1781）

145. 围绿单爪鳃金龟 *Hoplia cincticollis*（Faldermann, 1833）（图 2-145）

体中型，短阔，体长 11.4～15 mm。体黑至黑褐色，鞘翅淡红棕色。除唇基外，体表密被各式鳞片，头面鳞片柳叶形，淡银绿色，薄而卧生；前胸背板盘区鳞片金黄褐色，长条形竖生，中央鳞片色最深而无金属光泽，四周特别是四角区有大椭圆形卧生银绿鳞片；小盾片鳞片与前胸背板相似；鞘翅密被长条形及少量短披针形、卵圆形黄褐鳞片。足粗壮，各足胫节无端距，前足胫节扁宽，外缘有 3 枚齿；跗端有 2 爪大小殊异，小爪仅及大爪长的 1/3，端部背缘分裂；后足胫节扁阔强壮，跗端仅有 1 个简单的爪。

分布：宁夏（全区草原）、山西、东北、内蒙古、甘肃、河北、山东、河南。

寄主：草木樨、丁香、杨、榆、梨。

146. 阔胫玛绢金龟 *Maladera verticalis* Fairmaire, 1888 （图 2-146）

体小型，长卵圆形，体长 6.7～9 mm。体浅棕或棕红色，体表较平，刻点浅匀，有丝绒般闪光。头阔大，唇基近梯形，布较深但不匀刻点，有较明显纵脊。触角 10 节，鳃片部由 3 节组成，雄虫鳃片部长大，长于柄节之倍。前胸背板短阔，侧缘后段直，后缘无边框。小盾片长三角形。鞘翅有 9 条清楚刻点沟，沟间带弧隆，有少量刻点。前足胫节外缘有 2 枚齿，后足胫节十分扁阔，表面几乎光滑无刻点，2 端距着生在跗节两侧。

分布：宁夏（贺兰山、盐池及同心等荒漠草原）、山西、东北、河北、陕西、山东；朝鲜。

寄主：榆、柳、杨、梨、苹果。

147. 白云鳃金龟 *Polyphylla alba vicaria* Semenov, 1900 （图 2-147）

体长 26.4～32.7 mm，体狭长，椭圆形。体棕褐至黑褐色，全体密被乳白或乳黄色鳞片。头部近黑色，头上鳞片小而密叠，前胸背板鳞片大，小盾片鳞片细小，几乎全盖住底色，鞘翅鳞片细而均匀，胸下鳞片狭长，与绒毛相间，腹下鳞片密接。触角 10 节，鳃片部雄虫由 7 节组成，宽大弯曲；雌虫由 5 节组成，短小。前胸背板较长，有浅缓中纵沟，两侧各有 1 个裸斑，侧缘圆弧形扩出，细密锯齿形，前、后缘无毛。小盾片半椭圆形。鞘翅狭长，肩凸发达，纵肋痕迹隐约可辨。前足胫节外缘有清楚的 3 枚齿，各足内、外爪略有大小差异。

分布：宁夏（全区草原）、内蒙古、甘肃、陕西、新疆。

寄主：各种牧草。

图 2-145 围绿单爪鳃金龟 *Hoplia cincticollis*（Faldermann, 1833）

图 2-146 阔胫玛绢金龟 *Maladera verticalis* Fairmaire, 1888

图 2-147 白云鳃金龟 *Polyphylla alba vicaria* Semenov, 1900

148. 小云鳃金龟 *Polyphylla gracilicornis* Blanchard, 1871 （图 2-148）

体长 26 ～ 28.5 mm，椭圆形。体栗褐至深褐色。体光亮，上面鳞片较稀，头、前胸背板鳞片狭长披针形，鳞片中纵斑纹常贯达全长，外侧环形斑常较模糊。鞘翅云状斑小而较少，斑间基本无零星鳞片，鳞片纺锤形。触角 10 节，鳃片部雄虫由 7 节组成，长大弯曲，雌虫由 6 节组成，短小。前胸背板短阔，不平整，高凸处常光滑无刻点；前缘有许多粗毛，侧缘弧形扩出，锯齿形，缺刻中有毛；前、后侧角皆钝角形，后缘除中段外有成排粗长纤毛。小盾片中间大部分平滑无刻点。鞘翅较短，肩凸较发达。前足胫节外缘雄虫有 1 枚齿，雌虫有 3 枚齿。爪修长。

分布：宁夏（隆德、六盘山草甸草原）、山西、内蒙古、青海、甘肃、河北、陕西、河南、四川。

寄主：豆科、禾本科等牧草。

149. 大云鳃金龟 *Polyphylla laticollis* Lewis, 1895 （图 2-149）

体长 31 ～ 39 mm。长椭圆形，背面隆拱。体栗褐至黑褐色，体有白或乳白色鳞片组成的斑纹，头上鳞片披针状，前胸背板鳞片疏密不匀，其外侧各有 1 个环形斑；小盾片密被厚实鳞片；鞘翅椭圆形或卵圆形鳞片形成云纹状斑纹。头面密被灰黄或棕灰色绒毛。触角 10 节，雄虫鳃片部有 7 节；雌虫鳃片部有 6 节。前胸背板密布粗大刻点；前缘有粗长纤毛，侧缘钝角形扩出，有具毛缺刻，前段直；前侧角钝角，后侧角微掠翘，近直角形或锐角形，后缘边框近完整、无毛。小盾片大，中纵光滑，两侧被白鳞。前足胫节外缘雄虫 2 齿，雌虫 3 齿；爪发达对称。

分布：宁夏（盐池、贺兰山、中宁及中卫等荒漠草原）、北京、河北、山西、内蒙古、辽宁、吉林、黑龙江、江苏、安徽、浙江、福建、山东、河南、四川、贵州、云南、陕西、甘肃、青海、新疆；日本、朝鲜、亚洲北部。

寄主：松、榆、杨、云杉、柳。

150. 东方绢金龟 *Serica orientalis* Motschulsky, 1857 （图 2-150）

体长 6 ～ 9 mm。近卵圆形，体黑褐或棕褐色。唇基皱，刻点密，有少量刺毛；额上刻点稀浅，后头光滑。触角 9 节，少数 10 节，雄虫触角鳃片长大。前胸背板短阔，后缘无边框。鞘翅有 9 条刻点沟，沟间带微隆，散布刻点，缘折有成列纤毛。胸部腹板密被绒毛，腹部每腹板有 1 排毛。前足胫节外缘有 2 枚齿；后足胫节布少数刻点，胫端 2 枚端距着生于跗节两侧。

分布：宁夏（全区草原）、河北、山西、内蒙古、辽宁、吉林、黑龙江、江苏、安徽、山东、河南、甘肃；蒙古、朝鲜、日本、俄罗斯（远东地区）。

寄主：沙蒿、柠条、苜蓿、瓜苗、向日葵、沙柳、杨、榆、豆类及蔬菜。

图 2-148　小云鳃金龟 *Polyphylla gracilicornis* Blanchard, 1871

图 2-149　大云鳃金龟 *Polyphylla laticollis* Lewis, 1895

图 2-150　东方绢金龟 *Serica orientalis* Motschulsky, 1857

151. 大皱鳃金龟 *Trematodes grandis* Semenov, 1902 （图 2-151）

体长 18.5 ～ 21 mm，黑色。唇基近梯形，边缘高翘，密布杂乱圆形刻点，侧缘近斜直，前缘微中凹；额顶部平坦，刻点与唇基上相似。触角 10 节，鳃片部有 3 节。前胸背板侧缘后段微弯曲，后侧角略向侧下方延展，近直角形。小盾片短阔，基部两边散布刻点。鞘翅 4 条肋明显，匀布浅大刻点。雄虫腹下宽浅纵凹。中、后足胫节有 2 道具刺横脊。各足跗节端部 2 爪大小差异明显；后足第 1、第 2 跗节长约相等。

分布：宁夏（盐池、贺兰山荒漠草原）、内蒙古、陕西、甘肃；俄罗斯。

寄主；沙地植物。

152. 黑皱鳃金龟 *Trematodes tenebrioides*（Pallas, 1871）（图 2-152）

体中型，短宽，体长 14 ～ 17.5 mm。前胸与鞘翅基部明显收狭，夹成钝角，全体黑色，较晦暗。头大，唇基横阔，密布深大蜂窝状刻点，侧缘近平行，前缘中段微弧凹，侧角圆弧形。触角 10 节，鳃片部的 3 节短小。前胸背板短阔，密布深大刻点。鞘翅粗皱，纵肋几乎不可辨，肩凸、端凸不发达；后翅短小，略成三角形，长度只达或略超过第二腹节背板。臀板阔大，密布浅大皱形刻点。足粗壮，前足胫节外缘有 3 枚齿，前、中足跗端之内外爪大小差异明显。

分布：宁夏（全区草原）、山西、吉林、辽宁、青海、河北、陕西、山东、河南、安徽、江西、湖南、台湾；蒙古、俄罗斯。

寄主：骆驼蓬、刺儿菜、灰菜、车前、柠条、苜蓿、玉米、谷子、高粱、小麦、马铃薯、豆类、棉花、甜菜。

（五十五）花金龟科 Cetoniidae

体大，体壁坚固，唇基发达；触角 10 节，鳃片部 3 节；前胸背板梯形或椭圆形，前狭后阔，侧缘弧形。可见小盾片。鞘翅背面常有 2 条可见纵肋，臀板发达，多呈短阔三角形。中足基节之间有各式中胸腹突。足常较短壮，也有各足细长的种类，前足胫节外缘有 1 ～ 3 枚齿，跗节多为 5 节，少数 4 节，爪成对。

图 2-151　大皱鳃金龟 *Trematodes grandis* Semenov, 1902

图 2-152　黑皱鳃金龟 *Trematodes tenebrioides*（Pallas, 1871）

153. 暗绿花金龟 *Cetonia viridiopaca*（Motschulsky, 1860）（图 2-153）

体长 15.5～19.2 mm，体近卵圆形。体暗铜绿色有金属光泽，腹面有时有铜红色泛光，背面不被毛。头长大，头面密布挤皱粗大刻点，唇基近方形，前缘中凹宽线，额头顶有一中纵脊。触角 10 节，鳃片部 3 节。前胸背板前狭后阔，疏布半圆或圆形刻点，侧缘斜弧形，前后缘无边框，后缘侧段斜，小盾片长三角形，侧缘微内弯。鞘翅背面有 2 条光滑明显的纵肋，臀板扁三角形，密布细皱，沿上缘横列 4 个白色绒斑。胸下密被黄褐绒毛，中胸腹突阔，略呈球形，前端弧度变大。

分布：宁夏（盐池温性草原和贺兰山荒漠草原）、山西、黑龙江、内蒙古、河北；俄罗斯（远东）、朝鲜。

寄主：沙蒿、刺蓬、花棒、骆驼蓬、苜蓿、玉米、大麻、高粱、山榆、甘蓝、白菜。

154. 褐锈花金龟 *Poecilophilides rusticola*（Burmeister, 1842）（图 2-154）

体中型，体长 16～21 mm，长椭圆形。体背面赤褐色，散布许多大小不等黑色斑纹，但排列基本呈左右对称，腹面黑而光亮，触角、前足基节、中胸腹突、中胸后侧片、后胸后侧片、后足基节侧端、腹部腹板侧端常为赤褐色，足色黑。头面略呈"凸"字形，凌乱散布圆或长椭圆大刻点。触角短壮。前胸背板凌乱疏布形状不一的深大刻点。小盾片长三角形，端圆钝。鞘翅缝肋阔，背面 2 条纵肋可辨。前足胫节外缘 3 枚齿发达，距短壮端位。

分布：宁夏（盐池温性草原）、华北、东北、华东、华南、四川、台湾；俄罗斯（远东）、朝鲜半岛、日本。

寄主：榆、栎类、榉树、农作物、林木。

155. 白星花金龟 *Potosia*（*Liocola*）*brevitarsis*（Lewis, 1879）（图 2-155）

体长 18～22 mm，狭长椭圆形。古铜色、铜黑色或铜绿色，前胸背板及鞘翅布有条形、波形、云状、点状白色绒斑，左右对称排列。唇基近六角形，前缘横直，弯翘，中段微弧凹，两侧隆棱近直，左右近平行，有密刻点刻纹。雄虫鳃片部长于其触角前 6 节长之和。前胸背板前狭后阔，前缘无边框，侧缘略呈"S"形弯曲，侧方密布斜波形或弧形刻纹，散布乳白绒斑。鞘翅侧缘前段内弯，表面绒斑较集中的可分为 6 团，团间散布小斑。臀板有绒斑 6 个。前胫外缘 3 锐齿，内缘距端位。1 对爪近锥形。中胸腹突基部明显缢缩，前缘微弧弯或近横直。

分布：宁夏（全区草原）、北京、河北、山西、内蒙古、东北、江苏、浙江、安徽、福建、江西、山东、河南、湖北、湖南、四川、云南、西藏、陕西、甘肃、青海、台湾；朝鲜、日本、蒙古、俄罗斯。

寄主：沙蒿、刺蓬、花棒、骆驼蓬、苜蓿、玉米、大麻、高粱、山榆、甘蓝、白菜。

图 2-153　暗绿花金龟 *Cetonia viridiopaca*（Motschulsky, 1860）

图 2-154　褐锈花金龟 *Poecilophilides rusticola*（Burmeister, 1842）

图 2-155　白星花金龟 *Potosia*（*Liocola*）*brevitarsis*（Lewis, 1879）

（五十六）吉丁甲科 Buprestidae

头部较小向下弯折。触角 11 节，多为短锯齿状。前胸与体后相接紧密，不可活动。前胸腹板突发达，端部达及中足基节间。鞘翅长，端部逐渐收狭。前、中足基节球形，后足基节板状；跗节 5-5-5，第 4 节双叶状。腹部可见 5 节，第 1、第 2 节多愈合。

156. 六星吉丁虫 *Chrysobothris succedanea* Saunders, 1875 （图 2-156）

体长 9～14 mm，长圆形，前钝后尖，深紫铜色，密布刻点，颜面红铜色，中央上方有 1 条横线，其下方凹陷。头顶及颜面密被细黄毛。触角铜绿色，柄节长大略扁，梗节小球形，第 3 节长形，其余各节锯齿形。小盾片三角形，翠绿色。鞘翅紫铜色，基部及中后方各有 3 个金色下陷圆斑，外缘有不规则的小锯齿，翅面密布刻点，有 4 条纵脊。腹面翠绿色，足铜绿色，具光泽。

分布：宁夏（吴忠、银川及贺兰山等荒漠草原）、河北、辽宁、江苏、山东、河南、甘肃、青海；日本、俄罗斯。

寄主：苹果、杨、枣等。

（五十七）花萤科 Cantharidae

体蓝色、黑色、黄色等。头方形或长方形。触角 11 节，丝状，少数锯齿状或端部加粗。前胸背板多为方形，少数半圆或椭圆形。鞘翅软，有长翅或短翅两种类型。足发达，胫端部具强化刺；跗节 5-5-5，爪分单齿、双齿、附齿类型。腹部雄性多为 9～10 节，雌虫 8 节。

157. 柯氏花萤 *Cantharis knizeki* Vihla, 2004 （图 2-157）

体长 7.0 mm。头橙色，复眼后缘之后黑色，触角黑色，基部 2 节橙色，前胸背板橙色，前部中央具 1 个黑斑，小盾片和鞘翅黑色，足橙色，跗节黑色，腹部黑色，末端腹节橙色。头圆形，复眼较小，触角丝状，长达鞘翅中部；前胸背板横向，各角宽圆；鞘翅雄性两侧平行，雌性向后稍加宽；雄性前、中外侧爪均具 1 枚基片，雌性简单。

分布：宁夏（贺兰山荒漠草原）、北京、河北；日本、欧洲地区。

寄主：蚜虫、介壳虫、叶甲。

图 2-156　六星吉丁虫 *Chrysobothris succedanea* Saunders, 1875

图 2-157　柯氏花萤 *Cantharis knizeki* Vihla, 2004

158. 红毛花萤 *Cantharis rufa* Linnaeus, 1758 （图 2-158）

体长 8.0～11.0 mm。头部橙色圆形。触角丝状呈黑色，基部 2 节橙色。前胸背板各角宽圆。小盾片橙色。鞘翅淡黄色。足橙色。腹部黑色，端部第二腹节橙色。雌虫跟雄虫各足外侧爪均具 1 枚基齿。

分布：宁夏（贺兰山荒漠草原）、北京、黑龙江、内蒙古、青海、新疆、河北、西藏；蒙古、俄罗斯、朝鲜、哈萨克斯坦、乌兹别克斯坦、塔吉克斯坦、阿富汗、吉尔吉斯斯坦、欧洲、北美。

寄主：蚜虫、介壳虫、叶甲。

（五十八）皮蠹科 Dermestidae

体小型暗色。棒状触角常藏体下。跗节 5 节；前足基节圆锥形斜位，基节窝开放；后足基节板状，有沟槽可容纳腿节。

159. 玫瑰皮蠹 *Dermestes dimidiatusab rosea* Kusnezova, 1908 （图 2-159）

体长 7.0～10.5 mm，体黑色。前胸背板全部或绝大部分以及鞘翅基部 1/4 着生玫瑰色毛，鞘翅其余部分着生黑色毛。腹部腹板大部被白色毛，第 2～第 5 腹板前侧角及近后缘中央两侧各有 1 个黑斑，第 5 腹板中部的 2 个大斑相互连接。雄虫第 4 腹板中央有 1 个凹窝，由此发出 1 直立毛束。

分布：宁夏（盐池温性草原和贺兰山荒漠草原）、黑龙江、西藏、甘肃、新疆、青海；蒙古、俄罗斯、欧洲。

寄主：动物尸体。

160. 赤毛皮蠹 *Dermestes tessellatocollis* Motschulsky, 1860 （图 2-160）

体长 7.5～8 mm。表皮赤褐色至暗褐色。前胸背板有成束的赤褐色、黑色及少量白色倒伏状毛，不规则指向。腹部第 1～第 5 腹板前侧角各有 1 个黑色毛斑；第 5 腹板末端有 1 个"V"字形的黑毛斑，有时该毛斑与前侧角的黑斑相连。雄虫第 3、第 4 腹板近中央各有 1 个凹窝，由此发出一直立毛束。

分布：宁夏（盐池温性草原和贺兰山荒漠草原）、全国大多数省区；朝鲜、日本、俄罗斯（西伯利亚）、印度。

寄主：兽骨、各种生皮毛。

图 2-158　红毛花萤 *Cantharis rufa* Linnaeus, 1758

图 2-159　玫瑰皮蠹 *Dermestes dimidiatusab rosea* Kusnezova, 1908

图 2-160　赤毛皮蠹 *Dermestes tessellatocollis* Motschulsky, 1860

（五十九）郭公虫科 Cleridae

体小型至中型，色泽各异，大部分种类身体有微细短毛。触角 8 ～ 11 节，多为短棍棒状。前胸背板近方形。前足基节圆锥形，接触或稍分离，中足基节圆锥形，后足基节横形。跗节 5-5-5。腹部可见腹板 5 ～ 6 节。

161. 中华食蜂郭公虫 *Trichodes sinae* Chevrolat, 1874 （图 2-161）

体长 10 ～ 18 mm，体深蓝色具光泽，密被长毛。鞘翅上横带红色至黄色，头宽短黑色。触角丝状很短，达前胸中部，赤褐色，触角末端数节粗大如棍棒，深褐色，末节尖端向内伸似桃形。复眼赤褐色。前胸背板前较后宽，前缘与头后缘等长，后缘收缩似颈，窄于鞘翅。鞘翅狭长似芜菁或天牛，鞘翅上具 3 条红色或黄色横行色斑，足蓝色。

分布：宁夏（全区草原）、河北、山西、内蒙古、辽宁、吉林、黑龙江、山东、湖南、四川、陕西、甘肃、青海；朝鲜。

寄主：叶蜂、泥蜂；胡萝卜、萝卜、苦豆、蚕豆。

（六十）瓢虫科 Coccinellidae

体中、小型。体背面圆隆，腹面平坦。跗节为隐 4 节。第 1 节可见腹板在基节窝之后有后基线，仅少数属不具此特征。下颚须末节斧状，两侧向末端扩大，或两侧相互平行；如果两侧向末端收窄，则至少前端减薄而且平截。

162. 甜菜瓢虫 *Bulaea lichatschovi*（Hummel, 1827）（图 2-162）

体长 4.5 ～ 5.5 mm，体宽 3.4 ～ 4.1 mm。体长卵形，弧形拱起。头黄色，复眼后各有 1 个近三角形的黑斑。前胸背板黄色，有 1 个小黑斑和 6 个大黑斑，小黑斑位于小盾片上面，此斑不稳定。鞘翅黄色，每鞘翅各具 9 个几乎均等大小的黑斑，小盾斑黑色，不稳定。腹面及足均为棕色，有时后胸腹板边缘为黑色。

分布：宁夏（中宁荒漠草原）、新疆；蒙古、印度、阿富汗、前苏联、阿拉伯半岛、欧洲、非洲。

寄主：不详。

图 2-161　中华食蜂郭公虫 *Trichodes sinae* Chevrolat, 1874

图 2-162　甜菜瓢虫 *Bulaea lichatschovi*（Hummel, 1827）

163. 双七瓢虫 *Coccinula quatuordecimpustulata*（Linnaeus, 1758）（图 2-163）

体长 3.3 ～ 4.0 mm，体周缘卵圆形。头部黄色，头顶黑色（雄）或头部黑色而复眼附件有黄色斑（雌）。前胸背板黑色，前角有黄斑，并沿侧缘狭窄地向后延伸，前缘黄色而将两角的黄斑相连，并在中部向后延伸。小盾片黑色。鞘翅黑色，各有 7 个黄斑，按 2-2-2-1 排成内外两行。

分布：宁夏（海原、贺兰山温性草原）、华北、东北、河南、山东、甘肃、新疆、四川、江西；日本、前苏联、欧洲。

寄主：蚜虫。

164. 七星瓢虫 *Coccinella septempunctata* Linnaeus, 1758 （图 2-164）

体长 5.0 ～ 8.0 mm，体卵圆形，瓢形拱起。鞘翅上共有黑色斑点 7 个。唇基前缘黄色，上颚外侧黄褐色至黑褐色。前胸背板缘折前侧缘角黄色，中胸后侧片黄色，后胸后侧片黑色。

分布：宁夏（全区草原）、全国各地；蒙古、朝鲜、日本、印度、前苏联、欧洲。

寄主：蚜虫、木虱、螨类等。

165. 异色瓢虫 *Harmonia axyridis*（Pallas, 1773）（图 2-165）

体长 4.5 ～ 8.0 mm，体椭圆形，拱起，体背黄褐色。鞘翅底色由黄褐色和褐黑色两类，其上有不同大小、数目、形状以及位置变化的斑纹。鞘翅末端之前具横脊。后基线 2 个分叉，主支伸至第 1 腹板后缘附近再伸向外侧，侧支由腹板后缘斜伸至腹板前角附近。雄虫头部唇基和上唇黄色或淡黄色，第 5 腹板后缘浅弧形内凹，第 6 腹板后缘中央呈弧形内凹。

分布：宁夏（全区草原）、北京、河北、山西、吉林、黑龙江、江苏、浙江、福建、江西、山东、河南、湖南、广东、广西、四川、云南、陕西、甘肃；朝鲜、蒙古、日本、俄罗斯（西伯利亚）、美国。

寄主：蚜虫、木虱、粉蚧。

图 2-163　双七瓢虫 *Coccinula quatuordecimpustulata*（Linnaeus, 1758）

图 2-164　七星瓢虫 *Coccinella septempunctata* Linnaeus, 1758

图 2-165　异色瓢虫 *Harmonia axyridis*（Pallas, 1773）

166. 多异瓢虫 *Hippodamia variegate*（Goeze, 1777）（图 2-166）

体长 3.3～4.0 mm，体长卵形，扁平拱起。头前部黄白色，后部黑色。前胸背板黄白色，后缘有镶边反卷，基部的黑色横带向前分出 4 条黑带，有时 4 条黑带在前部左右分别愈合，构成两个"口"字形斑，有时黑斑扩大，仅留两个黄白色小圆点。鞘翅黄褐至红褐色，基缘各有 1 个黄白色分界不明显的横长斑。背面共 13 个黑斑。黑斑变异甚大，常相互连接或消失。

分布：宁夏（全区草原）、华北、东北、西北、山东、河南、云南、四川、福建；日本、印度、阿富汗、非洲。

寄主：蚜虫。

167. 菱斑巧瓢虫 *Oenopia conglobata*（Linnaeus, 1758）（图 2-167）

体长 4.3～4.9 mm。体椭圆形，约呈半球形拱起。头部黄色。前胸背板黄色具 7 个黑斑，排列为两排：前排 4 个，中间 2 个呈倒"八"字形；后排 3 个，中斑较小。小盾片黑色。鞘翅外缘有延伸及镶边，鞘翅暗黄色，各具 8 个大小不一的黑斑，呈 2-2-1-2-1 排列。在内线中部之后横置 1 个大型三角形斑，该斑最大。

分布：宁夏（贺兰山荒漠草原）、华北、东北、西北、山东、四川、福建；蒙古、阿富汗、前苏联、欧洲。

寄主：蚜虫。

（六十一）拟步甲科 Tenebrionidae

体小至大型，扁平，多为黑色或暗棕色。头部较小，与前胸密接。口器发达，上颚大形。触角 11 节，多为丝状、棒状或念珠状。前胸背板发达，一般呈横长方形，侧缘明显。后翅多退化，不能飞翔。跗节式 5-5-4，腹板可见 5 节。

168. 尖尾东鳖甲 *Anatolica mucronata* Reitter, 1889 （图 2-168）

体长 13.0～16.0 mm，长卵形，黑色，有光泽。头两侧有浅凹陷；背面有细刻点。触角倒数第 2 节略宽。前胸背板宽大，盘区有小刻点；两侧在中部之前圆，后面窄；基部两侧缘直，其余向后弧形突出，前角直角形，前缘两侧有饰边，饰边在中部断开，基部有较宽凹陷。鞘翅有稠密小刻点；基部外半侧有饰边；翅端部尖角状。前足基节间腹突顶端不弯曲，端部宽度和中间一样。

分布：宁夏（贺兰山、中宁、中卫、盐池及平罗等荒漠草原）、内蒙古、陕西、甘肃；蒙古。

寄主：多种植物的根。

① ②

图 2-166 多异瓢虫 *Hippodamia variegate*（Goeze, 1777）不同型

① 橙色型；② 红色型

图 2-167 菱斑巧瓢虫 *Oenopia conglobata*（Linnaeus, 1758）

图 2-168 尖尾东鳖甲 *Anatolica mucronata* Reitter, 1889

169. 波氏东鳖甲 Anatolica potanini Reitter, 1889 （图2-169）

体长9.0～14.0 mm，体宽阔黑色，有光泽。头部有小刻点。触角最后几节外侧近齿状，倒数第2节近横形。前胸背板心脏形，基部圆形无饰边，侧缘扩，靠1/3处急剧变窄；前缘近平直，前角钝，后角宽直角形；背面有小刻点。前胸侧板光滑。鞘翅有稀疏的小刻点，中部最宽；从翅基部到翅破宽凹；基部有饰边。后足胫节的端距扁平披针状。

分布：宁夏（石嘴山、贺兰山、中宁、中卫、灵武及盐池等荒漠草原）、内蒙古、四川、陕西、甘肃、新疆；蒙古。

寄主：多种植物的根。

170. 谢氏东鳖甲 Anatolica semenowi Reitter, 1889 （图2-170）

体长12 mm，体黑色，光亮，细长。头部有较稠密的小刻点。触角倒数第2节顶端尖，近于长椭圆形。前胸背板光滑、横阔，向鞘翅近于不收缩，非心脏形；向上微微隆起，有稠密的细刻点，前缘略凹，饰边在中间间断；基部两侧波状，近两侧有饰边；侧缘在中部之前圆形弯曲，具饰边；后角近于直角形。鞘翅长卵形，有稠密细刻点，基部饰边完整，宽阔地向外突出。前胸腹板有细刻点，腹部近于无刻点。前胸侧板有稠密的弱条纹。前足胫节在端部之前轻微弯曲。

分布：宁夏（贺兰山荒漠草原）、甘肃（北部）。

寄主：多种植物的根。

171. 缢胫琵甲 Blaps dentitibia Reitter, 1889 （图2-171）

体长20～27 mm，体大，亮黑色。头顶有圆形刻点，中部有2个圆形凹坑。触角长达前胸背板基部，较细。前胸背板方形，前缘浅凹仅两侧具饰边；侧缘前半部较收缩，后半部直，饰边细；基部直截状，有粗边；前角宽钝形，后角直角形；侧板有较浅纵皱纹，靠基节处的较明显。鞘翅，尾突很长；尾突两侧平行，背面有纵凹，翅尖背面有横皱纹，侧观翅尾弱弯；盘圆拱，有细皱纹，其间杂有稀疏小刻点；鞘翅两侧长圆弧形，前半部和翅尾前的饰边由背面可见，饰边向上翘起；中、后足胫节端部喇叭口状；所有跗节下面有刺状毛；爪长，弯镰状。

分布：宁夏（同心、盐池温性草原）、内蒙古、陕西。

寄主：植物根缘沙土内。

图 2-169　波氏东鳖甲 *Anatolica potanini* Reitter, 1889

图 2-170　谢氏东鳖甲 *Anatolica semenowi* Reitter, 1889

图 2-171　缢胫琵甲 *Blaps dentitibia* Reitter, 1889

172. 弯齿琵甲 *Blaps femoralis femoralis* Fischer-Waldheim, 1844 （图 2-172）

体长 16～22 mm，体黑色，无光泽。唇基前缘中部直并有棕色毛，两侧弱弯，稍隆起；头顶有刻点；头部刻点不明显或只有前缘明显。前胸背板方形；前缘深凹和无边；侧缘基半部收缩，具饰边；基部较直，无饰边；前角圆，后角直角形，盘区均匀圆刻点，侧缘低凹。前胸背板有纵皱纹。鞘翅侧缘长圆弧形，中间最宽；背面密布扁平横皱纹；翅尖背面具沟。前足腿节下侧端部有发达的钩状齿；中足腿节的齿很钝。后足胫节弯曲。

分布：宁夏（全区草原）、河北、山西、内蒙古、陕西、甘肃；蒙古。

寄主：多种植物的根。

173. 钝齿琵甲 *Blaps femoralis medusula* Skopin, 1964 （图 2-173）

体长 17.5～19 mm，体黑色，有弱光泽，上唇方形，前缘中部微凹，具毛列；头顶中央隆起，有稠密细刻点；唇基前缘中部直，两侧弱弯。触角不超过前胸背板基部。前胸背板前缘凹，饰边不完整；侧缘弱弯，饰边完整；基部平直；盘区有稠密细刻点；前角圆，后角近直角。前胸背板侧板具纵皱纹并夹杂小粒点。鞘翅侧缘饰边完整，背面看不到其全长；翅面前端平坦，有细皱纹和小粒突；前足腿节棍棒状，下侧端部有 1 个钝形齿突。

分布：宁夏（全区草原）、内蒙古；蒙古。

寄主：多种植物的根。

174. 直齿琵甲 *Blaps femoralis rectispinus* Kaszab, 1968 （图 2-174）

体长 18～22 mm，本亚种与弯齿琵甲 Blaps femoralis femoralis Fischer-Waldheim 和钝齿琵甲 Blaps femoralis medusula Skopin 的显著区别是：前足腿节外缘端部有 1 个直角形齿突。

分布：宁夏（全区草原）、山西。

寄主：多种植物的根。

图 2-172 弯齿琵甲 *Blaps femoralis femoralis* Fischer-Waldheim, 1844

图 2-173 钝齿琵甲 *Blaps femoralis medusula* Skopin, 1964

图 2-174 直齿琵甲 *Blaps femoralis rectispinus* Kaszab, 1968

175. 扁长琵甲 *Blaps variolaris* Allard, 1880 （图 2-175）

体长 26 ～ 28 mm，体黑色有弱光。上唇长方形并有稠密刚毛；唇基前缘中部直截；额脊隆起；头顶扁凹，密布均匀圆刻点。触角向后长达前胸背板基部，端部 4 节的顶部密被短毛及少量长毛。前胸背板稠密圆刻点；前缘微凹，无饰边；侧缘中部之前最宽，细饰边完整；基部中间略突出，饰边不完整；前角钝。前胸腹板平坦，垂直下折部分的端部直角形弯曲，超过前胸腹板后缘，顶端有毛。鞘翅细长；翅面扁平，两侧中部近于平行，中后部最宽，有弱小刻点及皱纹；雄性翅尾发达，两侧平行，有纵缝沟及横皱纹，侧观端部弯曲。雄性第 1 腹节有明显横皱纹和刚毛刷。

分布：宁夏（盐池温性草原和贺兰山荒漠草原）、山西、甘肃、新疆。

寄主：多种植物的根。

176. 红翅伪叶甲 *Lagria rufipennis* Marseul, 1876 （图 2-176）

体长 6 ～ 7.5 mm。细长，具光泽，头及前胸漆黑色，中、后胸、腹部，中胸小盾片、触角和足黑褐色，鞘翅褐黄色，密被长茸毛，头和胸部茸毛更长，竖立。头宽大于长，前胸背板较宽；上唇心形，前缘凹陷，唇基前缘平直，额唇基沟深而较短；额区不平坦，有稀疏粗刻点；头顶不隆凸，颊短于复眼横径的 1/2；触角伸达鞘翅中部。前胸背板光亮，具稀疏细刻点。鞘翅密布大刻点，向末端渐浅，缘折完整，末端短圆形。

分布：宁夏（贺兰山荒漠草原）、北京、陕西、重庆、四川；日本、俄罗斯。

寄主：杨、槐树。

177. 谢氏宽漠王 *Mantichorula semenowi* Reitter, 1889 （图 2-177）

体长 13 ～ 17 mm，体宽扁椭圆形，十分隆起，黑色，极富光泽。头部在复眼间头顶有 2 ～ 3 个浅凹或不明显，浅凹圆形、三角形或倒"八"字形不等，有稀疏具毛圆刻点。前胸背板侧缘在后面向前呈耳状弯扩；后缘宽凹，基沟浅或较深，向中间渐隆起；前缘中央直，在眼后位置向下前方弯曲。小盾片扇面形，基部粗糙并有伏毛。鞘翅长大于宽，两侧近于平行，由中部向端部强烈地收缩，侧缘细齿状，内、外两条边线均很粗。内线隆起并高于翅面，整个外边向外突出；翅拱起，底部有微皱纹；肩稍突出并包围前胸背板后角；假缘折密布褐色或棕褐色伏毛，缘折有黑色或银灰色毛。前足腿节下侧弱弧形弯曲；后足跗节前 3 节的后缘斜直，两侧有长毛。腹部有黑色或银灰色伏毛，其间杂有黑色刺状毛。

分布：宁夏（平罗、陶乐、贺兰山、中宁、中卫、盐池、灵武及同心等荒漠草原）、内蒙古、陕西、甘肃；蒙古。

寄主：多种植物的根。

图 2-175　扁长琵甲 *Blaps variolaris* Allard, 1880

图 2-176　红翅伪叶甲 *Lagria rufipennis* Marseul, 1876

图 2-177　谢氏宽漠王 *Mantichorula semenowi* Reitter, 1889

178. 阿小鳖甲 *Microdera kraatzi alashanica* Skopin, 1964　（图 2-178）

体长 8.8～12 mm，体黑色，触角、口须、足及身体腹面紫褐色至棕色，光亮。头顶圆刻点均匀，唇基刻点较小。触角长达前胸背板基部。前胸背板横椭圆形；前缘弱凹，饰边在两侧变宽、中断；侧缘匀圆弧形，向后收缩较向前强烈，粗饰边背面可见；刻点与头部的等大但较稠密。鞘翅宽长卵形，基部无饰边和脊突；侧缘中间最宽，饰边在肩部消失；翅背刻点较前胸背板的稀小。前胸侧板外侧光滑，小刻点稀疏，内侧刻点粗，中部具短皱纹。前、中胸腹板两侧的粗刻点长圆近于棱形。

分布：宁夏（盐池、贺兰山荒漠草原）、内蒙古、甘肃。

寄主：多种植物的根。

179. 克氏侧琵甲 *Prosodes kreitneri* Frivaldszky, 1889　（图 2-179）

体长 22～24 mm，体黑色，狭长，背弯，无光泽，腹面和足有光泽。前颊最宽处比眼窄；背面平坦，刻点浅圆，中间较稀疏，侧区较稠密；触角长达前胸中后部，第 1～第 7 节圆柱形，第 8～第 10 节球形，末节尖卵形。前胸背板横宽；前缘圆弧形凹入并具毛列，无明显饰边，前角钝三角形；侧缘中部近于平行，向前收缩较强烈，在后角之前略收缩，后角钝角形；基部宽凹；背面有清楚中线，沿侧缘浅凹，故饰边隆起，盘区较突起，向着前角明显降低；背面密布圆形浅刻点。前胸侧板有稠密纵皱纹，中间隆起；小盾片阔三角形棕色被毛。鞘翅两侧直翅面有锉纹状小粒和扁平小皱纹，后端的翅缝隆起；后足腿节长达腹部末端，胫节直；前足跗节下侧有毛垫。

分布：宁夏（盐池温性草原）、甘肃、青海、陕西。

寄主：多种植物的根。

180. 单脊漠甲 *Pterocoma hauseri* Reitter, 1889　（图 2-180）

体长 8.5～14.5 mm，卵圆形。体黑色，无光泽。鞘翅扁平，边缘形成双棱延伸至腹端。

分布：宁夏（贺兰山、银川、盐池及同心等温性草原）、甘肃、青海、新疆。

寄主：多种植物的根。

图 2-178 阿小鳖甲 *Microdera kraatzi alashanica* Skopin, 1964

图 2-179 克氏侧琵甲 *Prosodes kreitneri* Frivaldszky, 1889

图 2-180 单脊漠甲 *Pterocoma hauseri* Reitter, 1889

181. 泥脊漠甲 *Pterocoma vittata* Frivaldszky, 1889 （图 2-181）

体长 8 ～ 13.5 mm，体黑色。头顶在前额上方有横毛带。前胸背板背面观侧缘非常圆；前缘较直；前角十分弯曲；背面有粗颗粒，侧缘无短毛；前胸背板前、后缘各有 1 条毛带。鞘翅短卵圆形；肩圆并明显弯曲；盘区有 3 条明显背脊，第 3 侧背脊前端近于短缩或向前完全到达肩部，两侧有明显的齿突；翅缝略凸起；行间有小颗粒；身体长度和刚毛颜色多变。足短，彼此靠近，被有黄白色毛；后足腿节、胫节被稀疏褐色长毛；前、中足有短毛。胸部被以细的倒伏黄毛。腹部第 2 节有不明显粒点。

分布：宁夏（盐池、同心温性草原和贺兰山、银川荒漠草原）、内蒙古、甘肃、青海。

寄主：多种植物的根。

182. 粗背伪坚土甲 *Scleropatrum horridum horridum* Reitter, 1898 （图 2-182）

体长 11 ～ 13 mm，体黑色，无光泽，口须及跗节略带红色。唇基沟宽凹，沟前刻点皱纹状并略带网格状，沟后有独立具毛小粒点；头顶中央隆起，眼褶高，其内侧有凹沟。触角向后长达前胸背板中后部，末节扁桃形，顶部毛区淡色。前胸背板前缘圆弧形深凹并具饰边，仅两侧有毛列；前角尖，后角宽钝角形；盘区有不规则的短脊状具毛突起，有时排列成斜皱纹，侧区的颗粒独立并在外侧区消失。鞘翅肩宽直角形，翅上 9 条脊，各脊由彼此独立的颗粒组成，颗粒直立，顶钝；奇数行较高，其基部更粗且不规则，偶数行较细并在基部中断；行间有 1 列具毛小颗粒。前足胫节弱弯，由基部向端部略变宽，外缘有细齿。

分布：宁夏（中卫、贺兰山荒漠草原）、内蒙古、甘肃、山西。

寄主：多种植物的根。

183. 小圆鳖甲 *Scytosoma pygmaeum*（Gebler, 1832）（图 2-183）

体长 8.2 ～ 9.1 mm。尖卵形，黑色，光亮；触角、口须及跗节棕至棕褐色。头顶中央具 1 个长横凹陷，眼后方卵形刻点呈纵皱纹状。触角长达前胸背板基部。前胸背板前缘略凹，饰边中断；侧缘圆弧形；基部中间直，两侧弧形，细饰边中断；前角钝直、后角钝角形；盘区隆拱，中线明显，棱形刻点网状，侧区卵形刻点密。鞘翅长卵形；基部弯曲，肩钝角形前突；侧缘长弧形；翅背隆拱，4 条纵脊模糊，半圆形具毛浅刻点稠密。前胸侧板粒突纵向排列稠密；腹板端部稀刻点具毛。中、后胸部及腹部浅横刻纹稀疏模糊。足短，胫节粗糙；前足胫节端部膨大。

分布：宁夏（贺兰山、盐池、及同心等荒漠草原）、内蒙古；蒙古、俄罗斯（远东）。

寄主：多种植物的根。

图 2-181 泥脊漠甲 *Pterocoma vittata* Frivaldszky, 1889

图 2-182 粗背伪坚土甲 *Scleropatrum horridum horridum* Reitter, 1898

图 2-183 小圆鳖甲 *Scytosoma pygmaeum*（Gebler, 1832）

184. 谢氏宽漠甲 *Sternoplax szechenyi* Frivaldszky, 1889 （图 2-184）

体长 14 ～ 21 mm，体黑色，无光，黑色。头部中央有稀疏刻点，后有稠密小颗粒；触角细长末 3 节红色。前胸背板宽大于长，两侧的粒点较突起和稠密。鞘翅基部两侧略弯，末端陡坡状；连同鞘翅缝共有 3 条脊，脊在靠近端部渐消失。身体腹面密布粒点及灰色短毛。前足胫节向端部变宽，外侧边尖锐，端部有红色长毛。

分布：宁夏（中宁、中卫、盐池、灵武及同心等荒漠草原）、甘肃、新疆。

寄主：多种植物的根。

185. 突角漠甲 *Trigonocnera pseudopimelia*（Reitter, 1889）（图 2-185）

体长 18 ～ 19 mm，体黑色，长圆形至倒卵圆形。体下有灰色绒毛。头部有刻点和微柔毛。前胸背板横阔，有颗粒；前缘近于平截，前角尖尖地突出；基部中间波状，在基边之前有轻度横凹。鞘翅隆起，背面扁平，有稠密颗粒，第 3 脊不明显，由成排颗粒组成，其内侧不明显；足粗壮，胫节的后角直，有 2 个端距。

分布：宁夏（中宁、中卫、盐池、灵武及同心等荒漠草原）、内蒙古、甘肃、新疆；塔吉克斯坦、乌兹别克斯坦。

寄主：多种植物的根。

（六十二）芜菁科 Meloidae

体中型，长圆筒形，黑色或黑褐色，也有一些种类色泽鲜艳。头下口式，与身体几成垂直，具有很细的颈。触角 11 节，丝状或锯齿状。前胸狭于鞘翅基部，鞘翅长达腹端，或短缩露出大部分腹节，质地柔软，两翅在端分离，不合拢。足细长，跗节 5-5-4，爪纵裂为 2 片，前足基节窝开放。

186. 中国豆芜菁 *Epicauta chinensis*（Laporte, 1840）（图 2-186）

体长约 18 mm，体黑色，被黑色细短毛。头部除后方两侧红色及额中央有 1 块红斑外，大部分黑色，唇基和上唇前缘及触角第 1、第 2 节腹面红色。前胸背板中央有 1 条白短毛纵纹，沿鞘翅侧缘、端缘和中缝均有白毛，中缝的白边狭于侧缘白边；腹面胸部和腹部两侧被白毛，各腹节后缘有 1 圈白毛。头部刻点密，在触角的基部内侧有 1 对黑色光亮的圆扁瘤。前胸两侧平行，自端部约 1/3 处向前收狭。雄虫前足第 1 跗节基半部细，内侧凹入，端部膨阔。

分布：宁夏（全区草原）、北京、天津、河北、山西、内蒙古、吉林、黑龙江、江苏、安徽、江西、山东、河南、湖北、湖南、四川、陕西、甘肃、新疆、台湾；朝鲜、韩国、日本。

寄主：苜蓿、玉米、马铃薯、紫穗槐、槐树、甜菜、南瓜、向日葵、糜子；幼虫取食蝗卵。

图 2-184　谢氏宽漠甲 *Sternoplax szechenyi* Frivaldszky, 1889

图 2-185　突角漠甲 *Trigonocnera pseudopimelia*（Reitter, 1889）

图 2-186　中国豆芫菁 *Epicauta chinensis*（Laporte, 1840）

187. 疑豆芫菁 *Epicauta dubid*（Fabricius, 1781）（图 2-187）

体长 16～22 mm，体完全黑色。头部黑色较多而显著，触角基部黑色，部分还延伸到后缘，将后缘分为左右两半。雌虫触角丝状，雄虫触角第 4～第 9 节栉齿状。鞘翅外缘及末端有窄而清晰的淡色毛，体腹面两侧有很稀疏的灰白色毛。

分布：宁夏（全区草原）、北京、河北、山西、内蒙古、辽宁、吉林、黑龙江、江苏、江西、湖北、四川、西藏、陕西、甘肃、青海；蒙古、朝鲜、韩国、日本、俄罗斯、哈萨克斯坦。

寄主：苜蓿等豆科植物及玉米、南瓜、向日葵、糜子、甜菜、马铃薯、蔬菜；幼虫取食蝗卵。

188. 西伯利亚豆芫菁 *Epicauta sibirica*（Pallas, 1773）（图 2-188）

体长 16～19 mm，体和足为黑色，头红色，在复眼的内侧和后方有时为黑色，鞘翅侧缘和端缘有时有窄白毛，前足除跗节外被白毛。触角基部各有 1 个光亮大黑瘤。雄虫触角第 4～第 9 节成栉齿状，雌虫触角丝状。前胸长宽略等，两侧平行，前端收狭；背板密布细小刻点和细短黑毛，中央有 1 条纵凹纹，后缘之前有 1 个三角形凹陷。鞘翅基部与端部约等宽，密布细小刻点和微细黑毛。

分布：宁夏（全区草原）、内蒙古、黑龙江、浙江、江西、河南、湖北、广东、甘肃、青海；蒙古、日本、俄罗斯、越南、印度尼西亚。

寄主：骆驼蓬、黄芪、苜蓿、豆类、甜菜、马铃薯、玉米、南瓜、向日葵、甜菜；幼虫取食蝗卵。

189. 凹胸豆芫菁 *Epicauta xantusi* Kaszab, 1952 （图 2-189）

体长 13～16 mm。全体黑色，但头额中央小斑及后头两侧红色。胸背中央纵沟及两侧缘、鞘翅内缘、外缘及末端皆由黄褐色毛组成同色纹。雌虫腹面满被灰白毛。雄虫后胸腹面有 1 个卵形凹陷无毛，腹部中央有 1 个纵陷，被有短暗毛。雌虫触角丝状，远长于头胸之和，每节长筒形，两端平整，第 1、第 3 节最长；雄虫触角中部各节扩大为锯齿状。

分布：宁夏（全区草原）、北京、河北、山西、内蒙古、上海、江苏、河南、四川、陕西。

寄主：甜菜、大豆、花生、马铃薯、番茄、茄子；幼虫取食蝗卵。

图 2-187　疑豆芫菁 *Epicauta dubid*（Fabricius, 1781）

图 2-188　西伯利亚豆芫菁 *Epicauta sibirica*（Pallas, 1773）

图 2-189　凹胸豆芫菁 *Epicauta xantusi* Kaszab, 1952

190. 小花沟芫菁 *Hycleus atratus*（Pallas, 1773）（图 2-190）

体长 10 ～ 15 mm。体黑色，具黑色毛。鞘翅末端具 2 个橘黄色斑，接近末端 1/3 处具 1 条橘黄色横带。

分布：宁夏（盐池、同心温性草原）、新疆；阿塞拜疆、俄罗斯、格鲁吉亚、哈萨克斯坦、吉尔吉斯斯坦、蒙古、土库曼斯坦、乌克兰、乌兹别克斯坦、亚美尼亚、伊朗。

寄主：阿尔泰狗哇花；幼虫取食蝗卵。

191. 绿芫菁 *Lytta caraganae*（Pallas, 1781）（图 2-191）

体长 11.5 ～ 16.5 mm。体金属绿或蓝绿色，鞘翅具铜色或铜红色光泽。体背光亮无毛，腹面胸部和足毛细短。头部额中央有 1 个橙色小斑，触角 5 ～ 10 节念珠状，前胸背板宽短，前角隆突，背板光滑，在前端 1/3 处中间有 1 个圆凹，后缘中间的前面有 1 个横凹，后缘稍呈波形弯曲。鞘翅具细小刻点和细皱纹。雄虫前、中足第 1 跗节基部细，腹面切入，端部膨大，呈梯形，中足腿节基部腹面有 1 根尖齿。雌虫无上述特征。

分布：宁夏（全区草原）、北京、河北、山西、内蒙古、辽宁、吉林、黑龙江、上海、江苏、浙江、安徽、江西、山东、河南、湖北、湖南、陕西、甘肃、青海、新疆；蒙古、朝鲜、日本、俄罗斯。

寄主：苜蓿、黄芪、柠条、花生、槐属、水曲柳等。

192. 绿边绿芫菁 *Lytta suturella*（Motschulsky, 1860）（图 2-192）

体长 17 ～ 20 mm。头、胸、腹部绿色，闪金属光泽。触角黑色，光滑，端节末端尖锐；雄虫触角锯齿状，达体长之半，雌虫触角仅比头胸略长。前胸背板呈僧帽形，两侧角隆起突出，胸面不平整。鞘翅赤褐色，内缘相接绿色，形成一绿色纵纹，此纹前宽后窄，具金属光泽，鞘翅外缘亦绿色；每鞘翅中部红褐色带的中部有 1 条隆脊纵贯全翅，在红绿两色交界处亦有 1 条脊与此平行，两条纵脊至近翅端即消失。

分布：宁夏（全区草原）及东北。

寄主：锦鸡儿、水曲柳；幼虫取食蝗卵。

图 2-190　小花沟芫菁 *Hycleus atratus*（Pallas, 1773）

图 2-191　绿芫菁 *Lytta caraganae*（Pallas, 1781）

图 2-192　绿边绿芫菁 *Lytta suturella*（Motschulsky, 1860）

193. 耳角短翅芫菁 *Meloe auriculatus* Marseul, 1877 （图 2-193）

体长 14.0～22.5 mm。体黑色有光泽，身体狭长。头部近圆形，光滑，稍凸，有很多杂乱的浅刻点，额区中部无刻点且具 1 条纵向小缝，并与唇基相连。唇基前缘暗红色、两侧各有 1 个"L"形凹陷，中后部有浅大刻点和黑长毛。触角 11 节，第 7 节呈耳垂形扩大，第 8～11 节丝状，长度逐渐增加，第 11 节呈梭形。前胸背板向端部逐渐收缩且前角钝圆，向基部 1/5 处强烈收狭后逐渐近直与后角相连，基部凹入；盘区刻点多，中部有 1 个近圆形浅凹陷，凹陷中间有 1 条纵向细缝。鞘翅表面粗糙具很多纵向褶皱，但基部褶皱比较明显。各足基、转节、腿节下侧和胫节密布黑色短柔毛；前、中、后足跗爪为棕色。

分布：宁夏（同心、盐池及固原等温性草原）、北京、内蒙古、吉林、四川、云南、西藏；日本。

寄主：车前；幼虫取食蝗卵。

194. 苹斑芫菁 *Mylabris calida*（Pallas, 1782）（图 2-194）

体长 11～23 mm。头、前胸和足黑色。鞘翅淡棕色，具黑斑。头密布刻点，中央有 2 个红色小圆斑。触角短棒状。前胸长稍大于宽，两侧平行，前端 1/3 向前收狭，背板密布小刻点。盘区中央和后缘之前各有 1 个圆凹。鞘翅具细皱纹，基部疏布有黑长毛，在基部约 1/4 处有 1 对黑圆斑，中部和端部 1/4 处各有 1 个横斑，有时端部横斑分裂为 2 个斑。

分布：宁夏（全区草原）、河北、山西、内蒙古、辽宁、吉林、黑龙江、江苏、山东、河南、湖北、陕西、甘肃、青海、新疆；蒙古、朝鲜半岛、巴基斯坦、西亚、俄罗斯、中亚、乌克兰、巴尔干半岛、北非。

寄主：豆科植物、苹果、瓜类、胡枝子、桔梗、沙果、芍药；幼虫取食蝗卵。

195. 蒙古斑芫菁 *Mylabris mongolica*（Dokhtouroff, 1887）（图 2-195）

体长 12.2～15.5 mm。头金属绿色，具黑色毛。额部中央具 1 红斑。触角 11 节，前 3 节棒状，第 4～第 10 节逐渐变粗，末节梭形，顶端尖，加长。触角黑色，具黑色毛。复眼暗红色，光裸。下颚须 4 节，黑色，具黑色毛。前胸背板金属绿色，具黑色毛。足胫节具 2 个暗红色距，跗爪背叶腹缘光滑无齿。跗节第 1 节基部和跗爪暗红色，其余墨绿色。鞘翅底色两端红色，中间黄白色，具黑色斑：靠近基部有 1 对斑，内侧斑沿中缝与小盾片相连；中部斑为相连的波状横斑；靠近端部有 1 对斑；端部边缘有 1 个方形斑，沿中缝向上，有时与上面的斑相连。鞘翅密布黑色短毛。

分布：宁夏（罗山温性草原）、河北、河南、内蒙古、甘肃、陕西、新疆；蒙古。

寄主：豆科、菊科牧草及黄芪、芍药等中草药；幼虫取食蝗卵。

图 2-193　耳角短翅芫菁 *Meloe auriculatus* Marseul, 1877

图 2-194　苹斑芫菁 *Mylabris calida*（Pallas, 1782）

图 2-195　蒙古斑芫菁 *Mylabris mongolica*（Dokhtouroff, 1887）

196. 西北斑芫菁 *Mylabris sibirica* Fischer-Waldheim, 1823 （图 2-196）

体长 8.2～10.5 mm。头黑色，具黑色毛。额部中央具 2 个小红斑。触角 11 节，前 3 节棒状，第 4～第 10 节逐渐变粗，末节梭形，顶端尖，加长。第 3 节基部暗红色，其余黑色。触角具黑色毛。复眼暗红色，光裸。下颚须 4 节，黑色，具黑色毛。前胸背板黑色，具黑色毛。鞘翅底色橘黄色，具黑色斑：靠近基部有 1 对斑，内侧斑沿中缝与小盾片相连，中部有 1 对相连的横斑，端部有 1 对斑，两个斑常相互连接形成条纹；鞘翅密布红棕色短毛。足的胫节具 2 个暗红色距，跗节式 5-5-4，跗爪背叶腹缘光滑无齿；跗节第 1 节基部和跗爪暗红色，其余黑色；足具黑色毛。

分布：宁夏（全区草原）、河北、山西、内蒙古、甘肃、陕西、新疆；土耳其、俄罗斯、乌克兰、哈萨克斯坦、吉尔吉斯斯坦。

寄主：阿尔泰狗哇花、锦鸡儿、马铃薯、救荒野豌豆；幼虫取食蝗卵。

197. 红斑芫菁 *Mylabris speciosa* （Pallas, 1781）（图 2-197）

体长 18 mm。头、胸、腹部蓝黑色，有弱光泽，密生长毛。足和触角黑色。触角丝状。鞘翅中部横贯淡黄或红黄为底，前端及后部为鲜红色与横贯 3 行黑斑相同，最后 1 个黑斑位于翅端部。

分布：宁夏（全区草原）、天津、河北、内蒙古、辽宁、黑龙江、江西、陕西、甘肃、青海；蒙古、阿富汗、俄罗斯、乌兹别克斯坦、哈萨克斯坦。

寄主：草木樨、苜蓿、紫苑、马蔺、枸杞、胡麻；幼虫取食蝗卵。

198. 小斑芫菁 *Mylabris splendidula* （Pallas, 1781）（图 2-198）

体长 14.5 mm，体黑色，具黑色毛。额部中央具 2 红斑。触角黑色，具黑色毛；11 节，前 3 节棒状，第 4～第 10 节逐渐变粗，末节梭形，顶端尖，加长。复眼黑色，光裸。下颚须 4 节。鞘翅具橘红色斑，肩胛具 2 个橘红色斑，中部及接近末端具 2 条橘红色横带。

分布：宁夏（盐池、同心、固原及海原等温性草原和红寺堡、中宁荒漠草原）、吉林、河北、山西、内蒙古、陕西、甘肃、青海、新疆、四川；蒙古、俄罗斯、哈萨克斯坦、吉尔吉斯斯坦。

寄主：豆科、菊科牧草；幼虫取食蝗卵。

图 2-196　西北斑芫菁 *Mylabris sibirica* Fischer-Waldheim, 1823

图 2-197　红斑芫菁 *Mylabris speciosa*（Pallas, 1781）

图 2-198　小斑芫菁 *Mylabris splendidula*（Pallas, 1781）

（六十三）天牛科 Cerambycidae

体小至大型，4.0～65.0 mm。体长形，颜色多样。头突出，复眼发达肾形。触角丝状 11 节，多超过体长。前胸背板多具侧刺突或侧瘤突，盘区隆突或具皱纹。鞘翅细长，盖住腹部；有些种类鞘翅短小，腹部大部分裸露。足细长。腹部多见 5 节。

199. 光肩星天牛 Anoplophora glabripennis（Motschulsky, 1853）（图 2-199）

体长 17.5～38 mm。体色漆黑，具金属光泽。鞘翅基部光滑；鞘翅刻点较密，有微细皱纹，无直立毛，肩部刻点较粗大；鞘翅白色毛斑大小及排列不规则，且有时较不清楚。前胸背板无毛斑，中瘤不显突，侧刺突较尖锐，不弯曲。中胸腹面瘤突较粗不发达。足及腹面黑色，常密生蓝白色绒毛。

分布：宁夏（全区草原）、全国各地；日本、蒙古、俄罗斯。

寄主：苹果、梨、李、樱桃、柳、杨、槭、桑、榆等。

200. 红缘天牛 Asias halodendri（Pallas, 1776）（图 2-200）

体长 9～17 mm。体窄长，黑色，鞘翅基部有 1 对朱红色斑，外缘从前至后有 1 朱红窄条。头被灰白色细直立毛，前部毛色深而浓密。触角细长，雌虫与体长约相等，雄虫约为体长 2 倍。前胸两侧缘刺突短钝，背面刻点排列成网纹状，被灰白色细长直立毛。小盾片等边三角形。鞘翅窄长而扁，两侧缘平行，翅面被黑色短毛，基部斑点上的毛灰白色而长。

分布：宁夏（贺兰山、银川、灵武、中宁及永宁等荒漠草原）、河北、山西、内蒙古、东北、江苏、浙江、山东、河南、甘肃；朝鲜、蒙古、俄罗斯（西伯利亚）。

寄主：忍冬、沙蒿、锦鸡儿、刺槐、榆、沙枣、云杉、枸杞、大枣。

201. 大牙锯天牛 Dorysthenes paradoxus Faldermann, 1833 （图 2-201）

体长 33～42 mm，体宽大，略呈圆筒形，棕栗色到黑褐色。触角与足红棕色。头部中间有细浅纵沟，上颚呈刀状，彼此交叉，下颚须呈喇叭状；触角基瘤较宽，额前端有横凹陷。触角 12 节，雌虫细短，雄虫第 3～第 10 节外端角较尖锐。前胸近方形，侧缘有 2 枚齿，前胸两侧刻点较粗，中央有瘤状突起，中央有 1 细浅纵沟。小盾片舌形。鞘翅基部宽，向后渐狭，翅面密布皱纹，每翅有 2～3 条纵隆线，翅周缘微向上翘。

分布：宁夏（盐池、同心温性草原、贺兰山荒漠草原和六盘山、隆德草甸草原）、河北、山西、内蒙古、辽宁、浙江、安徽、江西、陕西、山东、河南、四川、甘肃、青海；俄罗斯、欧洲。

寄主：杂草及杨、柳、榆等植物的根部。

图 2-199　光肩星天牛 *Anoplophora glabripennis*（Motschulsky, 1853）

图 2-200　红缘天牛 *Asias halodendri*（Pallas, 1776）

图 2-201　大牙锯天牛 *Dorysthenes paradoxus* Faldermann, 1833

202. 密条草天牛 *Eodorcadion virgatum*（Motschulsky, 1854）（图 2-202）

体长 12～22 mm，长卵圆形，黑色至黑褐色。头及前胸背板各有 2 条平行的淡灰或灰黄色绒毛纵纹；小盾片两侧具灰白色绒毛。每个鞘翅约有 9 条灰白或灰黄色绒毛条纹，中缝光滑无毛。体腹面密被灰白或灰黄色绒毛。头中央有 1 条细凹线，刻点粗糙。触角略扁平，向端部渐细，雄虫触角伸至鞘翅端部，雌虫触角稍短。前胸背板中央有 1 条纵凹沟，侧刺突基部粗大，顶端较钝。小盾片光滑无刻点。鞘翅两侧缘弧形，中部隆拱。翅面刻点细稀。足粗壮。

分布：宁夏（盐池温性草原和贺兰山荒漠草原）、北京、河北、山西、内蒙古、东北、上海、浙江、湖南、陕西、甘肃；朝鲜、蒙古、俄罗斯。

寄主：禾本科、芨芨草、沙柳、杨、刺槐、核桃、灌木、杂草。

（六十四）拟天牛科 Oedemeridae

体、足、触角均细长。跗节 5-5-4 式。前足基节窝后方开放。鞘翅前较宽后较狭。

203. 青蓝翅拟天牛 *Ditylus laevis*（Fabricius, 1787）（图 2-203）

体长 15.0～20.0 mm。体色多变异，有黑蓝色、青蓝色、或带有铜绿色。后头和前胸背板中纵线浅。鞘翅具隆脊。体表密布暗色毛。

分布：宁夏（六盘山草甸草原）、辽宁；朝鲜半岛、日本、俄罗斯（西伯利亚）、欧洲。

寄主：枯木。

（六十五）负泥虫科 Crioceridae

体中至大型，常具花斑，成虫前口式，后头发达，眼凹较深；前胸背板两侧无边框，后足腿节粗大，后翅有 1 个臀室。

图 2-202 密条草天牛 *Eodorcadion virgatum*（Motschulsky, 1854）

图 2-203 青蓝翅拟天牛 *Ditylus laevis*（Fabricius, 1787）

204. 枸杞负泥虫 *Lema decempunctata* Gebler, 1830 （图 2-204）

体长 4.5 ～ 6 mm。头、触角、前胸背板、小盾片、体腹面蓝黑色；鞘翅黄褐至红褐色，每个鞘翅有 5 个近圆形黑斑：肩胛 1 个、中部前、后各 2 个，斑点的大小和数目有变异。足黄褐或红褐色，基节、腿节端部和胫节基部黑色，胫节端部和跗节黑褐色。小盾片刻点行有 4 ～ 6 个刻点。

分布：宁夏（全区草原）、北京、河北、山西、内蒙古、吉林、江苏、浙江、福建、江西、山东、湖南、四川、西藏、西北地区；日本、朝鲜、俄罗斯。

寄主：枸杞及野生枸杞。

（六十六）叶甲科 Chrysomelidae

体形圆、椭圆或圆柱形，小至中型。成虫体色多艳丽的金属光泽。跗节为伪 4 节。头为亚前口式。前足基节横形或椎形突出，基节窝关闭或开放。触角丝状或近似念珠状。绝大多数成虫具 2 对翅，膜翅发达。

205. 沙蒿金叶甲 *Chrysolina aeruginosa*（Faldermann, 1835） （图 2-205）

成虫：卵圆形，长 5 ～ 8 mm，翠绿至紫黑色，有金属光泽。触角黑褐色，着生白色微毛，端半部各节较膨大。前胸背板横宽，密列短白毛，背面密布细刻点，体型较宽，淡黄色，头、胸及腹部密生黄褐色毛，腹端有 1 根黑色尖刺。

卵：椭圆形，灰白色至深灰色，长轴长 1.86 mm ± 0.13 mm，短轴长 0.85 mm ± 0.05 mm，卵壳上有横纵脊纹。

幼虫：共 4 龄。1、2 龄幼虫体色为黑褐色，头部黑色，足黑褐色，3 对，足趾钩为红色，体表散布黑点状毛疣，每疣生有 1 根白色短毛。3 龄幼虫褐色，毛疣和白色短毛退化，5 条黑灰色背线，体型逐渐变胖。4 龄老熟幼虫土黄色，体型肥短；头部黑褐色，口器黄褐色，前胸背板灰褐色，中线淡色，较细，两侧有 1 个月形纹，中后胸两侧各有 1 个弯形黑斑；腹部各节背中央有 1 个横皱，将各节分为前后两半，端部两节背板黑褐色，下生一吸盘；胸足黑褐色，气孔黑色；腹部腹面淡黄色，两侧和中部各有一群黑点。整个幼虫期头前部左右各有 1 个突起，腹部成环纹状。

蛹：裸蛹，金黄色透明蛹壳。

分布：宁夏（盐池、灵武及同心等荒漠草原）、河北、辽宁、吉林、黑龙江、内蒙古、四川、西藏、青海、甘肃；朝鲜、俄罗斯（西伯利亚）。

寄主：白沙蒿、黑沙蒿等蒿属植物。

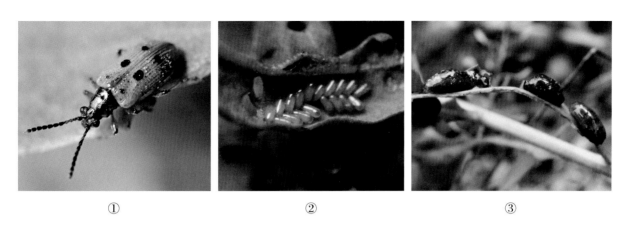

图 2-204 枸杞负泥虫 *Lema decempunctata* Gebler, 1830

① 成虫；② 卵；③ 幼虫

图 2-205 沙蒿金叶甲 *Chrysolina aeruginosa*（Faldermann, 1835）

① 成虫交尾；② 卵；③ 1龄幼虫；④ 2龄幼虫；⑤ 3龄幼虫；⑥ 4龄幼虫；⑦ 蛹

206. 柽柳条叶甲 *Diorhabda elongata desertieoca* Chen, 1758　（图 2-206）

体长 5.8～6.5 mm。长圆形，黄褐色，密布刻点。头顶中央有 1 个长圆形黑斑，触角线状，第 1～第 3 节后面黄色，余均黄色。复眼黑色。前胸背板宽大于长，有 3 个黑褐色斑，密布刻点，较鞘翅上的刻点大而稀，前角钝角或直角形，侧缘弧形，后侧角钝圆。鞘翅黄褐色，每鞘翅上有 1 条纵脊，纵脊两侧各有 1 条黑褐色纵带。足黄色，生有细毛，腿节、胫节端及跗节黑色。

分布：宁夏（中卫、贺兰山荒漠草原）、甘肃、内蒙古；西亚、小亚细亚、北非。

寄主：柽柳、红柳。

207. 白茨粗角萤叶甲 *Diorhabda rybakowi* Weise, 1890　（图 2-207）

体长 4.5～5.5 mm。体长形，背、腹面、小盾片及足黄色。触角第 1～第 3 节背面黑褐色，腹面黄色，第 4～第 11 节黑褐色。头部从后向前呈"山"形黑斑纹；头顶具中纵沟及较密的刻点，额瘤发达，光滑无刻点。前胸背板宽大于长，基线波曲，侧缘在中部之后圆隆；具 5 个黑斑，中部及两侧各有 1 个斑，中斑的上、下又各有 1 个斑；盘区中部两侧各具 1 个较深的圆凹，中部刻点稀少，两侧的较密。小盾片舌形，具刻点。鞘翅肩胛稍隆，盘区隆起，刻点细；每个鞘翅上具 1 个黑褐色纵条纹。腹部具较细密的刻点及纤毛，每节两侧各具 1 个黑斑，第 3、第 4、第 5 节后缘中部黑褐色。

分布：宁夏（贺兰山、盐池及同心等荒漠草原）、内蒙古、四川、陕西、甘肃、新疆；蒙古。

寄主：白茨、苜蓿、荞麦。

208. 甘草萤叶甲 *Diorhabda tarsalis* Weise, 1889　（图 2-208）

体长 5.4～6.0 mm，黄褐色。触角 11 节，黑色，头顶及前胸背板中部各具 1 条黑色条斑，腹部各节基半部黑色。头顶具中沟及较粗的刻点；额瘤长方形，在其之后为较密集的粗刻点；触角达鞘翅基部。前胸背板宽为长的 2 倍，侧缘具发达的边框。鞘翅基部窄，中部之后变宽，肩角突出。腿节粗大，具刻点及网纹。幼虫胸足不发达，体背具 1 条黑纹，腹背两侧各有 8 个黑腺点，其下为 8 个瘤突，并生有短绒毛，身体其他部位有不规则的瘤突。

分布：宁夏（盐池、同心、红寺堡、平罗及灵武等荒漠草原）、河北、山西、内蒙古、辽宁、云南、甘肃、青海、新疆；蒙古、俄罗斯（西伯利亚）。

寄主：甘草。

图 2-206 柽柳萤叶甲 *Diorhabda elongata desertieoca* Chen, 1758

①   ②

图 2-207 白茨粗角萤叶甲 *Diorhabda rybakowi* Weise, 1890

① 成虫；② 幼虫

①   ②   ③

图 2-208 甘草萤叶甲 *Diorhabda tarsalis* Weise, 1889

① 成虫；② 卵；③ 幼虫

209. 萹蓄齿胫叶甲 *Gastrophysa polygoni* Linnaeus, 1758 （图 2–209）

体长 4.9～5.1 mm。头、鞘翅和腹面蓝紫至蓝绿色，有金属光泽；前胸背板、腹部末节、足（除跗节端部黑色外）、触角基部棕红色；头部密布刻点，侧缘微弧，刻点较头部的略细，中部较稀，两侧较密。小盾片基部具粗刻点。鞘翅刻点间隆起，具网状细纹。

分布：宁夏（全区草原）、河北、辽宁、甘肃、新疆；朝鲜、俄罗斯、欧洲、北美。

寄主：甘草、蓼科植物。

210. 黄斑叶甲 *Monolepta quadriguttata* Motschulsky, 1758 （图 2–210）

体长 3～4 mm，长椭圆形。头赤褐色，复眼黑色，前胸背板褐色，鞘翅黑色，两肩及后端有 4 个大黄斑点。黄斑每翅 2 个，后端 2 个较大，左右合并成一大片。足黄褐色。

分布：宁夏（全区草原）、广西、台湾、东北及华北地区；朝鲜、日本。

寄主：甘草、大麻、苦豆子、荞麦、玉米、苜蓿、胡麻、豌豆。

211. 榆绿毛萤叶甲 *Pyrrhalta aenescens*（Fairmaire, 1878） （图 2–211）

体长 7.7～9 mm。体长形，被毛。橘黄至黄褐色，头顶具 1 个黑斑；触角背面黑色，鞘翅为绿色。额唇基隆凸，额瘤明显，光亮无刻点；头顶刻点密。前胸背板具 3 个黑斑，盘区中央具宽浅纵沟，两侧各 1 个近圆形深凹，刻点细密。鞘翅两侧近平行，翅面具不规则的纵隆线，刻点极密。雄虫腹部末节腹板后缘中央缺刻深，臀板顶端向后伸凸；雌虫末节腹板顶端为 1 个小缺刻。

分布：宁夏（全区草原）、河北、山西、内蒙古、吉林、江苏、山东、河南、陕西、甘肃、台湾；日本。

寄主：榆。

（六十七）肖叶甲科 Eumolpidae

体小至中型，多具金属光泽，体背具瘤突。头顶部分或大部分嵌入前胸内。唇基与额之间无明显分界。触角一般 11 节，丝状、锯齿状或端节膨阔。腹部腹面可见 5 节腹节。后足腿节常较前、中足的粗大或明显膨大。胫节较细长，跗节为隐 4 节型，其中，第 3 节分为 2 叶。爪简单，或基部具附齿，或每片爪纵裂为 2 片。

图 2-209　萹蓄齿胫叶甲 *Gastrophysa polygoni* Linnaeus, 1758

图 2-210　黄斑叶甲 *Monolepta quadriguttata* Motschulsky, 1758

图 2-211　榆绿毛萤叶甲 *Pyrrhalta aenescens*（Fairmaire, 1878）

212. 中华萝藦肖叶甲 *Chrysochus chinensis* Baly, 1859　（图 2-212）

体长 7.5 ～ 13.5 mm。体长卵形。蓝或蓝绿、蓝紫色，有金属光泽。头中央有 1 条细纵纹。触角黑色，基部各有 1 个光滑瘤突。前胸背板盘区中部高隆，前角突出，侧边明显，盘区具零乱刻点。小盾片心形或三角形，蓝黑色，表面光滑或具细刻点。鞘翅肩胛和基部之间有 1 条纵凹，基部之后有 1 条或深或浅的横凹，盘区刻点不规则。前胸腹板长方形，中胸腹板方形，雌虫的后缘中部稍向后凸出，雄虫后缘中部有 1 个向后指的小尖刺。爪纵裂。

分布：宁夏（全区草原）、河北、山西、内蒙古、东北、江苏、浙江、山东、河南、陕西、甘肃、青海；朝鲜、日本、俄罗斯。

寄主：甘草、曼陀罗、苜蓿、老瓜头、萝藦。

213. 二点钳叶甲 *Labidostomis bipunctata*（Mannerheim, 1825）　（图 2-213）

体长 7 ～ 11 mm。长方形，蓝绿色至靛蓝色，有金属光泽。头顶及体腹面被白色竖毛。触角窝内侧各有 1 个三角形的深凹，并沿额唇基侧缘伸达上颚基部，形成"八"字形浅沟，复眼内侧具 1 个瘤突；触角基部 4 节褐黑色，锯齿节蓝黑色。前胸背板刻点细密，光裸无毛，近前缘中线两侧有 2 个斜凹，凹内刻点密，基部中央两侧低凹。小盾片平滑无刻点。鞘翅黄褐色，刻点细密而排列不规则，肩胛上各有 1 个黑斑。前足胫节内侧前缘生 1 排刷状毛束，第 1 跗节约为第 2、第 3 两节长度之和。

分布：宁夏（盐池、贺兰山温性草原）、北京、河北、山西、内蒙古、辽宁、黑龙江、山东、陕西、青海、甘肃；朝鲜、俄罗斯。

寄主：胡枝子、柠条、沙柳、山榆、锦鸡儿、杨树。

（六十八）象甲科 Curculionidae

体小至大型，喙显著，触角膝状，柄节延长，索节 4 ～ 7 节，末端 3 节呈棒状；下颚须和下唇须退化而僵直，不能弯曲，外咽缝合二为一，外咽片消失。跗节 5 节，第 4 节很小，隐藏于第 3、第 5 节之间。头部和前胸骨片互相愈合，多数种类被覆鳞片。

图 2-212　中华萝藦肖叶甲 *Chrysochus chinensis* Baly, 1859

图 2-213　二点钳叶甲 *Labidostomis bipunctata*（Mannerheim, 1825）

214. 甜菜象甲 *Bothynoderes punctiventris*（Germar, 1824）（图 2-214）

成虫：体长 12 ～ 14 mm。体长椭圆形，体壁黑色，密被分裂为 2 ～ 4 叉的灰至褐色鳞片，喙端部被覆线形鳞片。喙长而直，端部略向下弯，中隆线细而隆，长达额，两侧有深沟。触角柄节短，第 2 索节远长于第 1 节，第 7 索节粗，与棒节连成一体。前胸具灰色鳞片形成的 5 条纵纹，中纵纹最宽，两端狭窄，近侧纵纹细而弯，延长到鞘翅行间 4 端部。前胸背板散布大小刻点。鞘翅行纹细，行间扁平，行间 3、5、7 较隆。鞘翅褐色鳞片形成斑点，在中部形成短斜带，行间 4 基部两侧和翅瘤外侧较暗。

卵：乳白色，椭圆形，长约 1.4 mm。

分布：宁夏（全区草原）、北京、河北、山西、内蒙古、黑龙江、陕西、甘肃、新疆；俄罗斯、欧洲。

寄主：藜科、苋科、蓼科牧草。

215. 黑斜纹象甲 *Chromoderus declivis*（Olivier, 1807）（图 2-215）

体长 7.5 ～ 11.5 mm。体梭形，体壁黑色，被白色至淡褐色披针形鳞片。前胸背板和鞘翅两侧各有 1 条互相衔接的黑条纹和 1 条白条纹，条纹在鞘翅中间前后被白色鳞片组成的斜带所间断。喙粗壮，略扁，较前胸背板短，中隆线前端分成两叉。前胸背板宽略大于长，基部略等于前端，前缘后缩，后缘中间突出，两侧呈截断形；背面散布稀刻点，黑色条纹具少量刻点。鞘翅两侧平行，中间以后略缩窄，顶端分别缩成小尖突，行间扁平，行纹刻点不明显。

分布：宁夏（盐池、中宁及贺兰山等荒漠草原）、北京、河北、内蒙古、黑龙江、甘肃；朝鲜、蒙古、俄罗斯、匈牙利。

寄主：骆驼蓬、赖草、刺蓬、草木樨等沙地植物。

216. 沟眶象 *Eucryptorrhynchus chinensis*（Olivier, 1790）（图 2-216）

体长 15 ～ 20 mm，长卵形，凸隆，体壁黑色。触角暗褐色，鞘翅被覆乳白、黑色和红褐色细长鳞片。头部散布大而深的刻点；喙长于前胸。触角沟基部以后的部分具中隆线，其后侧端具短沟，短沟和触角之间具长沟，胸沟长达中足基节之间；额略窄于喙的基部，散布较小的刻点，中间具深而大的窝；眶沟深，散布白色鳞片。前胸背板中间以前逐渐略缩窄，基部浅二凹形。鞘翅肩斜，很突出；翅肩部被覆白色鳞片，基部中间被覆红褐色鳞片。前胸两侧和腹板、中后胸腹板主要被覆白色鳞片，腹部鳞片红褐色并掺杂白和黑色鳞片。足被覆白和黑色鳞片，腿节棒状，有齿 1 个。

分布：宁夏（银川、永宁及贺兰山等荒漠草原）、北京、河北、山西、辽宁、黑龙江、上海、江苏、山东、河南、四川、陕西、甘肃；日本、欧洲。

寄主：臭椿。

①

②

图 2-214 甜菜象甲 *Bothynoderes punctiventris*（Germar, 1824）

① 成虫；② 卵

图 2-215 黑斜纹象甲 *Chromoderus declivis*（Olivier, 1807）

图 2-216 沟眶象 *Eucryptorrhynchus chinensis*（Olivier, 1790）

217. 大筒喙象 *Lixus divaricatus* Motschulsky, 1860 （图 2-217）

体长 15.0～18.0 mm。体壁暗或淡褐色，覆灰白色毛和黄色粉末。喙细长，长于前胸背板，端部略扩大，稍弯，散布不等的刻点，中隆线明显。触角着生点间有短沟。前胸背板宽大于长，向前猛缩窄；后缘二凹形，中间略突出；前缘后缢缩；刻点密，中间崎岖不平。鞘翅宽于前胸，两侧平行，翅端成一细尖，端部裂开。行间 9～10 被覆较密灰白色毛，行间 3、5 毛也密；奇数行间较宽，表面有皱纹。

分布：宁夏（盐池、中宁、中卫及贺兰山等荒漠草原）、河北、东北、江苏、浙江、安徽、江西、河南、湖北、广东、四川、云南、贵州；日本、俄罗斯。

寄主：蒿属、藜科、蓼科、十字花科、豆科等植物。

218. 黑条筒喙象 *Lixus nigrolineatus* Voss, 1807 （图 2-218）

体长 13 mm，长纺锤形。体壁黄褐条带相间。喙浅黄色，中缝处有 1 条黑褐色线纹，前胸背板和鞘翅从中缝处至两边缘依次形成黑褐色—浅黄色—黑褐色—浅黄色 4 条黄褐相间的条带。

分布：宁夏（盐池、中宁、中卫及贺兰山等荒漠草原）、内蒙古、辽宁、山西。

寄主：花棒。

219. 甜菜毛足象 *Phacephorus umbratus* Faldermann, 1835 （图 2-219）

体长 7～7.5 mm。体细长而扁，黑褐色，被覆不发光的灰色、褐色鳞片，散布闪光的银灰或黑褐色毛。喙短宽，中沟短，宽而深。触角红褐色，柄节弯，长达前胸前缘；棒节细长而尖。额宽而扁平，眼突出。前胸背板散布颗粒。鞘翅背面扁平，两侧平行，后端逐渐缩窄，行纹细而明显，行间扁平，鞘翅奇数行间散布较多斑点，行间 5 端部形成翅瘤，鞘翅端部钝圆，末端缩成锐突。

分布：宁夏（盐池、中宁、中卫及贺兰山等荒漠草原）、北京、河北、山西、内蒙古、甘肃、青海、新疆；蒙古。

寄主：藜科、苋科、蓼科牧草。

图 2-217　大筒喙象 *Lixus divaricatus* Motschulsky, 1860

2-218　黑条筒喙象 *Lixus nigrolineatus* Voss, 1807

图 2-219　甜菜毛足象 *Phacephorus umbratus* Faldermann, 1835

220. 金树绿叶象 *Phyllobius virideaeris* Laicharting, 1781 （图2-220）

体长3.5～6 mm。长椭圆形，体黑色，密被卵形略具金属光泽的绿色鳞片。喙长略大于宽，两侧近平行，背面略凹；触角短，柄节弯，长达到前胸前缘，棒节卵形。前胸背板前后缘近于截断形，背面沿中线略突出。鞘翅两侧平行或后端略放宽，肩明显，行纹细，行间扁平。鞘翅行间鳞片间散布短而细的淡褐色倒伏毛。腿节略呈棒形，无齿。

分布：宁夏（盐池、贺兰山温性草原）、北京、山西、内蒙古、吉林、黑龙江、甘肃；俄罗斯（西伯利亚）、欧洲。

寄主：杨树、李子树。

（六十九）豆象科 Bruchidae

体卵圆，中小型，少数种类较大。复眼大，前缘强烈凹入。触角11节，锯齿状，栉齿状。鞘翅毛有白色、棕色，常形成斑纹，末端截形。腹部臀板外露，腹板5节。后腿节常具尖齿。跗节5节，第4节小。

221. 柠条豆象 *Kytorhinus immixtus* Mostschulsky, 1873 （图2-221）

成虫：雄虫体长5 mm，体黑色，鞘翅褐色，因全体密布淡黄色绒毛，故呈灰黄褐色。头部黑色。复眼颇大，呈"C"形，突出于头两侧，环围触角窝，两眼在颜面几乎相接。触角窝密被绒毛。头顶三角形，绒毛分向两侧，中间呈1条纵沟。触角褐色，约与体等长，被有细绒毛，共11节。前胸背板黑色，中部隆起，绒毛较密，前缘平直，后缘向后呈弓形突出。小盾板狭长方形，黑色，密被绒毛，仅端部光裸，向后方翘起。鞘翅褐色，密被绒毛，呈土黄色，侧缘几乎平直，翅面有纵沟9条，纵沟近翅端处消失。足细长，褐色，绒毛较稀，胫节端部内侧有刺1枚，跗末节及爪黑色。雌虫体长4.5～5.5 mm。复眼显较雄小。触角较短，锯齿状，长达鞘翅中部。鞘翅较短，由上方可见3段腹节，最前方腹节后缘两侧有2个椭圆形黑斑，不被绒毛。

卵：长椭圆形，乳白色，产于柠条豆荚表面，周围有透明胶丝。

幼虫：乳白色，长约7 mm，弯成"C"形，无足。体肥胖多皱纹，头部黄褐色，口器黑褐色，后方缩入前胸。

蛹：乳白色，长约4 mm。

分布：宁夏（灵武、盐池、同心、中卫及陶乐等荒漠草原）、内蒙古、陕西、甘肃；前苏联地区。

寄主：毛条、柠条等锦鸡儿属植物的种子。

图 2-220　金树绿叶象 *Phyllobius virideaeris* Laicharting, 1781

①

②

③

图 2-221　柠条豆象 *Kytorhinus immixtus* Mostschulsky, 1873

① 成虫；② 卵；③ 幼虫

九、双翅目 Diptera

体小型至中型。体长 0.5～50 mm。体短宽或纤细，圆筒形或近球形。头部一般与体轴垂直，活动自如，下口式。复眼大，常占头的大部；单眼 2 个、3 个、或缺。触角形状不一，差异很大；丝状，由许多相似节组成；3 节，有时第 3 节分成若干环节，端芒有或无，或第 3 节背侧具芒。口器为刺吸式口器、舐吸式口器，下唇端部膨大成 1 对唇瓣，某些种类口器退化。中胸发达，中胸背板几占背面全部，前、后胸退化，中胸具翅 1 对，膜质，后翅退化成平衡棒，极少数种为短翅、无翅或翅退化。

（七十）大蚊科 Tipulidae

触角 6 节以上；无单眼；中胸背板除极少数种类外都有 1 条 "V" 形缝；足细长；翅有中室，有 2 条臀脉伸达翅缘；产卵器瓣状，角质。

222. 裸大蚊 Angarotipula sp. （图 2-222）

体长 13～15 mm，翅长 12～13 mm。触角光裸无毛，鞭节各节基部有明显结节状突。体黄色或灰黄色，中胸背板无明显纵斑。翅透明前缘褐色。腹部背板中央有明显的黑色纵带。足褐色。

分布：宁夏（盐池、同心、固原及海原等温性草原）、云南。

寄主：花棒。

223. 光大蚊 Helius sp. （图 2-223）

体黑褐色。口器较长，通常是头长的 2～3 倍。足细长，具白色环节。翅透明具斑纹，分布于翅脉与翅室。

分布：宁夏（贺兰山荒漠草原）、广东。

寄主：花棒。

（七十一）蚊科 Culicidae

成虫体小而细长，头小，近圆球形。触角细长，14～15 节，有轮生毛，雄虫触角上的环毛长而密。复眼大，肾脏形，无单眼。喙细长前伸，胸部背面隆起。翅狭长，翅缘和翅脉具鳞片和毛。足细长，爪简单，有齿。

图 2-222　裸大蚊 *Angarotipula* sp.

图 2-223　光大蚊 *Helius* sp.

224. 阿拉斯加脉毛蚊 *Culiseta alaskaensis*（Ludlow, 1906）（图 2-224）

体大型，棕色，俗称雪蚊。雌蚊喙棕色，混有白色鳞片。中胸背片红棕色，覆有铜褐及白黄色鳞片，其中部两侧有白黄色鳞片密生而形成的小三角斑。腹部背面铜褐色，散生浅鳞片，各节基部有白带，腹面有白色鳞片。足褐色，胫节及股节均有分散的白鳞片，第 2～4 跗节基部有较宽的白环，后足第 5 跗节全黑。翅上鳞片窄而暗，在 C 脉、Sc 脉及 R_1 上面混生黄白鳞片，在 R_2 起始处，横脉及 R_2、R_4、R_5 分叉处由密生的暗色鳞片形成的斑点，Sc 脉的基部下面有淡黄色毛丛。气孔毛 10～12 根，淡黄色。第 9 腹节背板大，有 2 个小突起，上生刚毛，第 8 腹节背面后端中央有 1 个小圆形突起，上生 6～12 根短粗刺。

分布：宁夏（贺兰山、盐池、灵武、中宁及中卫等荒漠草原）、东北、青海、新疆、内蒙古；日本、蒙古、欧洲，北美。

寄主：幼虫滋生在清洁的积水中，成虫吸食脊椎动物的血。

（七十二）瘿蚊科 Cecidomyiidae

体小至中型，触角念珠状，雄性具环状毛，10～36 节；复眼发达或小，常愈合，无单眼；喙短或长于胸部，下颚须 1～4 节；翅宽，具微刺毛，具点纹或透明，翅脉仅 3～5 支，Rs 脉不分支，横脉不明显，仅有 1 个基室；足基节短，胫节无距，具中垫和爪垫；腹部 8 节。

225. 枣瘿蚊 *Contarinia datifolia* Jiang, 2002 （图 2-225）

成虫：体长 1.5～2.0 mm，橘红色。触角 14 节。雄虫触角发达，长度超过体长之半，各节呈瓶状，有细颈，膨大部分生有长毛和环丝两圈；雌虫触角较短，长不及体之半，呈念珠状，各节长圆形，上生长毛和环丝。头圆球形。复眼黑色，在头顶相接。胸部暗褐色，背部有细毛。腹部橘红色，背面密生黑色细毛。翅灰色，翅面布有黑色微毛，前缘毛短密，后缘毛疏长；翅脉 3 根。

幼虫：白色，长 2.5 mm，剑骨片黄褐至暗褐色，腹端刚毛 8 根，表皮呈鳞片状波纹。

分布：宁夏（红枣种植区）、河北、陕西、山东、山西、河南。

寄主：枣。

图 2-224 阿拉斯加脉毛蚊 *Culiseta alaskaensis*（Ludlow, 1906）

图 2-225 枣瘿蚊 *Contarinia datifolia* Jiang, 2002.

226. 枸杞红瘿蚊 *Jaapiella sp.* （图 2-226）

成虫：体长 2～2.5 mm，黑红色，生有黑色微毛。触角 16 节，黑色，串珠状，镶有较多而长的毛，有 1～2 道环纹围绕，雄虫触角较长，各节膨大，略呈长圆形，无细颈。复眼黑色，顶部愈合。下颚须 4 节。翅面密布微毛，外缘及后缘有较密的黑色长毛。胸部背面及腹部各节生有黑毛。各足第 1 跗节最短，第 2 跗节最长，其余 3 节依次渐短，端部爪钩 1 对，每爪为大小 2 个齿。

幼虫：初孵化时白色，成长后为淡橘红色小蛆，体扁圆。腹节两侧各有 1 个微突，上生 1 根短刚毛。体表面有微小突起花纹。胸骨叉黑褐色，与腹节愈合不能分离。

分布：宁夏（全区草原）、青海、甘肃。

寄主：野生及栽培枸杞。

（七十三）摇蚊科 Chironomidae

翅前缘脉终止于翅顶附近，M 脉不分支，雄虫触角多毛。幼虫水生。

227. 稻摇蚊 *Chironomus oryzae* Matsumura, 1931 （图 2-227）

雄虫体长约 3 mm。体黄色。触角 12 节，黑褐色，羽状。头顶及颜面黄色，后头灰色。胸部背面有 3 条黑色宽纵纹，中间 1 条呈长圆形，两侧的呈"!"形。小盾片黄色，后小盾片黑色。腹部 2～9 节背面有黑斑。中胸腹板黑褐色，腹部腹面黄色，末几节有黑斑。腿节、胫节末端黑色。翅白色透明。雌虫体长 2.5 mm。腹部粗短，触角灰褐色，丝状，6 节。腹部第 2～第 7 节有灰黑色斑。

分布：宁夏（贺兰山、中宁及中卫等荒漠草原）、黑龙江、湖南、甘肃；日本、韩国。

寄主：水稻、稗草、枸杞。

（七十四）虻科 Tabanidae

成虫体粗壮，头大，翅宽，体长 6～30 mm。触角 3 节，鞭节端部分有 3～7 个小环节。爪间突发达，呈垫状，约与爪垫等大。上下腋瓣和翅瓣均发达，翅中央具长六边形中室，R 脉伸达翅的外缘，远在顶角之后。

①　　　　　　　　　　　　　②

③

图 2-226　枸杞红瘿蚊 *Jaapiella* sp.

① 成虫；② 幼虫；③ 为害状

图 2-227　稻摇蚊 *Chironomus oryzae* Matsumura, 1931

228. 黄虻 *Atylotus* sp. （图 2-228）

体色多为黄色或黄绿色或少数为暗灰色。基胛和中胛均小，成圆点状，彼此分离甚远或无胛。头顶无单眼瘤，复眼大部分无毛。触角第 1～第 2 节粗短，第 3 节宽扁，大部分有背角。翅透明或部分有暗斑，但不形成云朵状花纹。后足胫节端部无距，头顶无分离的单眼存在。

分布：宁夏（贺兰山、盐池、中宁及中卫等荒漠草原）。

寄主：花棒。

229. 长喙虻 *Philoliche* sp. （图 2-229）

雌虫额宽，有被粉，通常无单眼。颜面显著突起，喙窄长，长于头与胸。翅第 1 后室端部窄狭，第 4 后室端部宽。颚须形状易变，有时长而窄或稍扁平。

分布：宁夏荒漠草原。

寄主：沙蒿。

（七十五）蜂虻科 Bombyliidae

许多种似蜂。多数有长喙，能从花中取蜜。体被密毛；许多种的体上（有时在翅上）有纤细的鳞片形成的斑。

230. 金毛雏蜂虻 *Anastoechus aurecrinitus* Du et Yang, 1990 （图 2-230）

雄虫体长 8～9 mm，翅长 8～9 mm；雌虫体长 9 mm，翅长 10 mm。头部黑色，被灰色粉。头部的毛为黑色和白色。额两侧平行被稀疏直立的黑色毛，后头被稀疏直立的黑色长毛。触角黑色，仅交界处黄色；柄节长，被浓密的白色和黑色长毛；鞭节长，光裸无毛。喙黑色，长度约为头的 4 倍。胸部黑色，被灰色粉。胸部的毛以黄色为主。肩胛被浓密的黄色长毛。中胸背板前端被成排的黄色长毛，背部几乎光裸。小盾片黑色，被灰色粉，后缘两侧各有 6 根黄色鬃。足黑色，仅胫节黄色。足的毛以黄色为主，鬃黄色。腿节被浓密的白色鳞片，胫节和跗节被黄色短毛和稀疏的白色鳞片。翅均一灰褐色，仅基部褐色。

分布：宁夏（盐池、同心荒漠草原）、北京、内蒙古、青海。

寄主：成虫从沙蒿等蒿属植物花中取蜜。

图 2-228 牛虻 *Atylotus* sp.

图 2-229 长喙虻 *Philoliche* sp.

图 2-230 金毛雏蜂虻 *Anastoechus aurecrinitus* Du *et* Yang, 1990

231. 中华雏蜂虻 Anastoechus chinensis Paramonov, 1930 （图2-231）

雄虫体长 9 mm，翅长 8 mm；雌虫体长 11 ～ 14 mm，翅长 10 ～ 13 mm。头部黑色，被灰色粉。头部的毛以白色为主，额三角区被稀疏直立的黑色毛，后头被浓密的白色长毛和稀疏直立的黑色长毛。触角黑色，仅连接处黄色；柄节长，被浓密的白色长毛；鞭节长，光裸无毛，顶部有一附节。喙黑色，长度约为头的 4 倍。胸部黑色，被褐色粉。胸部的毛为淡黄色和白色。肩胛被浓密的淡黄色长毛。中胸背板前端被浓密的淡黄色长毛，背部被浓密的淡黄色毛。小盾片黑色，被浓密直立的淡黄色毛，后缘两侧各有 6 根黄色鬃。足褐色，仅跗节端部黑色，足的毛以黄色为主，鬃黄色。腿节被浓密的白色鳞片，胫节和跗节被黄色短毛和稀疏白色鳞片。

分布：宁夏（盐池、贺兰山、同心、海原及固原等温性草原）、河北、北京、天津、山东、内蒙古、新疆、青海、江西；蒙古。

寄主：成虫从阿尔泰狗哇花等菊科植物花中取蜜。

232. 内蒙古雏蜂虻 Anastoechus neimongolanus Du et Yang, 1990 （图2-232）

雄虫体长 7 mm，翅长 8 mm；雌虫体长 6 mm，翅长 6 mm。头部黑色，被灰色粉。头部的毛为黑色和白色。额三角区被浓密直立的黑色长毛，后头被稀疏直立的黑色和白色长毛。触角黑色，仅鞭节褐色；柄节长，被浓密的白色和黑色长毛；鞭节长，光裸无毛。喙黑色，长度约为头的 4 倍。胸部黑色。胸部的毛以白色为主。肩胛被浓密的白色长毛。中胸背板被稀疏的白色长毛，胸部背部几乎光裸。小盾片黑色，被白色粉，被稀疏的白色长毛。足黑色，仅胫节黄色。足的毛以黄色为主，鬃为黄色。腿节被浓密的白色鳞片，胫节和跗节被黄色短毛和稀疏的白色鳞片。翅均一灰褐色，仅基部褐色。

分布：宁夏（盐池、同心温性草原）、内蒙古。

寄主：成虫从阿尔泰狗哇花等菊科植物花中取蜜。

（七十六）食虫虻科 Aslidae

体小至大型，多毛。头宽，有细颈，能活动。头顶在两复眼间下凹，复眼发达，单眼 3 个。触角 3 节，末节具端刺。口器细长而坚硬，适于刺吸。翅大而长，R_5 脉伸到顶角之前，有 4 ～ 5 个闭室，基室很长。足细长多刺，爪垫大，爪间突刚毛状。腹部 8 节，细长，雄虫有明显的下生殖板，雌性有尖的伪产卵器。

图 2-231 中华雏蜂虻 *Anastoechus chinensis* Paramonov, 1930

图 2-232 内蒙古雏蜂虻 *Anastoechus neimongolanus* Du *et* Yang, 1990

233. 中华盗虻 *Cophinopoda chinensis*（Fabricius, 1794）（图 2-233）

体长 20 ～ 28 mm，黄色至赤褐色。复眼发达。触角黄至黄褐色，第 3 节黑色。胸背中央有成对的暗褐色纵纹和斑。翅淡黄褐色。腹部黄褐色，雄暗褐色。足黑色，胫节黄色。

分布：宁夏（全区草原）及全国各地；日本、韩国。

寄主：捕食小型昆虫。

（七十七）食蚜蝇科 Syrphidae

头部新月片不显著，颜多少突伸；翅 R_{4+5} 与 M_{1+2} 间有伪脉，常具鲜明色斑。形似蜂，腹节上常有黄黑相间的斑纹。

234. 鼠尾管蚜蝇 *Eristalis campestris* Meigen, 1822 （图 2-234）

体长 14 ～ 15.5 mm。复眼被棕色毛，中部有 2 条明显的毛带。头顶黑色，被黑毛。触角黑色。中胸盾片黑色，被覆黄粉，被黄毛。小盾片黄色，被黄毛。足主要黑色。翅中部有 1 个棕色斑，翅痣端棕黑色。腹部第 1 节暗黑，第 2 节背片黄色，中央有"工"形黑斑，后缘黄色，第 3 节背片主要为黄色，端部 1/3 为黑带，第 4 背片黑亮，基部两侧有小三角形黄斑，第 5 节背片黑。

分布：宁夏（贺兰山、中宁及中卫等荒漠草原）、山西、陕西、甘肃、青海。

寄主：幼虫生活在污水、人尿中，成虫为许多植物的传粉昆虫。

235. 捷优蚜蝇 *Eupeodes alaceris* He et Li, 1998 （图 2-235）

雄性体长 10 mm。复眼裸，头顶黑色，被黑毛，侧单眼之后覆灰粉，被棕白色毛。触角暗褐色。中胸背板黑色，被棕黄色软毛，小盾片暗黄色，翅透明，翅痣浅棕色，翅面具微毛。腹部长卵形，明显具边，黑色。第 2 背板近中后部的两侧具三角形大黄斑，第 3 背板近前部具宽的黄带，第 4 背板黄带近似第 3 背板，第 3 背板黄带宽略大于其后的黑色区域。第 5 背板黄色，中央具三角形小黑斑。雌性体长 11 mm。

分布：宁夏（全区草原）、陕西。

寄主：捕食蚜虫，亦采食花粉。

图 2-233　中华盗虻 *Cophinopoda chinensis*（Fabricius, 1794）

图 2-234　鼠尾管蚜蝇 *Eristalis campestris* Meigen, 1822

图 2-235　捷优蚜蝇 *Eupeodes alaceris* He *et* Li, 1998

236. 黄带优蚜蝇 *Eupeodes flavofasciatus*（Ho, 1987）（图 2-236）

体长 11 mm。复眼裸，头顶黑色，被黑毛，后部覆黄白色粉，被黄白色毛。触角暗褐色。中胸背板黑色，具光泽，两侧暗黄色，背板被灰黄色粉及黄毛，小盾片暗黄色，被黑毛，翅透明，痣黄褐色，翅面具微毛。腹部长卵形，明显具边，黑色。第 2 背板中后部两侧各具 1 个长三角形黄斑，第 3 背板前部具黄带，第 4 背板黄带近于第 3 背板，第 4 背板后缘具黄带，第 3 背板黄带宽略大于其后的黑带。第 5 背板黄色，中央具黑斑。

分布：宁夏（全区草原）、陕西、西藏。

寄主：捕食蚜虫，亦采食花粉。

237. 斜斑鼓额蚜蝇 *Scaeva pyrastri*（Linnaeus, 1758）（图 2-237）

雄性体长 11 ～ 13 mm，雌性体长 11 ～ 14 mm。复眼密被暗褐色毛，近颜面的侧毛长而密，下端后侧处毛较稀疏，色较浅，顶部具长三角状的小眼面扩大区。头顶黑色，被黑毛。后头部暗色，密被灰黄色粉及被毛。触角暗黑褐色。中胸背板黑绿色，具光泽，两侧暗黄色，被黄粉，被浅色毛。小盾片暗褐色，被棕黄色毛。翅透明，近裸，仅端部被有稀疏的微毛，痣棕黄色。腹部宽卵形，明显具边，黑亮。第 2 背板近中部两侧具黄斑，第 3 背板中前部两侧具弯钩状黄斑，第 4 背板黄斑近似第 3 背板，第 4、第 5 背板后缘具黄边。

分布：宁夏（全区草原）、河北、山西、内蒙古、辽宁、黑龙江、江苏、山东、河南、四川、云南、西藏、陕西、甘肃、新疆、青海；日本、蒙古、阿富汗、俄罗斯、欧洲、北非、北美。

寄主：捕食蚜虫，亦采食花粉。

238. 窄腹食蚜蝇 *Sphaerophoria sp.*（图 2-238）

成虫：体长 7 ～ 8 mm。触角黄色，第 3 节上缘及棘毛黑褐色。颜面黄褐色。单眼区黑色，雌虫单眼区前方有 1 条黑色纵纹。头后侧缘密列白色短毛。复眼红褐色，眼面无毛。胸背黑色，有金属光泽，两侧及小盾板黄白色，生有黄褐色毛。腹部黄绿色，背面第 1 节黑色，第 2 节前后缘各有 1 条黑色宽横带，第 3 ～ 4 节前后缘为黑色或褐色横带，较为狭窄，腹端褐色，常有暗色"小"字形纹；腹部斑纹常有一些变化。足黄色，跗节褐色。翅痣黄褐色。

幼虫：黄绿色，体长 8 mm，背线墨绿色，两侧黄白色，此白色部分在腹端微呈褐色。后气门伸出较长，端部褐色，基部淡绿色。腹端圆突。各体节刺突微小，无色。

分布：宁夏全区草原；日本。

寄主：捕食蚜虫，亦采食花粉。

图 2-236　黄带优蚜蝇 *Eupeodes flavofasciatus*（Ho, 1987）

图 2-237　斜斑鼓额蚜蝇 *Scaeva pyrastri*（Linnaeus, 1758）

①　　　　　　　　　　　②

图 2-238　窄腹食蚜蝇 *Sphaerophoria* sp.

① 成虫；② 幼虫捕食蚜虫

（七十八）花蝇科 Anthomyiidae

体小至中型，细长多毛。复眼发达，雄虫两复眼几乎相接触，触角芒羽状，中胸背板被 1 条完整的盾间沟划分为前后两片，连同小盾片共 3 片。腋瓣大。翅脉平直，直达翅缘。

239. 麦种蝇 Delia coarctata（Fallen, 1825）（图 2-239）

成虫：体长 5 ～ 6.5 mm，中小型，灰黄色。头部覆有灰白色粉，颜面中央红褐色。触角黑色，芒羽状，纤毛达末端。复眼黑褐色，雄虫复眼大，在头顶相接，使颜面中央变成窄条；雌虫复眼小而分离。胸部被粉浅黄色，稍带绿色荧光，背面中央有 3 条不明显的褐色纵纹，前方明显，后方模糊或消失。中鬃细小，前盾片上只有 1 根，盾片上有 7 根，排成 2 行。翅浅黄褐色透明，有红、绿色荧光，前缘密排小刺，中部有 1 ～ 2 根长刺。足跗节黑色，雄虫胫节灰黄色，腿节灰褐色；雌虫腿节和胫节均为灰黄色；后足胫节后背鬃 3 根，前背鬃 4 根，前腹鬃 2 ～ 3 根。

幼虫：乳白色的蛆，有光泽，体长 8 ～ 9 mm。头小，口钩黑色，前气门和后气门褐色。尾部末端截面边缘有 6 对突起，以下缘中部 2 对大，中间 1 对双叉形，向外 1 对圆锥形，其余各对甚小。

分布：宁夏（全区草原）、内蒙古、甘肃、新疆、青海；亚洲、欧洲地区。

寄主：幼虫为害麦类作物及禾本科牧草。

（七十九）蝇科 Muscidae

体中型，灰色、灰黑或具金属光泽，体表被鬃和毛。头部大，能活动。复眼发达，通常为离眼，少数种类雄虫为接眼。触角 3 节，芒羽状。喙肉质，可伸缩。下颚须棒状，或侧扁而端部呈匙状。胸部常具黑纵条 4 条或黑宽条 2 条；下侧片一般无鬃，仅具若干散生毛。翅大，腋瓣发达。腹部有毛，气门在第 2 ～第 8 节背板上。腹部有时具可变色斑。

①   ②

图 2-239 麦种蝇 *Delia coarctata*（Fallen, 1825）

① 害状；② 幼虫

240. 绿额翠蝇 Neomyia coeruleifrons（Fallen, 1825）（图 2-240）

体长 7～8 mm。颜面中央黑，侧额及侧颜底色黑，被粉银灰至黄白色，无外顶鬃，下眶鬃 1 行，侧颜呈棕色；后头上半亮深青紫黑色；触角第 2 节棕黑，第 3 节灰棕色，芒长羽状。胸亮深绿色，有薄棕色被粉，前盾片有 1 对铜褐色亚中条及 1 对紫色肩后斑，后盾片有 1 对紫色侧背中条，翅后胛紫棕色。翅淡灰褐色透明，翅基棕色，前缘基鳞黑，脉棕至褐色。足黑色或带棕色。腹呈亮绿色，或呈亮深青绿色，并带紫色光泽，背面观无被粉。

分布：宁夏（全区草原）、浙江、河南、广东、广西、云南、西藏、台湾；日本，印度尼西亚，菲律宾，尼泊尔，泰国，老挝，马来西亚。

寄主：不详。

（八十）潜蝇科 Agromyzidae

体微小至小型，长 1.5～4 mm；一般黑色或黄色，部分种类具绿、蓝或铜色金属闪光。具单眼鬃、后顶鬃、口鬃、上眶鬃和下眶鬃；触角芒着生于第 3 节背面基部。翅大，前缘脉于亚前缘脉末端或接近 R_1 的联合处具 1 折断；亚前缘脉于末梢变弱，于前缘脉折断处结束或在其之前与 R_1 合并；径脉分支直达翅缘，臀脉不达翅缘，具 1 小臀室。胸部的小鬃常规则地排成鬃组。腹部多少压缩，雌性可见 6 节，雄性可见 5 节。

241. 豌豆彩潜蝇 Chromatomyia horticola Goureau, 1851 （图 2-241）

成虫：额黄色，触角黑色。中胸背板（包括小盾片）黑灰色。翅透明，但有虹彩反光。平衡棒黄白色。足除腿节端部黄白色外，均为黑色。

卵：长椭圆形，乳白色。

幼虫：幼虫共 3 龄，老熟幼虫黄色，长约 3 mm，体表光滑透明，前气门成叉状前伸，后气门每侧有 3 个孔突和开口，在叶片内化蛹。

蛹：长 2.5 mm 左右，长椭圆形，黄至黑褐色。

分布：宁夏全区草原及全国各地。

寄主：豌豆、菜豆、豇豆、红小豆、甘蓝、白菜、莴苣、番茄等 22 科 30 多种植物。

图 2-240　绿额翠蝇 *Neomyia coeruleifrons*（Fallen, 1825）

①

②

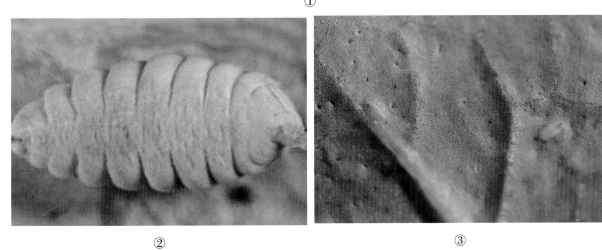

③

图 2-241　豌豆彩潜蝇 *Chromatomyia horticola* Goureau, 1851

① 成虫；② 幼虫；③ 蛹

242. 美洲斑潜蝇 Liriomyza sativae（Blanchard, 1938）（图 2-242）

成虫：小型蝇类，体长 1.3 ～ 2.3 mm，胸背面亮黑色有光泽，腹部背面黑色，侧面和腹面黄色，臀部黑色。雄虫腹末圆锥状，雌虫腹末短鞘状。颚、颊和触角亮黄色，眼后缘黑色。中胸背板亮黑色，小盾片鲜黄色，足基节、腿节黄色，前足黄褐色，后足黑褐色，腹部大部分黑色，但各背板边缘有宽窄不等的黄色边。翅无色透明，翅腋瓣黄色，边缘及缘毛黑色，平衡棒黄色。

蛹：椭圆形，腹部稍扁平，初化蛹时颜色为鲜橙色，逐渐变暗黄。后气门三叉状。

分布：宁夏全区草原及全国各地。

寄主：黄瓜、菜豆、番茄、白菜、油菜、芹菜、茼蒿、生菜。

（八十一）实蝇科 Tephritidae

体小至中型，常黄、棕、橙、黑等色。头圆球形而有细颈，侧额鬃完全，额部相当宽阔，复眼大，通常有绿色闪光，单眼有或无。触角倒卧而短，3 节组成，第 2 节背面端部凹裂，无完整的总裂缝；触角芒生于触角第 3 节背面基部，光裸或有细毛。中胸发达。腹部卵形，有些类群圆筒形、纺锤状或棒状。翅面常有褐色的云雾状斑纹。足着生于胸部腹面的中部两侧，两基节极为接近，爪间突毛状。中足胫节有端距。

243. 枸杞实蝇 Neoceratitis asiatica（Becker, 1907）（图 2-243）

成虫：体长 4.5 ～ 5 mm。头橙黄色，颜面白色，复眼翠绿色，映有黑纹，宛如翠玉。两眼间具 "Ω" 形纹，3 单眼。胸背面漆黑色，具强光，中部具 2 条纵白纹与两侧的 2 条短白纹相接成 "北" 字形。翅透明，有深褐色斑纹 4 条，1 条沿前缘，其余 3 条由此斜伸达翅缘；亚前缘脉尖端转向前缘成直角，直角内方具 1 小圆圈，据此可与类似种类区别。成虫性温和，静止时翅上下抖动拟鸟飞状。

幼虫：体长 5 ～ 6 mm，圆锥形。

蛹：长 4 ～ 5 mm，宽 1.8 ～ 2 mm，椭圆形，浅黄色或赤褐色。

分布：宁夏（全区草原）、新疆、西藏。

寄主：枸杞。

（八十二）麻蝇科 Sarcophagidae

体黑色，胸部背面具灰色纵条纹，无金属光泽。多毛和鬃，有被粉。触角芒裸或仅基半部羽毛状。背侧鬃 4 根。

图 2-242 美洲斑潜蝇蛹 *Liriomyza sativae*（Blanchard, 1938）

①

② ③

图 2-243 枸杞实蝇 *Neoceratitis asiatica*（Becker, 1907）

① 成虫及害状；② 幼虫；③ 蛹

244. 亚麻蝇 *Parasarcophaga* sp. （图 2-244）

触角中等长，喙中等长。前胸前侧片中央凹陷多数是裸的，后背中鬃 5 ～ 6 根，往前方去渐短小。足部具有典型的栉。腹部第 3 背板无中缘鬃。雄蝇基亚麻体等于或短于亚麻茎长度，侧亚麻体端部界限明显，中央突小，侧突长。

分布：宁夏全区草原及全国各地。

寄主：动物粪便。

十、鳞翅目 Lepidoptera

虹吸式口器；体和翅密被鳞片和毛；翅 2 对，膜质，各有 1 个封闭的中室，翅上被有鳞毛，组成特殊的斑纹；少数无翅或短翅型；跗节 5 节；无尾须；全变态。幼虫多足型，除 3 对胸足外，一般在第 3 ～第 6 及第 10 腹节各有腹足 1 对，但有减少及特化情况，腹足端部有趾钩；幼虫体上条纹是主要分类特征；蛹为被蛹。

（八十三）凤蝶科 Papilionidae

体中型至大型。常以黑、黄、白色为基调，饰有红、蓝、绿、黄等色彩的斑纹，部分种类更具有灿烂耀目的蓝、绿、黄等色的金属光泽。而且形态优美，许多种类的后翅有修长的尾突。多数凤蝶成虫下唇须退化；触角端部逐渐加粗。前足胫节内侧具有大型中刺，端部具有对称的爪 1 对。

245. 碧凤蝶 *Papilio bianor* Cramer, 1775 （图 2-245）

展翅宽 80 ～ 90 mm。主要特征是翅表面几乎全部黑色。雄蝶下翅表面前缘具白色条状横斑，雌蝶无，且翅颜色较淡。雄蝶下翅腹面部分具有橙红色弦月形斑纹，雌蝶的斑纹比雄蝶发达。

分布：宁夏全区草原及全国各地；日本、朝鲜、越南、印度、缅甸。

寄主：花椒、茱萸。

图 2-244　亚麻蝇 *Parasarcophaga* sp.

①　　　　　　　　　　　　　②

图 2-245　碧凤蝶 *Papilio bianor* Cramer, 1775

① 雄虫；② 雌虫

（八十四）粉蝶科 Pieridae

体多为中型，色彩素淡，多数呈白、黄色，少数红或橙色。下唇须发达；雌雄蝶前足均发达，可步行；分叉的爪1对。前翅通常为三角形，顶角尖形或圆形，R脉3～4条，极少5条，基部多合并；A脉仅1条；后翅卵圆形，外缘光滑；无肩室；A脉2条；臀区发达；前后翅中室为闭式。

246. 绢粉蝶 Aporia crataegi（Linnaeus, 1758）（图2-246）

体中型，前翅长27～35 mm，前后翅略呈长圆形，翅白色发黄，其他翅脉及外缘黑色，翅面无斑纹，仅前翅外缘脉端略呈灰暗色三角斑。翅的反面白色。身体和触角黑色。

分布：宁夏（全区草原）、北京、河北、内蒙古、山西、辽宁、吉林、黑龙江、浙江、安徽、山东、河南、湖北、四川、西藏、陕西、青海、新疆、甘肃；朝鲜、日本、俄罗斯、欧洲。

寄主：沙果、苹果、梨、桃、杏、李榆。

247. 小蘗绢粉蝶 Aporia hippia（Breme, 1861）（图2-247）

体中型，前翅长23～29 mm，和绢粉蝶很相似，主要区别是该种翅反面基部有1个橙黄色斑点。翅脉较同类宽又黑，翅缘色浅黑斑大。

分布：宁夏（全区草原）、山西、吉林、黑龙江、江西、河南、云南、贵州、西藏、陕西、甘肃、青海、台湾；朝鲜、日本、俄罗斯（西伯利亚）。

寄主：小蘗属植物、禾本科牧草。

248. 斑缘豆粉蝶 Colias erate（Esper, 1808）（图2-248）

体中型，前翅长17～26 mm，雌雄异色，雄翅黄色，雌翅白色。前翅外缘宽阔的黑色区有黄色纹，中室端有1个黑点，后翅外缘黑纹多相连成列，中室的圆点在正面为橙黄色，反面为银白色外有褐色圈。

分布：宁夏（全区草原）、山西、吉林、辽宁、黑龙江、江苏、浙江、福建、江西、河南、湖南、云南、西藏、陕西、甘肃、青海、新疆、台湾；国外从东欧到日本都有分布。

寄主：苜蓿、大豆、百脉根、毛条等豆科植物、蝶形花科植物。

① ② ③

图 2-246　绢粉蝶 *Aporia crataegi*〔Linnaeus, 1758〕

① 成虫正面；② 成虫反面；③ 蛹

图 2-247　小檗绢粉蝶 *Aporia hippia*〔Breme, 1861〕

① ②

图 2-248　斑缘豆粉蝶 *Colias erate*〔Esper, 1808〕

① 正面；② 侧面

249. 橙黄豆粉蝶 *Colias fieldii* Ménétriès, 1855 （图 2-249）

体黑色，前翅长 26～32 mm，密被橙黄色鳞毛。翅橙黄色，雌蝶在翅端黑色宽带中具有黄色斑纹，雌雄翅端黑色宽带中无任何斑纹。雌雄蝶前翅均具黑色斑点 1 个，后翅中部均具黄色斑 1 块。翅反面橙黄色，前翅中部有黑色斑点 1 个，中心白点，外部下方有黑斑纹 3 个；后翅中部有大小不同白色斑纹 1～2 个，周缘套橙色圈。

分布：宁夏（全区草原）、山西、吉林、山东、河南、湖北、江西、广西、四川、云南、陕西、甘肃、青海；印度、尼泊尔、缅甸、泰国。

寄主：苜蓿、三叶草及其他豆科植物。

250. 圆翅钩粉蝶 *Gonepteryx amintha* Blanchard, 1871 （图 2-250）

体型较大，且前后翅尖角较钝，雄蝶正面翅色橙黄显著，雌蝶则为白色，两性后翅反面中室前脉及第 7 脉膨大极为显著。

分布：宁夏（贺兰山、盐池、中宁、中卫、同心及灵武等荒漠草原）、华东、河南、四川、云南、台湾、新疆。

寄主：不详。

251. 尖钩粉蝶 *Gonepteryx mahaguru*（Gistel, 1857）（图 2-251）

成虫翅展 58～63 mm。雄蝶前翅浓黄色，顶角突出成钩状；翅中室端部各有 1 个橙黄色斑点；雌蝶的翅面颜色较之雄蝶淡。

分布：宁夏全区草原及全国各地；日本、朝鲜、缅甸、印度。

寄主：枣、酸枣、鼠李。

图 2-249　橙黄豆粉蝶 *Colias fieldii* Ménétriès, 1855

图 2-250　圆翅钩粉蝶 *Gonepteryx amintha* Blanchard, 1871

图 2-251　尖钩粉蝶 *Gonepteryx mahaguru*（Gistel, 1857）

252. 东方菜粉蝶 *Pieris canidia*（Linnaeus, 1768）（图 2-252）

体中型，前翅长 22 ～ 25 mm，前翅中部外侧的两个黑斑和后翅前缘中部的 1 个黑斑，均比菜粉蝶大而圆，顶角同外缘呈齿状，后翅外缘脉端有三角形黑斑。翅反面除前翅中部 2 个黑斑清晰外，其余黑斑均模糊。

分布：宁夏全区草原及全国大部分省区；朝鲜、越南、老挝、缅甸、柬埔寨，泰国、土耳其。

寄主：十字花科植物。

（八十五）眼蝶科 Satyridae

体小型至中型。常以灰褐、黑褐色为基调，饰有黑、白色彩的斑纹，不鲜艳。眼周围有长毛，触角端部逐渐加粗，但不明显，呈棒状；前足退化，缩在胸下，不适于步行。雄虫只有 1 跗节，雌虫 4 ～ 5 跗节，爪全退化。前翅呈圆三角形；后翅近圆形，两翅反面近亚外缘常具多数眼状的环形斑纹。

253. 阿芬眼蝶 *Aphantopus hyperanthus*（Linnaeus, 1758）（图 2-253）

体中小型。翅褐色；前翅有 3 个眼斑；后翅 5 个眼斑，前 2 个眼斑位于中线处，后 3 个位于亚外缘处，中线内侧色较深；反面眼斑比正面清楚；雄蝶比雌蝶色深。

分布：宁夏（全区草原）、北京、河南、东北。

寄主：各种草类。

254. 牧女珍眼蝶 *Coenonympha amaryllis*（Gramer, 1782）（图 2-254）

体小型，前翅长 14 ～ 17 mm，黄色，前翅亚外缘有 3 ～ 4 个模糊黑斑，外缘褐色。反面前翅亚外缘有 4 ～ 5 个眼斑，后翅有 6 个眼斑，内侧有云状白斑块列。有亚缘线分布，后翅基半部青灰色。

分布：宁夏（全区草原）、吉林、黑龙江、浙江、河南、甘肃、青海、新疆；朝鲜。

寄主：香附子、油莎豆等莎草科植物。

图 2-252 东方菜粉蝶 *Pieris canidia*（Linnaeus, 1768）

① ②

图 2-253 阿芬眼蝶 *Aphantopus hyperanthus*（Linnaeus, 1758）
① 正面；② 反面

图 2-254 牧女珍眼蝶 *Coenonympha amaryllis*（Gramer, 1782）

255. 隐藏珍眼蝶 *Coenonympha arcania*（Linnaeus, 1758）（图 2-255）

体小型，前翅长 24 ～ 29 mm，正面无显见眼斑，反面前翅无眼斑分布，但有云状斑列分布。后翅中域横斑呈不规则块状，比同类纵向长。

    分布：宁夏（全区草原）、吉林、黑龙江；欧洲。

    寄主：不详。

256. 红眼蝶 *Erebia alcmena* Grum-Grshimailo, 1891 （图 2-256）

体中型，前翅长 26 ～ 31 mm，翅黑褐色，前翅亚缘区有 1 个红色斑，斑中间有 2 个相连和 1 个分离的黑色白心的眼状纹，后翅没有斑纹，有的有极小而不明显的小白点。反面较淡，前翅斑纹同正面，后翅有淡色亚缘宽带 1 条。

    分布：宁夏（固原、云雾山、隆德及西吉等草甸草原）、新疆、吉林、浙江、河南、四川、青海、西藏、陕西；日本。

    寄主：羊胡子草。

257. 白眼蝶 *Melanargia halimede*（Ménétriès, 1859）（图 2-257）

体中型，前翅长 23 ～ 30 mm，翅白色，前翅近顶角及中部有 2 条黑褐色不规则的斜带，后缘黑褐色。后翅亚缘有中断的黑褐带。反面近顶角有 2 个黑褐色圆斑，中室端有 2 个相连的近长方形的黑褐色斑；后翅中室端脉上有小环斑，下有细横线。

    分布：宁夏（固原、云雾山、隆德及西吉等草甸草原）、东北、山西、东北、江西、山东、河南、湖北、贵州、陕西、甘肃、青海；朝鲜、蒙古、俄罗斯。

    寄主：不详。

图 2-255　隐藏珍眼蝶 *Coenonympha arcania*（Linnaeus, 1758）

图 2-256　红眼蝶 *Erebia alcmena* Grum-Grshimailo, 1891

① 　　　　　　　　　　　　　②

图 2-257　白眼蝶 *Melanargia halimede*（Ménétriès, 1859）

① 正面；② 反面

258. 蛇眼蝶 *Minois dryas*（Scopoli, 1763）（图 2-258）

体中型至大型，前翅长 28 ～ 36 mm，黑褐色，前翅有 2 个黑色眼状纹，纹的中心青白色，后翅近臀角有 1 个同样的眼状纹，但较小，翅缘齿状。翅反面色较淡，前翅的眼状纹有暗黄色边环，后翅多细的波纹状带错综排列，近外缘有暗色带，其内侧有灰白色波状带 1 条，前后翅眼状斑同正面。

分布：宁夏（全区草原）、吉林、黑龙江、河北、山西、浙江、福建、江西、山东、河南、陕西、甘肃、青海、新疆；朝鲜、日本、俄罗斯、欧洲。

寄主：羊胡子草、结缕草、早熟禾、芒、苜蓿等植物。

259. 阿矍眼蝶 *Ypthima argus* Butler, 1866 （图 2-259）

个体小，前翅有 1 个大眼斑，后翅近臀角通常有 2 个眼斑，翅反面密布褐色细纹，后翅亚外缘有 6 个眼斑。

分布：宁夏（全区草原）及西北、东北、华北、华东、中南地区。

寄主：禾本科植物。

（八十六）蛱蝶科 Nymphalidae

体小型至中型，少数为大型种。色彩丰富，形态各异，花纹相当复杂。下唇须粗壮；触角长且端部明显加粗呈锤状；复眼裸出或有毛；部分种类的中胸特别粗壮发达；前足退化，缩在胸下，无作用，雄蝶为 1 个跗节，雌蝶 4 ～ 5 个跗节，爪全退化。前翅多呈三角形，后翅近圆形或近三角形，部分种类边缘呈锯齿状。

260. 荨麻蛱蝶 *Aglais urticae*（Linnaeus, 1758）（图 2-260）

体中型，前翅长 19 ～ 22 mm，橘红色，前翅前缘黄白色，有 3 个黑斑，后缘中部有 1 个大黑斑，中域有 1 个较小的黑斑，后翅基半部黑色。外缘亚外缘黑色，中有 1 列蓝色斑；反面黑褐色，外缘及后翅基部黑色，外缘有模糊的蓝色新月纹。

分布：宁夏（贺兰山荒漠草原和固原、云雾山、隆德及西吉的草甸草原）、山西、吉林、黑龙江、广东、广西、四川、贵州、西藏、云南、陕西、甘肃、青海、新疆；日本、朝鲜、欧洲、印度、中亚。

寄主：荨麻科植物。

图 2-258　蛇眼蝶 *Minois dryas*（Scopoli, 1763）

图 2-259　阿矍眼蝶 *Ypthima argus* Butler, 1866

①　　　　　　　　　　　　　　　　②

图 2-260　荨麻蛱蝶 *Aglais urticae*（Linnaeus, 1758）

① 成虫；② 幼虫

261. 绿豹蛱蝶 *Argynnis paphia*（Linnaeus, 1758）（图 2-261）

体中小型，前翅长 32～39 mm，雌雄异色，雄蝶橘红色，雌蝶橘黄色或灰橙色。雄蝶在前中室下有性斑，为 4 条粗黑长斑，翅外缘有 3 列黑斑，后翅基部橘灰色，有不规则的 2 列波状中横线。反面前翅顶角和后翅基半部绿灰色，有金属光泽，有波状中横宽带和 3 列圆斑，后翅淡绿色，外缘带紫色，亚缘有白色线及眼状纹，中部至基部有 3 条白色斜带。

分布：宁夏（贺兰山荒漠草原和固原、云雾山、隆德及西吉等草甸草原）、河北、山西、东北、浙江、福建、江西、河南、湖北、广东、广西、四川、贵州、云南、西藏、陕西、甘肃、青海、新疆；日本、朝鲜、欧洲、非洲。

寄主：紫花地丁，堇科植物。

262. 夜迷蛱蝶 *Mimathyma nycteis*（Ménétriès, 1858）（图 2-262）

体中型略大，前翅长 27～36 mm，黑色，中室内有 1 个浅白色长箭状纹，前翅顶角处有 3 个白斑，中域白斑列前翅 Cu_1 室斑外移，亚缘有浅白斑列。反面黄褐色，前中室银蓝色，内有 2～4 个黑点，Cu_2 室紫黑色。后翅除中域带及亚缘带有 1 条基带，亚缘带内侧有 1 小列白点，其他同正面。

分布：宁夏（贺兰山荒漠草原）、黑龙江、浙江、福建、江西、湖北、四川、云南、陕西；朝鲜、俄罗斯。

寄主：灰榆、杨。

263. 单环蛱蝶 *Neptis rivularis*（Scopoli, 1763）（图 2-263）

体中小型，前翅长 23～29 mm，黑色，前翅顶角附近有 3 个白斑斜形平列，前中室长白斑，分为 4～5 段，后翅中央有长方形白斑连成 1 条斜的宽带，当翅展开时前后翅的带连成 1 个环形。反面后翅亚基条显著基域内无黑点。

分布：宁夏（贺兰山荒漠草原和固原、云雾山、隆德及西吉等草甸草原）、河北、东北、河南、四川、陕西、甘肃、青海、台湾；日本、朝鲜、蒙古、俄罗斯（西伯利亚）、欧洲中部。

寄主：绣线菊、胡枝子等菊科和豆科植物等。

图 2-261　绿豹蛱蝶 *Argynnis paphia*（Linnaeus, 1758）

图 2-262　夜迷蛱蝶 *Mimathyma nycteis*（Ménétriès, 1858）

图 2-263　单环蛱蝶 *Neptis rivularis*（Scopoli, 1763）

264. 银斑豹蛱蝶 *Speyeria aglaja*（Linnaeus, 1758）（图 2-264）

体中型，前翅长 25～30 mm，雄蝶有 3 条性标，外缘有 2 条黑线纹，亚缘有 1 列新月黑斑，前中室有波浪形黑条纹。后翅中域有波状黑带，反面后翅亚缘白斑列内侧无眼状斑分布。

分布：宁夏（贺兰山荒漠草原）、河北、山西、东北、山东、河南、四川、西藏、云南、陕西、甘肃、青海、新疆；日本、朝鲜、英国、非洲北部。

寄主：不详。

265. 小红蛱蝶 *Vanessa cardui*（Linnaeus, 1758）（图 2-265）

体中型，略小。前翅长 22～27 mm，黑褐色，顶角附近有几个小白斑，翅中央有红黄色不规则的横带，基部与后缘密生暗黄色的鳞。后翅基部与前缘暗褐色，密生暗黄色鳞，其余部分红黄色，沿外缘有 3 列黑色点，内侧 1 列最大，中室端部有 1 条褐色横带。前翅反面和正面相似，但顶角为青褐色，中部的横带为鲜红色。后翅反面多灰白色线，围有不同浓度不规则密布的褐色纹，外缘有 1 条淡紫色带，其内侧有 4～5 个中心青色的眼状纹。

分布：宁夏（全区草原）、北京、东北、浙江、福建、江西、山东、湖南、海南、四川、贵州、陕西、青海、台湾；世界广布种，仅南美尚未发现。

寄主：大豆、大麻、黄麻、苎麻、艾、牛蒡、荨麻、山杨等。

（八十七）灰蝶科 Lycaenidae

体小型。翅正面以灰、褐、黑等色为主，部分种类两翅表面具有紫、蓝、绿等色的金属光泽，且两翅正反面的颜色及斑纹截然不同，反面的颜色丰富多彩，斑纹变化多样。触角具多数白环且短；前足退化，但仍能用于步行，雄性前足多为 1 个跗节，1 个爪，极少分节；雌性前足为 2～5 个跗节。前翅多呈三角形；后翅近卵圆形。

266. 红珠灰蝶 *Lycaeides argyrognomon*（Bergstrasser, 1779）（图 2-266）

体小型，前翅长 13～17 mm。雄蝶正面蓝紫色带较细的黑边，前后翅反面亚缘有橘红带，后翅尾部有 2 个闪蓝点。雌蝶正面以黑棕色为主，有橘红圆斑列，由后往前渐淡，前后翅反面橘红色内有浅辐射状白带域。

分布：宁夏（全区草原）、河北、山西、辽宁、吉林、黑龙江、山东、河南、四川、西藏、陕西、甘肃、青海、新疆；朝鲜、日本。

寄主：柠条、锦鸡儿等豆科牧草。

图 2-264　银斑豹蛱蝶 *Speyeria aglaja*（Linnaeus, 1758）

图 2-265　小红蛱蝶 *Vanessa cardui*（Linnaeus, 1758）

图 2-266　红珠灰蝶 *Lycaeides argyrognomon*（Bergstrasser, 1779）

267. 红灰蝶 *Lycaena phlaeas*（Linnaeus, 1761）（图 2-267）

体小型，前翅长 16～18 mm，前翅橘红色，外缘有宽的黑褐色带，中室域有 2 个黑斑，亚缘有 7 个黑斑排列成波状。后翅黑褐色，亚缘有齿状橘红色带。中域有时分布青蓝色鳞片，前翅反面较淡，斑和正面大致相同，后翅反面灰褐色，翅面有很多小黑点亚缘有波状橘红带，雌性色较深。

分布：宁夏（贺兰山荒漠草原）、北京、河北、吉林、黑龙江、浙江、江西、福建、河南、贵州、西藏、甘肃；朝鲜、日本、欧洲、非洲。

寄主：何首乌、羊蹄草、酸模等蓼科植物。

268. 白斑新灰蝶 *Neolycaena tengstroemi*（Erschoff, 1874）（图 2-268）

体小型，前翅长 13～15 mm，翅灰褐色，前翅较后翅颜色深。翅反面浅灰色，前翅中央有 1 条白色的短竖线，外缘有 1 列黑斑，亚缘有 6 个白斑。后翅亚缘有 1 条橘黄带，其内侧有 2 列白色斑。

分布：宁夏（贺兰山荒漠草原）、河北、新疆、四川；吉尔吉斯斯坦。

寄主：柠条。

269. 豆灰蝶 *Plebejus argus*（Linnaeus, 1758）（图 2-269）

成虫体长 9～11 mm，翅展 25～30 mm。雌雄异色。雄翅正面青蓝色，具青色闪光，黑色缘带，宽，缘毛白色且长；前翅前缘多白色鳞片，后翅具 1 列黑色圆点与外缘带混合。雌翅棕褐色，前、后翅亚外缘的黑色斑，镶有橙色新月斑，反面灰白色。前、后翅具 3 列黑斑，外列圆形与中列新月形斑点平行，中间夹有橙红色带，内列斑点圆形，排列不整齐，第 2 室 1 个，圆形，显著内移，与中室端长形斑上下对应，后翅基部另具黑点 4 个，排成直线；黑色圆斑外围具白色环。

分布：宁夏（全区草原）、黑龙江、吉林、辽宁、河北、山东、山西、河南、陕西、甘肃、青海、内蒙古、湖南、四川、新疆。

寄主：沙打旺、苜蓿、紫云英、黄芪、甘草等豆科牧草及赖草等禾本科牧草。

图 2-267　红灰蝶 *Lycaena phlaeas*（Linnaeus, 1761）

图 2-268　白斑新灰蝶 *Neolycaena tengstroemi*（Erschoff, 1874）

图 2-269　豆灰蝶 *Plebejus argus*（Linnaeus, 1758）

270. 多眼灰蝶 *Polyommatus eros* Ochsenbeimer, 1808 （图 2-270）

体小型，前翅长 12～14 mm，雌雄异色，雄性深天蓝色，黑缘无其他斑；雌性褐色，亚缘有橘黄色月牙斑列，前中室端有 1 个黑斑。反面灰白色，雌雄前中室域后部有 2 个黑斑。其他各中室端斑显见，中域横列斑规律。

分布：宁夏（全区草原）、河北、吉林、黑龙江、山东、河南、四川、西藏、陕西、甘肃；日本、朝鲜、俄罗斯、欧洲。

寄主：豆科植物。

271. 线灰蝶 *Thecla betulae*（Linnaeus, 1758）（图 2-271）

雄蝶正面黑色，雌蝶前翅有红色弧形宽带，有的亚种红色区发达。反面底色以橙黄色为主，后翅有内外两条银色中线，后翅反面底色上不散布白色鳞，内外中线为银色。

分布：宁夏（贺兰山荒漠草原）；东北、华北、华东、中南、四川。

寄主：不详。

272. 柠条灰蝶 *Zizeeria* sp. （图 2-272）

成虫：体长 8～11 mm，翅展 25～30 mm。触角黑色，各节有 1 个白色环纹，锤部黑色，端尖橙色。头顶黑色，中部生有 1 丛白毛，后缘有 1 横列长毛，弯向前方，黑白相间。胸部黑色，密生灰色长毛。腹部背面灰褐色，腹面白色。翅面黑色微褐，翅基稍淡，缘毛淡灰白色。前翅反面灰褐色，前翅中室端有 1 条白色细弯纹，外横线为（4＋2）个白斑组成 2 条弯纹，外缘白色内侧有 6 个黑点。后翅反面灰黄色，中室端有 1 条白色弯纹，此纹外方，约有 4 对白斑散布，外缘各脉间为白斑，斑内有 1 对小黑斑，分内外对列，黑斑间为橙色，缘毛灰色。足银灰色，跗节基部黑色。

幼虫：长 13 mm，宽 3.5 mm。体型长圆，上下略扁，体色有变异。幼龄黄绿色，中龄草绿色，近老熟时肉红色。体面密布黑褐色粒点和白色短刺毛。头部黑色，唇基和触角基部白色，静止时头部常缩于前胸之下。前胸蹄形，背面隆起，密生黑褐色粒点和褐刺毛，中部至腹部第 6 节背面左右隆起，上生较长褐色刺毛群；背中线绿色，较宽，侧线白色，线之两侧紫红色。腹部第 2 至 6 腹节两侧，各有 1 条白色斜线与背侧线相接呈"人"字形。腹端 3 节较平扁，背面分节不明显，臀节舌形。气孔下线白色，腹面绿色，胸足黄褐色，腹足绿色，趾钩褐色。

分布：宁夏（贺兰山、盐池及同心等荒漠草原）。

寄主：柠条属植物。

①　　　　　　　　　　　②

图 2-270　多眼灰蝶 *Polyommatus eros* Ochsenbeimer, 1808

① 正面；② 反面

图 2-271　线灰蝶 *Thecla betulae*（Linnaeus, 1758）

①　　　　　　　　　　　②

图 2-272　柠条灰蝶 *Zizeeria* sp.

① 成虫；② 幼虫

（八十八）菜蛾科 Plutellidae

体小型，细狭，色暗；成虫停息时触角前伸。头部鳞片紧贴或有丛毛，下唇须第 2 节下面有前伸的毛束，第 3 节尖而光滑，上举。前翅狭窄，披针状，有翅痣和副室，缘毛有时发达；后翅菜刀形。

273. 菜蛾 *Plutella xylostella*（Linnaeus, 1758）（图 2-273）

成虫：灰黑色，雄蛾色深，雌蛾色浅，体长约 7 mm，翅展约 14 mm。头部灰白色，前翅灰褐色，前缘黄白，密布暗褐色小点，近后缘部有 3 条纵波状纹，后缘部白色，散有淡褐色小点，静止时两翅折叠呈屋脊形，翅尖翘起如鸡尾，两翅白色部合并成 3 个斜方块。后翅灰紫色，翅缘有长毛。

幼虫：淡绿色，长约 12 mm。

蛹：浅黄绿色，长约 5 mm。

茧：灰白色，疏薄如纱，可透见蛹体，多附于叶背面及茎部。

分布：宁夏全区草原及全国各地；世界各地。

寄主：十字花科植物。

（八十九）木蠹蛾科 Cossidae

体中型，触角羽状，下颚须及喙管均缺，下唇须短小。体一般具浅灰色斑纹。前、后翅中室保留有 M 脉基部，前翅有副室及 Cu_2，后翅 Rs 与 M_1 接近，或在中室顶角外侧出自同一主干。

274. 沙蒿木蠹蛾 *Holcocerus artemisiae* Chou et Hua, 1986 （图 2-274）

成虫体长 18 ～ 29 mm，翅展 38 ～ 60 mm。体翅灰褐色，触角褐色扁绒状，下唇须平伸，黄褐色，端节黑褐色而圆钝。头顶、翅基片及胸前部灰褐色，胸后部有 2 条黑褐色横带，腹部浅灰褐色。前翅灰褐色，顶角钝圆，前缘黄黑相间，翅脉黑褐色较明显，翅基和中室暗褐色，中室下有 1 明显白色区，外半部各脉之间散布暗色条点。翅反面灰褐色，前翅前缘黑点列明显。后翅无斑纹。各跗节基部暗褐色，端部黄褐色，下面生黑刺。后足胫节有距 2 对，第 1 跗节膨大。

幼虫：体长 40 mm，黄白色，散布紫红色斑块。头部深褐色，前盾片黄色，背线黄白色，每体节背线两侧有 1 对近方形紫红斑，上生褐毛 1 根，体侧至气孔线之间亦散布紫红色斑，腹面淡色，胸足黄色，腹足趾钩 42 ～ 69 个，为单序全环式，其中有少数趾钩长短相间。

分布：宁夏（盐池、同心荒漠草原）、内蒙古（西部）、陕西（北部）。

寄主：骆驼蓬及沙蒿类植物。

①　　　　　　　　　　②　　　　　　　　　　③

图 2-273　菜蛾 *Plutella xylostella*（Linnaeus, 1758）

①成虫；②幼虫；③蛹

① 　　　　　　　　　　　　　②

图 2-274　沙蒿木蠹蛾 *Holcocerus artemisiae* Chou *et* Hua, 1986

①成虫；②幼虫

275. 榆木蠹蛾 *Holcocerus vicarius*（Walker, 1865）（图2-275）

成虫：体粗壮，灰褐色，体长28～38 mm，翅展60～73 mm。雌虫触角丝状，黑褐色，雄虫触角略粗，栉齿状黑褐色。前翅灰褐色，内半部色深，尤以中室和前缘颜色最深；翅面布有黑褐色粗细不匀的网状纹络，外横线和亚缘线较粗而明显，外缘线依脉室弯曲呈波纹，在中室以后向内弯，亚缘线较直，前方分叉，外横线内方至翅基色较深，缘毛灰褐色；翅脉黑褐色；后翅灰褐色，布有不明显的花纹。头部黑褐色，肩板后缘黑色。胸背中部，有一片粉红色（或淡褐黑色）鳞毛，弯曲横列与小盾板相接，小盾板鳞毛灰黄色，前缘有黑色横带。腹部鳞毛灰褐色。

幼虫：大型鲜红色幼虫，体长70 mm左右，背面暗红色，腹面有微细皱纹。前盾板黄色或橙色。腹足趾钩全环，环序不整齐。

分布：宁夏（全区草原）、河北、北京、天津、山西、内蒙古、东北、上海、江苏、安徽、广西、四川、云南、陕西、甘肃、台湾；朝鲜，日本，越南，俄罗斯。

寄主：榆、沙果、枸杞、杏、柳、苹果、栎等。

（九十）羽蛾科 Pterophoridae

体中小型，纤弱。前后翅深纵裂，前翅狭长，翅端分裂为2～4片，分裂达翅中部；后翅分裂3片，常分裂达翅基部，每片均密生缘毛如羽毛状。下唇须较长，向上斜伸；下颚须退化；单眼缺或甚小；触角长，线状。足细长，有长距。静止时前、后翅纵折重叠成一窄条向前方斜伸，与瘦长的身体组成"Y"或"T"字形。

276. 甘草枯羽蛾 *Marasmarcha glycyrrihzavora* Zheng et Qin, 1997　（图2-276）

体长9.0～11.0 mm，翅展25.0～29.0 mm。头被紧贴褐色鳞片，有直立的窄鳞片；颜面浅黄色，混杂赭色鳞片，头顶浅黄色至赭色。下唇须上举或前伸，赭褐色，腹面白色。触角背面白色，混有浅褐色鳞片，腹面密布浅色短纤毛。胸部赭褐色，后缘两侧白色。翅基片赭褐色。前翅自3/4处分裂，浅黄色至赭褐色，前缘深褐色，近顶角处色浅。自分裂处有1条灰白色横带斜伸到前缘3/4处，中室基部有不清楚的褐斑，近后缘基部1/3色深，呈褐色纵带，缘毛灰褐色，但后缘及第2叶前缘灰白色，腹面浅褐色。前缘和后缘灰白色。后翅第1裂片发生于近1/2处，浅黄色至赭褐色，较前翅色深，有光泽，缘毛深灰色，第3叶后缘缘毛基部白色。腹部背面赭褐色，每节有1对白色纵线，腹面灰白色至灰褐色。前、中足腿节和胫节内侧赭褐色，外侧白色，跗节灰白色，中足胫节端部有一对不等长的白色距；后足外侧赭褐色，内侧白色，混有赭色鳞片，两对距灰白色，不等长；足上还有不同的细毛，长短不一。

分布：宁夏（盐池、同心荒漠草原）。

寄主：甘草。

①　　　　　　　　　　　　　　　②

图 2-275　榆木蠹蛾 *Holcocerus vicarius*（Walker, 1865）

① 成虫；② 幼虫

①　　　　　　　　　　　　　　　②

图 2-276　甘草枯羽蛾 *Marasmarcha glycyrrihzavora* Zheng et Qin, 1997

① 成虫；② 蛹

（九十一）螟蛾科 Pyralidae

体小型至中等大小，身体细长，腹部末端尖削。有单眼，触角细长，下唇须伸出很长，如同鸟喙。足通常细长。前翅呈长三角形，R_3 与 R_4 有时还有 R_5 在基部共柄，第一臀脉消失。后翅 S_c+R_1 有一段在中室外与 R_s 愈合或接近；M_1 与 M_2 基部远离，各出自中室上角和下角。

277. 柠条坚荚斑螟 Asclerobia sinensis（Caradja, 1937）（图 2-277）

体长 9～11 mm，翅展 19～20 mm。头顶鳞片及下唇须为浅黄色，触角丝状，长达前翅 2/3。胸部背面浅黄色。前翅灰黑、灰白、黄色鳞片相间分布，前翅外缘鳞片端部白色，在前翅中前部有 1 条横向由灰白色和灰黑色鳞片组成的突起鳞片带。后翅淡灰色。复眼黑色，有白色网状花纹。前翅无 R_5 脉，R_3 与 R_4 脉共柄。

分布：宁夏（贺兰山、盐池、灵武及同心等荒漠草原）、内蒙古、陕西、辽宁、广东、广西、华东、华中。

寄主：豆科、锦鸡儿属牧草。

278. 菱斑草螟 Crambus pinellus（Linnaeus, 1758）（图 2-278）

成虫前翅长 7.0～10.0 mm。头部白色。下唇须背面白色，腹面褐色。触角淡褐色。胸部背中部白色，肩片黄褐色。前翅暗褐色，翅面中部具 2 个大白斑及 1 个小斑；中室内白斑基部窄，端部内凹，呈二齿状，近白斑端边缘有黑色鳞片；中室端外白斑近菱形，周缘有黑色鳞片，亚缘有 1 条弯曲白带，宽窄不一；缘线黑褐色；缘毛褐色；后翅灰色，缘毛淡土黄色；腹部黄白色。

分布：宁夏（贺兰山、盐池、灵武及同心等荒漠草原）、青海、甘肃；日本、蒙古、俄罗斯、欧洲。

寄主：不详。

图 2-277 柠条坚荚斑螟 *Asclerobia sinensis*（Caradja, 1937）

图 2-278 菱斑草螟 *Crambus pinellus*（Linnaeus, 1758）

279. 柠条豆荚螟 Etiella zinckenella（Treitschke, 1832）（图 2-279）

成虫：体长 7～10 mm，翅展 15～23 mm，灰褐色。复眼黄色，触角黄褐色，长度超过体之中部，雄蛾触角基部有 1 丛长的灰色鳞片。下唇须粗长，前伸，上面黄褐色，下面灰白色。头顶鳞片向前平覆，超过颜面，后头鳞片黄色，向后平覆。前翅灰褐色，前缘白色，端部杂生灰色鳞片，近翅基 1/3 处，有 1 条黄色宽横带，其内侧着生 1 列深褐色拱起的长鳞，突出翅面。后翅灰白色，翅缘黑褐色，缘毛内层灰色，外层白色。

卵：长约 0.5 mm，椭圆形，卵面有网状纹，初产白色，后变红色。

幼虫：体色因龄期而变化。中龄以前为白色至灰绿色，头及前盾板黑色。老熟时体长 17 mm，淡紫红色，头黄褐色，口器黑色。前盾板淡褐色，中线有 2 个八字形细纹，两侧各有 1 个明亮黑点。背毛点黑色，背线 9 条，紫红色，气孔上下线色淡而断续不全，腹面黄绿色至灰绿色。胸足淡褐色，腹足趾钩双序全环式。

分布：宁夏（贺兰山、盐池、灵武及同心等荒漠草原）、内蒙古、陕西、辽宁、广东、广西、河北、河南、山东、山西、湖北、云南、台湾；日本、朝鲜、印度、西伯利亚、欧洲、北美。

寄主：豆科、锦鸡儿属牧草。

280. 草地螟 Loxostege sticticalis（Linnaeus, 1761）（图 2-280）

成虫：体长 8～12 mm，翅展 12～26 mm。前翅灰褐色，沿外缘有淡黄色条纹，翅中央稍近前缘有淡黄色斑 1 块。后翅灰褐色，沿外缘有 2 条平行波状纹。静止时全体成三角形。

幼虫：老熟幼虫体长 19～21 mm，头黑色有白斑，胸腹部黄绿或暗绿色，有明显的纵行暗色条纹，周身有毛瘤。

土茧：长 40 mm，宽 3～4 mm。

分布：宁夏（全区草原）、华北、内蒙古、吉林、江苏、陕西、甘肃、青海；朝鲜、日本、印度、俄罗斯、欧洲、北美洲。

寄主：豆科、菊科、禾本科及苋科等牧草。

① ②

③ ④

图 2-279 柠条豆荚螟 *Etiella zinckenella*（Treitschke, 1832）

① 成虫；② 卵；③ 幼虫；④ 为害状

① ② ③

图 2-280 草地螟 *Loxostege sticticalis*（Linnaeus, 1761）

① 成虫；② 幼虫；③ 土茧

281. 黄草地螟 *Loxostege verticalis* Linnaeus, 1758 （图 2-281）

成虫：体长 8.5～10 mm，翅展 21～25 mm。全体黄色有褐色横纹，头、胸和腹部褐色。颜面有锥形突起。前翅锯齿波纹状不明显，近前缘一段较直，两翅反面为淡色，斑纹清晰。

幼虫：体细长 21 mm，头部褐色，有深褐色斑点不规则地排列着。胴部青绿色，背中央有 3 条白色纵纹，各节间白色，在白纵纹之侧，每节又各有黑圈 2 个，黑圈之中有 1 个小黑点，上生 1 个淡色毛。各节之黑圈前后贯穿在胴部背面，形成 1 条黑纵纹，在腹足与黑圈之间，每节另有 3 个小黑圈斜着排列。

蛹：细长，长 11 mm，纯淡褐色，末节两侧各有刚毛 3 根，头及胴部分布有稀疏软毛。

分布：宁夏（全区草原）、内蒙古、陕西、新疆、黑龙江、江苏、四川、云南、山东。

寄主：豆科牧草。

282. 麦牧野螟 *Nomophila nocteulla*（Schiffermüller et Denis, 1775）（图 2-282）

成虫：翅展 23～30 mm。头灰褐色。下唇须下侧白色。腹部两侧有成对白色条纹。前翅中室基部下半部有 1 条黑色斑纹，中室中央与中室下方各有 1 条褐色圆形斑纹及 1 条肾形斑纹，外横线锯齿状，在 Cu_1 脉到中室末端收缩，亚外缘线锯齿状，外缘线锯齿状，前翅缘毛有 1 条深色线，翅面为灰褐色，各斑纹的颜色较深。后翅颜色较浅，翅顶色泽略深，缘毛末端白色。

幼虫：老熟幼虫体长 15～18 mm，头黑色有白色绒毛，胸腹部浅绿色，背部暗绿色，每节有明显 4 个黑色斑点，斑点上有刚毛。蛹：体长 14 mm，褐色。土茧：长 30 mm，宽 4～5 mm。

分布：宁夏（石嘴山、平罗及贺兰山等荒漠草原）、江西、内蒙古、河北、陕西、山东、河南、江苏、湖北、台湾、广东、四川、云南；日本、印度、欧洲、北美洲。

寄主：苜蓿、小麦、柳树。

（九十二）尺蛾科 Geometridae

体细，翅阔，常有细波纹，少数种类雌虫翅退化或消失，静止时四翅平铺。后翅 Sc+R 在近基部与 Rs 靠近或愈合，形成 1 个小基室。第 1 腹节腹面两侧有 1 对鼓膜听器。足细长，具毛或鳞，少数种类中足胫节偏宽，有毛刷。

① ② ③

图 2-281　黄草地螟 *Loxostege verticalis* Linnaeus, 1758

① 成虫；② 幼虫；③ 蛹

① ②

③ ④

图 2-282　麦牧野螟 *Nomophila nocteulla*（Schiffermüller *et* Denis, 1775）

① 成虫；② 幼虫；③ 蛹；④ 茧

283. 丝棉木金星尺蛾 *Calospilos suspecta*（Warren, 1894）（图 2-283）

雄虫体长 10 ～ 13 mm，翅展 32 ～ 38 mm；雌虫体长 12 ～ 19 mm，翅展 34 ～ 44 mm。翅底色银白，具淡灰色及黄褐色斑纹，前翅外缘有 1 行连续的淡灰色纹，外横线成 1 行谈灰色斑，上端分叉，下端有 1 个红褐色大斑；中横线不成行，在中室端部有 1 个大灰斑，斑中有 1 个图形斑；翅基有 1 个深黄、褐、灰三色相间花斑；后翅外缘有 1 行连续的淡灰斑，外缘线成 1 行较宽的淡灰斑，中横线有断续的小灰斑。斑纹在个体间略有变异。前后翅互展时，后翅上的斑纹与前翅斑纹相连接，似由前翅的斑纹延伸而来。前后翅反面的斑纹同正面，无黄褐色斑纹。腹部金黄色，由黑斑组成的条纹 9 行，后足胫节内侧无丛毛。

分布：宁夏（全区草原）、华北、吉林、黑龙江、上海、浙江、安徽、福建、江西、山东、河南、湖北、湖南、广东、陕西、甘肃、台湾；朝鲜、日本、俄罗斯。

寄主：丝棉木、枣、杨、柳。

284. 桑褶翅尺蛾 *Zamacra excavata*（Dyar, 1905）（图 2-284）

成虫：体中型，体长 15 mm，翅展 38 ～ 50 mm，灰色或灰褐色。雌成虫静止时，前翅纵褶斜向直立，后翅纵褶向后平贴于背，乍看如同干皱的枯叶，形状很奇特；雄虫 4 翅，较开展。触角白色，雌虫丝状，雄虫羽毛状，羽状分支为黑褐色，基节下方有 1 束白色长毛，上方有 1 个黑斑。复眼暗褐色，周围白色，额突黑色，下方白色。下唇须黑色，内侧白色。胸部密生黑、白、褐相间的长毛，并散布端部为黑色及褐色鳞片，尤以背面为多。前翅灰褐色，翅基部后缘为黑褐色，翅面有稀疏黑点；后翅前缘中部略向后弯，中横线黑色较宽而明显，外横线黑灰色较短，有时不明显，翅外端色较灰暗，外缘毛黑色，内缘毛为白色，较长。腹部灰褐色，有深色中线，第 2 ～第 6 节背板侧缘有 1 个黑色环纹，其下方为白色，腹面灰色。足跗节灰褐色，胫节端部、膝部和前胫节外侧黑色。

幼虫：初孵化时深褐色，蜕皮后渐变为绿色，背部出现褐色宽纵带。老熟时体长 40 mm，头部两颊黑褐色，前面暗绿色。胸足 3 对，黑褐色；腹足 1 对，外侧黑褐色或绿色；尾足 1 对，较粗壮，黑褐色。腹部第 1、第 8 节背面各有 1 对深色突起，第 2、第 4 节背面各有 1 个较长锥突，各锥突端部及前后侧为黑色；腹部腹面每节两侧缘各有 1 对刺突，以第 2 至第 5 节较大，第 4 节背面至第 8 节端有一向后渐窄的赤褐色带，带两侧白色；腹部腹面第 1 至第 5 及第 6 至第 8 节两侧黑褐色，中间绿色。幼虫静止时常作 "2" 字形卷曲。

分布：宁夏（全区草原）、北京、山东、陕西、甘肃；朝鲜、日本。

寄主：桑、杨、苹果、桃、核桃、槐、洋槐等。

①

②

图 2-283　丝棉木金星尺蛾 *Calospilos suspecta*（Warren, 1894）

① 成虫；② 幼虫

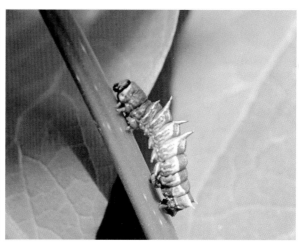

①

②

图 2-284　桑褶翅尺蛾 *Zamacra excavata*（Dyar, 1905）

① 成虫；② 幼虫

（九十三）枯叶蛾科 Lasiocampidae

体中型至大型，粗壮多毛，停歇时似枯叶，后翅前缘区扩大。触角栉齿状。眼有毛，单眼消失。喙退化。足多毛，胫距短，中足缺距。翅宽大，缺翅缰。常雌雄异形。雌蛾笨拙，雄蛾活泼有强飞翔力。

285. 黄褐幕枯叶蛾 *Malacosoma neustria testacea*（Motschulsky, 1861）（图2-285）

雌雄差异较大。雌虫体长 18 ～ 20 mm，翅展约 40 mm，全体黄褐色。触角锯齿状。前翅中央有 1 条赤褐色宽斜带，两边各有 1 条米黄色细线；雄虫体长约 17 mm，翅展约 32 mm，全体黄白色。触角双栉齿状。前翅有 2 条紫褐色斜线，其间色泽比翅基和翅端部的为淡。

卵：圆柱形，灰白色，高约 1.3 mm。每 200 ～ 300 粒紧密黏结在一起环绕在小枝上，如"顶针"状。

幼虫：低龄幼虫身体和头部均黑色，4 龄以后头部呈蓝黑色。末龄幼虫体长 50 ～ 60 mm，背线黄白色，两侧有橙黄色和黑色相间的条纹，各节背面有黑色瘤数个，其上生有许多黄白色长毛，腹面暗褐色。腹足趾钩双序缺环。

蛹：初为黄褐色，后变黑褐色，体长 17 ～ 20 mm，蛹体有淡褐色短毛。化蛹于黄白色丝质茧中。

分布：宁夏（全区草原）、东北、北京、河北、内蒙古、安徽、江苏、浙江、山东、河南、江西、湖北、湖南、四川、云南、陕西、甘肃、青海、新疆；朝鲜、日本、俄罗斯、欧洲。

寄主：杨、柳、榆、栎、桦、桑、梨、杏、桃、苹果、沙枣等林木、果树。

286. 苹枯叶蛾 *Odonestis pruni*（Linnaeus, 1758）（图2-286）

雌虫体长 25 ～ 30 mm，翅展 52 ～ 70 mm；雄虫体长 23 ～ 28 mm，翅展 45 ～ 56 mm。全身赤褐色，复眼球形黑褐色，触角双栉齿状，雄栉齿较长。前翅外缘略呈锯齿状，翅面有 3 条黑褐色横线。内、外横线呈弧形，两线间有 1 个明显的白斑点，亚缘线呈细波纹状。后翅色较淡，有 2 条不太明显的深褐色横带。

老熟幼虫体长 50 ～ 60 mm。青灰色或茶褐色，体扁平，两侧缘毛长，灰褐色。腹部青灰色或淡茶褐色，腹部第 1 节两侧各生有 1 束黑色长毛，第 2 节背面有 1 个黑蓝色横列毛丛，腹部第 8 节背面有 1 个瘤状突起。

分布：宁夏（固原、彭阳的草甸草原）；东北、内蒙古、山西、河北、河南、山东、江苏、安徽、浙江、江西、福建、台湾、湖北、湖南、广西、广东。

寄主：蔷薇、苹果、桃。

图 2-285　黄褐幕枯叶蛾 *Malacosoma neustria testacea*（Motschulsky, 1861）

① 成虫；② 卵；③ 幼虫；④ 蛹

图 2-286　苹枯叶蛾 *Odonestis pruni*（Linnaeus, 1758）

① 成虫；② 幼虫

（九十四）斑蛾科 Zygaenidae

体小型至中型，身体光滑，色彩常鲜艳，昼出性。有单眼，喙发达，雄虫触角多为羽状。翅多有金属光泽，少数暗淡，翅面鳞片稀薄，呈半透明状。前、后翅中室内有 M 脉主干。

287. 梨叶斑蛾 *Illiberis pruni* Dyar, 1905 （图 2-287）

成虫：体长 9 ～ 12 mm，前翅长 11.0 ～ 15.5 mm；全体黑褐色，具青色光泽；雄蛾触角双栉齿状，雌蛾触角锯齿状；头胸部具黑褐色绒毛；翅半透明，翅面具很多黑色绒毛，翅缘深黑色；翅脉明显，着生许多短毛。

幼虫：老熟幼虫体长约 20 mm，白色，纺锤形，从中胸到腹部第 8 节背面两侧各有 1 个圆形黑斑，每节背侧有星状毛瘤 6 个。

分布：宁夏（贺兰山荒漠草原和海原草甸草原）、河北、山西、东北、山东、江苏、浙江、江西、湖南、广西、四川、云南、陕西、甘肃、青海；日本。

寄主：梨、苹果、沙果、海棠、杜梨、梅、桃、李、杏、山楂等。

（九十五）天蛾科 Sphingidae

体中至大型，身体粗壮，为流线纺锤形。口器发达，触角中部加粗，末端呈细钩状。前翅大而狭长，翅顶角尖，具翅缰和翅缰钩。

288. 猫眼白眉天蛾 *Celerio euphorbia* Linnaeus, 1758 （图 2-288）

成虫：体长 23 ～ 27 mm，翅展 44 ～ 55 mm。全体灰黄色，有黑色、白色、红色斑纹点缀。头胸背面灰黄色，从触角前后以至前胸背板两侧有白纹贯穿，在前胸背板形成一个"八"字形白纹。触角粗线状，背面为白色，腹面为深褐色。前翅灰黄色，前缘部分及中部斑纹黑褐，略带绿色，轮廓清晰，后缘及外缘白色，翅基黑色。后翅基部黑色，中部红色，其外又为黑色，外缘淡褐色，后缘近后角处有 1 个大白斑。腹部背面黄褐色，基部两侧各有 2 个大黑斑。体色黑褐有绿色，胸背肩板内侧有白边。腹部两侧及腹面有白边，背中线有 1 纵列白点。

幼虫：体长 70 mm，头橘红色。腹部背面黑色和橘色纵纹相间，黑色部分上有白点，橘色部分上有黄点；角基部橘红色，端部黑色；腹部两侧各有 1 条黄线，其上有 1 列橘红色点。

分布：宁夏（盐池、同心及灵武等荒漠草原）、新疆；西班牙、法国、前苏联（中亚细亚、高加索）。

寄主：猫儿眼等大戟科植物。

① 　　　　　　　　　②

图 2-287　梨叶斑蛾 *Illiberis pruni* Dyar, 1905

① 成虫；② 幼虫

① 　　　　　　　　　②

图 2-288　猫眼白眉天蛾 *Celerio euphorbia* Linnaeus, 1758

① 成虫；② 幼虫

289. 沙枣白眉天蛾 *Celerio hippophaes*（Esper, 1789）（图 2-289）

成虫：体长 31～39 mm，展翅 66～70 mm。全体灰黄色，有黑色、白色、红色斑纹点缀。头胸背面灰黄色，从触角前后以至前胸背板两侧有白纹贯穿。触角粗线状，背面为白色，腹面为深褐色。前翅灰黄色，外缘部分深褐色呈三角形。翅中央外缘有 1 个黑点，后缘及外缘白色，翅基黑色。后翅基部黑色，中部红色，其外又为黑色，外缘淡褐色，后缘近后角处有 1 个大白斑。腹部背面黄褐色，基部两侧各有 2 个大黑斑。足白色。胸腹部腹面淡黄色。

幼虫：体长 70 mm，全体背面绿色，密布白点，白点周围为黑色，腹部两侧有白纹纵贯前后；腹面为淡绿色；尾角较细，其背面为黑色，上有小刺，腹面为淡黄色，角之基部向前有"U"字形黄纹，纹周缘为黑色。

分布：宁夏（盐池、同心及灵武等荒漠草原）、新疆；西班牙、法国（南部）、前苏联。

寄主：沙枣。

290. 小豆长喙天蛾 *Macroglossum stellatarum*（Linnaeus, 1758）（图 2-290）

前翅长 20.5～24.5 mm，暗灰褐色；胸部灰褐色，腹面白色；前翅内线和中线棕褐色，弯曲；中室末端上有 1 个黑色小斑；缘毛棕黄色。后翅橙黄色，基部及外缘暗褐色；翅的腹面暗褐色。腹部暗灰色，两侧有白色及黑色斑。

分布：宁夏（全区草原）、河北、山西、山东、河南、广东、四川；日本，朝鲜，印度，越南，尼日利亚，欧洲。

寄主：毛条、锦鸡儿、小豆、茜草科、蓬子菜、土三七等植物。

①　　　　　　　　　　　　　　　　②

图 2-289　沙枣白眉天蛾 *Celerio hippophaes*（Esper, 1789）

①成虫；②幼虫

图 2-290　小豆长喙天蛾 *Macroglossum stellatarum*（Linnaeus, 1758）

291. 枣桃六点天蛾 *Marumba gaschkewitschii gaschkewitschii*（Bremer et Grey, 1852）（图2-291）

成虫：体长 30～40 mm，展翅 84～120 mm。体灰褐色微紫，复眼黑褐色，触角淡灰褐色。胸部背板上淡灰色略带粉红，正中有黑色纵走纹。前翅灰褐色，内横和外横各带由 3 条线组成，3 条线间稍呈暗色；近外缘部分黑褐色，边缘波状，后缘部色略深，其近后角处有 1 条浓色短纹，其前有 1 个黑点。后翅粉红色，近后角部有紫黑斑 2 个。足灰色，各足腿节上微有粉红色细毛。腹部灰褐色，在节与节间的毛是黄褐色，腹部背板中央有 1 条淡黑色的纵线。

卵：椭圆形，长径 1.6～2.0 mm，绿白色，透明有光泽，一端有胶质。

幼虫：老熟幼虫体黄绿色，长达 83 mm，头部呈三角形，青绿色。第 1～第 8 腹节侧面有黄白色斜线 7 对通过气孔上方。腹部各节散布着黄白色颗粒。气孔黑色，内为白色，胸足淡红色，尾角颇长，同体色。

分布：宁夏（全区草原）、陕西、辽宁、西藏、四川、广东及华北、华东、华中地区；日本。

蛹：赤褐色，尾末有短刺，长 42～45 mm。

寄主：桃、苹果、梨、葡萄、杏、李、樱桃、枣、枇杷、酸枣。

（九十六）舟蛾科 Notodontidae

具听器，喙退化，前翅 M_2 脉从中室末端横脉中央或靠近 M_1 脉处伸出，肘脉似 3 叉式，后缘亚基部经常有后伸鳞簇；后翅 Sc+R_1 与 Rs 脉靠近但不接触，或由 1 条短横脉相连。听器位于后胸的凹陷内，膜向下伸。跗爪基部有 1 枚钝齿。

292. 杨扇舟蛾 *Clostera anachoreta*（Denis & Schiffermüller, 1775）（图2-292）

成虫：体中型，土黄色，雄虫体长 13 mm，翅展 28 mm；雌虫体长 16 mm，翅展 35 mm。自头顶至胸部背面中央有显著的赤褐色纵纹。前翅内横线由 2 条白线组成；中横线白色，由前缘至中室下缘作弓形，其下向外方斜走。自中室端外侧的第 1 肘脉至前缘外缘之间有深灰褐色区域一大块，甚为显著，近中室部分赤褐色；外横线的上端作锯齿状；亚外缘线由暗褐色点组成，第 1 肘脉以下之点黑色，有 1 个点大而显著。后翅灰色。

幼虫：体长 30～35 mm，头黑褐色，腹部灰白色，体侧深绿色，腹面灰绿色。体略被有白色细毛。各节有红色横列肉疣 8 个，两侧各有 1 个大黑疣，上生有白色细毛 1 束。

分布：宁夏（全区草原）、云南、四川及东北、华北、华东、华中地区；日本、前苏联（西伯利亚）、印度、欧洲。

寄主：杨、柳。

图 2-291　枣桃六点天蛾 *Marumba gaschkewitschii gaschkewitschii*（Bremer *et* Grey, 1852）

① 成虫；② 卵；③ 幼虫；④ 蛹

图 2-292　杨扇舟蛾 *Clostera anachoreta*（Denis & Schiffermüller, 1775）

① 成虫；② 幼虫

（九十七）毒蛾科 Lymantriidae

体中型至大型，粗壮多毛，雌蛾腹端有肛毛簇。口器退化，下唇须小。无单眼。触角双栉齿状，雄蛾的栉齿比雌蛾的长。有鼓膜器。翅发达，大多数种类翅面被鳞片和细毛，有些种类，如古毒蛾属、草毒蛾属，雌蛾翅退化或仅留残迹或完全无翅。

293. 榆黄足毒蛾 *Ivela ochropoda*（Eversmann, 1847）（图 2-293）

成虫：体白色。雄虫体长 12 mm，翅展 30 mm；雌虫体长 15 mm，翅展 35 mm。体被有白色鳞毛，触角栉齿状，雄虫栉齿显著，雌虫甚短。前足腿节端半部及胫节和跗节、中后足胫节端部及跗节均为橙黄色。

幼虫：体长 30 mm，体节背面各节有白色毛瘤，毛瘤基部周围为白色，瘤毛颇长，灰褐色。全体黄黑色，背线为明显黄色。

分布：宁夏（全区草原）、河北、山西、内蒙古、东北、山东、河南、陕西、甘肃；日本、朝鲜、俄罗斯。

寄主：榆、旱柳。

294. 雪毒蛾 *Leucoma salicis*（Linnaeus, 1758）（图 2-294）

体白色。雄虫体长 15 mm，翅展 42 mm；雌虫体长 20 mm，翅展 52 mm。雄虫触角双栉齿状，黑褐色，雌虫触角栉甚短，灰褐色。触角黑白相间。足白色，胫节及跗节黑白相间成斑纹。

分布：宁夏（全区草原）、辽宁、河南、南京及华北部分地区；日本、朝鲜、前苏联（西伯利亚）。

寄主：杨、柳。

①　　　　　　　　　　　　②

图 2-293　榆黄足毒蛾 *Ivela ochropoda*（Eversmann, 1847）

①成虫；②幼虫

图 2-294　雪毒蛾 *Leucoma salicis*（Linnaeus, 1758）

295. 灰斑古毒蛾 *Orgyia ericae* Germar, 1818 （图 2-295）

成虫：雄蛾有翅，雌蛾无翅。雄蛾体长 8 mm，翅展 21～28 mm。触角羽毛状，暗黄色。前翅锈褐色，有 3 条深褐色横线，其中外面的 1 条色较淡；中室区域有 1 个白色或褐色肾形斑，此斑向前缘处色较淡；近后角有 1 个月形白斑，斑的内侧暗褐色；后翅暗褐色，无斑纹，翅斑有密集的长毛。雌蛾翅退化，体粗壮，长 15 mm，密被白色弯曲短毛。

幼虫：体长 13～32 mm，雌大雄小，全体黄绿色，有长毛簇。头、胸足、腹足黑色。前胸前缘两侧各有 1 个黑色毛瘤，上生有 1 束黑色笔状长毛，每根毛外半部羽状。腹部第 8 节背中有 1 簇污白色刷状毛；第 6～第 7 节背中各有 1 个橘黄色筒形瘤突；全体各节中部均有排列整齐的橘黄色小瘤突，瘤上生有 1 簇淡灰色长毛。各体线黑褐色，唯背线色深而宽，亚背线与气门上线之间有褐色花纹。

分布：宁夏（贺兰山、盐池、中宁及中卫等荒漠草原）、北京、河北、辽宁、黑龙江、陕西、甘肃、湖北、江苏、上海、青海；欧洲。

寄主：花棒、梭梭、沙米、花子柴、柽柳、蔷薇、沙枣、柠条、沙拐枣。

（九十八） 刺蛾科 Limacodidae

口器退化，下唇须短小，多数较长。雄蛾触角一般为双栉形，翅较短阔。体粗壮，鳞毛厚密，缺喙；幼虫具枝刺和毒毛。

296. 中国绿刺蛾 *Parasa sinica* Moore, 1877 （图 2-296）

成虫：体长 12 mm 左右，翅展 21～28 mm。头顶和胸背绿色，腹背灰褐色，末端灰黄色。前翅绿色，基部灰褐色斑在中室下缘呈三角形，外缘灰褐色带，向内弯，呈齿形曲线；后翅灰褐色，臀角稍带淡黄褐色。

幼虫：体长 15 mm 左右，绿色；老熟幼虫具红色。

蛹：初为乳白色，隔天后即变成黄白色，羽化前为黄褐色。

分布：宁夏（贺兰山、盐池荒漠草原）、河北、北京、山西、东北、江苏、浙江、江西、山东、湖北、贵州、云南；朝鲜、日本、俄罗斯。

寄主：樱花、梅花、栀子花、紫藤等花木以及梅、苹果、梨、桃、李、柑橘、枣等果树。

（九十九） 透翅蛾科 Sesiidae

翅窄长，通常有无鳞片的透明区，极似蜂类。喙裸。前、后翅有特殊的、类似膜翅目的连锁机制。腹末有 1 个特殊扇状鳞簇。

①   ②

图 2-295　灰斑古毒蛾 *Orgyia ericae* Germar, 1818

① 成虫；② 幼虫

①   ②

图 2-296　中国绿刺蛾 *Parasa sinica* Moore, 1877

① 成虫；② 幼虫

297. 杨大透翅蛾 Aegeria apiformis（Clerck, 1759）（图 2-297）

体长 22 mm，翅展 40 mm，黄色杂有黑色斑纹，翅透明。头部淡黄褐色，头顶有灰白色毛。复眼黑褐色。触角基部较细，黄褐色，端半部宽扁而色深，顶端尖，红褐色，生有数根短毛。下唇须黄褐色，上弯，端部尖。颈板黄褐色。肩板黄褐色杂有黑褐色小斑点。胸部背面黑褐色，有一黄褐色"U"形纹。腹部第 2 至第 6 节后缘黑褐色，其余部分黄色。前翅狭长，前后缘深褐色，翅脉褐色，径分脉间有黄褐色鳞片，缘毛黄褐色，翅基黑褐色；后翅翅脉淡褐色，缘毛黄褐色，后角缘毛黑褐色。前、中足黄褐色，胫节外侧黑褐色，端部有 2 个距；后足胫节粗壮宽扁，外侧和内侧端半部黑褐色，余为黄褐色，有 1 个中距和 2 个端距。

分布：宁夏（全区草原）、陕西。

寄主：小叶杨、箭杆杨、小青杨。

（一〇〇）夜蛾科 Noctuidae

体中至大型，粗壮多毛，体色灰暗。触角丝状，少数种类的雄性触角羽状。单眼 2 个。胸部粗大，背面常有竖起的鳞片丛。前翅颜色灰暗，多具色斑，肘脉似 4 叉，中室上外角常有 R 脉形成的副室。后翅多为白色或灰色，$Sc+R_1$ 与 Rs 在中室基部有一小段接触又分开，形成一小基室。

298. 桃剑纹夜蛾 Acronicta intermedia（Warren, 1909）（图 2-298）

成虫：体中型，体长 18～20 mm，翅展 40～43 mm。下唇须向前突出，侧面黑色。颈板中央分开处及肩板外缘黑色。前翅银灰色，剑状纹显著，黑色，有 3 个分枝如剑。第 1 室由翅缘向内有 1 条粗黑线，第 5 室由翅缘向内有 1 条较细之黑线。外横线为黑色折曲"之"字形横纹，环形斑、肾形斑较清晰，其间以黑线相连作"X"形。外缘有黑点成列，缘毛黑色褐色相间，末端白色。前后翅均有金属反光，后翅白色。外缘有成列褐点。前后翅反面白色略带黄褐，每翅中央均有 1 个褐点。

幼虫：体长约 50 mm，体色以黑为底与黄红白相间，全体着生较稀疏黑色及白色长毛。背线黄色，亚背线黑色，其中每节有三角形白点 1 对，气门线淡黄褐色，气门上线黑色内有绛红斑点，气门下线粉红色。头黑色有黄色条纹及长毛。第 4 及第 11 体节背面有黑色隆起，其上簇生长毛。每节背面有 1 对小突起着生长毛。第 11 节黑色隆起的后面有 1 个黄斑。

分布：宁夏（全区草原）、安徽、江苏、东北、华北；日本、朝鲜。

寄主：沙果、梨、杏、桃、樱桃、李、梅、柳、苹果。

图 2-297　杨大透翅蛾 *Aegeria apiformis*（Clerck, 1759）

①

②

图 2-298　桃剑纹夜蛾 *Acronicta intermedia*（Warren, 1909）

① 成虫；② 幼虫

299. 柳剑纹夜蛾 *Acronicta* sp. （图2-299）

成虫：体中型，体长18～20 mm，翅展40～43 mm。下唇须向前突出，侧面黑色。颈板中央分开处及肩板外缘黑色。前翅及体土黄褐色，斑纹褐色。前翅剑纹褐色较细，第1室黑条不甚明显，第5室黑条缺，环形斑与肾形斑之间无黑条相连。前后翅反面中央均无黑点。

幼虫：体长约50 mm，全体密被白色长毛，底色黄，背线黑色，其内每一体节均有三角形白斑1个。

分布：宁夏（全区草原）、陕西。

寄主：柳、杨。

300. 小地老虎 *Agrotis ipsilon*（Hufnagel, 1766）（图2-300）

成虫：体长16～23 mm，翅展41～54 mm。全体灰褐色，有黑色斑纹。触角深黄褐色，雌虫丝状，雄虫栉齿状。前胫节侧面有刺。前翅深灰褐色，内横线与外横线成"之"字形纹，将前翅分为翅基、翅缘及中部三部分。中室端具肾形纹，其外方有肾形楔形黑斑，尖端与外方的2个楔形黑斑尖端相对。后翅灰白色，近后缘处褐色。

幼虫：初孵时灰褐色，稍大，食绿色植物后体色带绿，入土后又转灰褐。成熟幼虫体形略扁，长55～57 mm，全体黑褐稍带黄色。体表密布小黑色圆形突起，各腹节后部皱纹不明显，颜面蜕裂线顶端左右相连与额沟相会作"丫"形，腹节背面2对刚毛，后对显大于前对。

分布：宁夏（全区草原）及全国各地；世界各地。

寄主：玉米、高粱、甜菜、马铃薯、萝卜、茄、番茄、辣椒、棉花、亚麻、豆科、糜子及各种蔬菜。

301. 黄地老虎 *Agrotis segetum*［(Denis et Schiffermuller)，1775］（图2-301）

成虫：体长14～19 mm，翅展32～43 mm。体形比小地老虎为小。全体黄褐色。前翅两对"之"字形横纹不明显，肾形纹、环形纹均明显。后翅灰白色。

幼虫：与小地老虎相似，其区别在于，体长40～45 mm，圆筒形，灰黄色。体表平滑，无小黑突起，腹节背面后半皱纹明显，颜面蜕裂线顶端左右分开，腹节背面2对刚毛，后对略大于前对。

分布：宁夏（全区草原）、华北、东北、河南、江苏、浙江、安徽、江西、山东、湖南、湖北、甘肃、青海、新疆；亚洲，非洲，欧洲。

寄主：禾本科牧草、甜菜、棉花、烟草、麻、瓜类、马铃薯、蔬菜、玉米、高粱、林木幼苗。

①　　　　　　　　　　　　　　　　②

图 2-299　柳剑纹夜蛾 *Acronicta* sp.

① 成虫；② 幼虫

①　　　　　　　　　　　　　　　　②

图 2-300　小地老虎 *Agrotis ipsilon*（Hufnagel, 1766）

① 成虫；② 幼虫

图 2-301　黄地老虎 *Agrotis segetum*〔（Denis *et* Schiffermuller），1775〕

302. 仿爱夜蛾 *Apopestes spectrum*（Esper, 1787）（图 2-302）

成虫：体大型，体长 27～30 mm，翅展 60～70 mm，全体灰黄至赤褐色。下唇须突出，前翅黄褐或黑褐色，亚基线、内横线、外横线、亚外缘线作黑色不整齐的曲折纹；肾状纹外缘黑色较粗，环状纹不明显，中室前缘有 1 个小白点；外横线上近后缘处有 1 个瓜子形黑点；外缘有黑点成列，缘毛淡黑褐色。后翅褐色，近外缘部分较深，缘毛淡褐色。前后翅反面褐色，外横线及亚外缘线隐约可见。

幼虫：体长 50 mm，腹面黄绿色，背面淡翠绿色，配以纵走黑条。头绿色，上有黑点散布。亚背线、气门上线、气门线、气门下线均黑色，亚背线是由一长列黑点组成。气门黑色，其附近有 3 个黑点，胸足及腹足上也有黑点。

蛹：赤褐色，长 26 mm，宽 9 mm，腹端有刺 2 个，末端略弯。

分布：宁夏（盐池荒漠草原）、新疆、河北、四川、西藏、甘肃。

寄主：苦豆子。

303. 黑点丫纹夜蛾 *Autographa nigrisigna*（Walker, 1858）（图 2-303）

成虫：体中型，灰色，体长 18 mm，翅展 35 mm。全体黑褐色微紫。后胸及第 1、3 腹节背面有褐色毛块。前翅中央有银色芝麻形斑点 1 个甚显著，有金属光泽，此斑点之前尚有 1 个银色 "U" 字形弯纹。后翅基部淡褐色，外缘部黑褐色。

幼虫：体长 32 mm，体面有短毛，胸足 3 对，黑色，腹足 2 对和尾足 1 对，行走如桥状。体色黄绿，头绿褐色，两颊有黑点，每 5～7 个为一群。腹部背面有 8 条淡色纵纹，体侧气孔线淡黄色，在第 3 腹节处加宽，由此向后逐渐收缩。

分布：宁夏（全区草原）、河北、东北、江苏、河南、四川、西藏、台湾、陕西、甘肃、青海；日本、印度、俄罗斯、欧洲。

寄主：豆科植物。

① ② ③

图 2-302　仿爱夜蛾 *Apopestes spectrum*（Esper, 1787）

① 成虫；② 幼虫；③ 蛹

① ②

图 2-303　黑点丫纹夜蛾 *Autographa nigrisigna*（Walker, 1858）

① 成虫；② 幼虫

304. 马蹄髯须夜蛾 *Hypena sagitta*（Fabricius, 1775）（图 2-304）

成虫：体长 14 mm，翅展 30～33 mm。复眼暗红色，触角丝状，黑褐色，下唇须扁长，黑灰色，斜向上弯，第 2 节长而宽，第 3 节短小，尖端黄褐色。头部灰黑色，头顶鳞片向前倾覆呈一尖突直指前方。胸部灰褐色。腹部黄色，背中线灰色不达腹端。前翅紫灰色，中部有 1 个黑褐色蹄形大斑，此斑内缘为内横线由 1 个折曲构成，外缘为外横线由 2 个折曲构成，多数个体蹄形斑可抵翅后缘，亚外缘线明显，此线在 M_3 处外弯，外缘由 3 层灰褐色鳞片组成。前翅反面均为褐色，近前角处有 1 个暗色小点。后翅黄色，外缘为 1 条黑褐色宽带，近后角处消失。前、中足黑褐色，后足黄色，后足胫节有两对距。

幼虫：体长 35 mm，腹足 3 对，幼龄时灰黑色，老熟时黄色微绿。背中线、气孔上线灰紫色。周身散布规则的黑色圆形毛斑，每斑有 1 根黄褐色长毛。

分布：宁夏（盐池荒漠草原）、广东；印度、缅甸、斯里兰卡、日本。

寄主：老瓜头。

305. 棉铃虫 *Helicoverpa armigera*（Hübner, 1809）（图 2-305）

成虫：雄蛾灰绿色，体长 17 mm，翅展 34 mm。雌虫红褐色，形稍大。前翅中部稍近前缘处有暗褐色环状纹与肾形纹各 1 个，外横线和亚外缘线均呈波纹状，两线中间呈暗褐色，形成 1 条明显暗褐宽带，翅外缘有小黑点列。后翅灰黄色，基部浅黄褐色，外缘部分深褐色，其内有淡色斑 2～3 个，翅中部有 1 个浅褐色斑为横脉纹。

幼虫：体长约 30 mm，体色变异较大，可分为 4 个类型：（1）体色淡红，背线、亚背线淡褐色，气门线白色，刚毛瘤黑色；（2）体色黄白，背线、亚背线浅绿色，气门线白色，刚毛瘤与体色相同；（3）体色淡绿，背线、亚背线淡绿，气门线白色，刚毛瘤与体色相同；（4）体绿色，背线和亚背线深绿色，气门线淡黄色。

分布：宁夏（全区草原）及全国各地；日本、朝鲜、欧洲、印度尼西亚、印度、澳大利亚、北美洲、拉丁美洲。

寄主：禾本科、豆科牧草；烟草、番茄、辣椒、茄、芝麻、向日葵、南瓜、马铃薯、苹果、桃、李。

①　②

图 2-304　马蹄鬈须夜蛾 *Hypena sagitta*（Fabricius, 1775）

① 成虫；② 幼虫

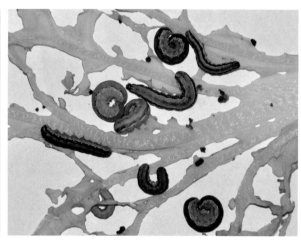

①　②

图 2-305　棉铃虫 *Helicoverpa armigera*（Hübner, 1809）

① 成虫；② 幼虫不同型混合

306. 实夜蛾 Heliothis viriplaca（Hufnagel, 1766）（图2-306）

体长15 mm，翅展32 mm。前翅黄绿色，有时浅褐色，中部有宽而色深的横纹，肾状纹深色。后翅淡黄色，近外缘部分黑色，黑色部分夹有心脏形淡褐斑，翅基部黑色，其间也夹有1个楔形褐斑，缘毛黄白色。

分布：宁夏（全区草原）、甘肃、新疆、江苏、东北、华北及华中地区；朝鲜、日本、欧洲。

寄主：胡枝子、蔄蓄豆等豆科植物，亚麻、棉花、花生、向日葵、烟、大麻、马铃薯、甜菜、甘薯、番茄、李、桃、葡萄。

307. 白茨夜蛾 Leiometopon simyrides Staudinger, 1888 （图2-307）

成虫：体长12～15 mm，翅展30～35 mm，浅土黄色。触角丝状略扁，上面淡黄色，下面褐色。头部前面圆突，黄色，头顶白色，上生端部黑褐色而基部白色的长鳞片和毛。下唇须外侧灰褐色，端部向前方。胸部背面密生白色、黄色、灰褐色或仅端部黑色的长鳞毛。腹部白色，散布灰色鳞片。前翅淡黄色，各横线由黑褐色鳞片组成，内横线中部向外弯曲，外横线锯齿状，后半段为2个白色月纹，此线外区淡黄褐色，缘线在脉间呈黑褐色长点，中室端纹黑褐色，中室下方有1个狭长白色纵斑，斑下缘黑褐色至黄褐色，散有黑褐色鳞毛，缘毛白色，杂灰色鳞片；后翅淡灰褐色，边缘有黑色长点相连，缘毛白色；两翅反面散有灰褐色鳞片。

幼虫：体长40 mm，黄色，有黑斑和长毛。头部灰绿色，有很多黑色斑点，上生有稀疏黑长毛和较密的短毛。背面有由黑斑和紫褐色小点组成的纵线6条。前胸背中央有2条黑纵线，两侧各有暗斑1个；以后各节背面有较大的黑毛斑4个，每斑上生长黑毛3根；第2背毛1根，黑色。气门黑色，下方有1个淡色毛疣，生有1束白色长毛，在下方有1个较大突起，上面白毛较多。腹足外侧有1个黑斑。后盾板上有1条黑色锚形纹。腹面绿黄色，散布淡黄色小点。胸足黑色，第3节淡色，爪钩褐色。

分布：宁夏（贺兰山、盐池及同心等荒漠草原）、内蒙古、甘肃、新疆。

寄主：白茨。

308. 甘蓝夜蛾 Mamestra brassicae（Linnaeus, 1758）（图2-308）

前翅长19.5～23.0 mm；头、胸部暗褐色；前翅灰褐色；基线、内线均为双线，黑色，波浪形；剑纹短；环纹斜圆，具淡褐色黑边；肾纹白色，中部有黑圈；外线黑色，锯齿形；亚端线黄白色，在M_2～M_3脉间呈锯齿形；端线为1列黑点；后翅淡褐色。

分布：宁夏（全区草原）、河北、内蒙古、山西、东北、江苏、浙江、安徽、山东、河南、湖北、湖南、广西、四川、西藏、陕西、甘肃、青海、新疆；日本、朝鲜、俄罗斯、印度、欧洲、北非。

寄主：藜科、豆科、十字花科牧草、松。

图 2-306　实夜蛾 *Heliothis viriplaca*（Hufnagel, 1766）

①　　　　　　　　　　　　　②

图 2-307　白茨夜蛾 *Leiometopon simyrides* Staudinger, 1888

①成虫；②幼虫

图 2-308　甘草夜蛾 *Mamestra brassicae*（Linnaeus, 1758）

309. 红棕灰夜蛾 *Polia illoba*（Butler, 1905）（图 2-309）

成虫：体中型，紫褐色，体长 16 mm，翅展 35 mm。胸背左右有 1 个毛块。前后翅均有金属反光，前翅紫褐色，亚基线、内横线、亚外缘线均为灰白色细线并有深色轮廓，其中亚外缘线灰白色较明显，内侧黑色显著。环状斑及肾状斑均为灰白色，颇明显，轮廓深色。后翅基部淡褐色，外缘部分淡黑色，缘毛基部及末端淡褐色，中部暗色。前翅反面淡紫褐色，后翅反面灰黄色，均有反光，外横线及亚外缘线较明显，后翅中央有 1 个黑点。腹部灰褐色。

幼虫：体长 36 mm，体色变异较大，从淡绿色到黄褐色。两侧气门线白色或淡黄色，较粗而明显，气门上线黑色。头褐色。

分布：宁夏（全区草原）、东北及华北地区；日本、朝鲜、前苏联（西伯利亚）。

寄主：蔄蓄豆、苜蓿等豆科植物、枸杞。

310. 粘虫 *Mythimna separata*（Walker, 1865）（图 2-310）

成虫：体长 16 ~ 17 mm，翅展 36 ~ 37 mm。翅淡黄褐色，有闪光银灰色鳞片。复眼赤褐色。触角丝状，前翅中央稍近前缘处有 2 个近圆形的黄白色斑，正中央有 1 个小白点，其侧有小黑褐斑。从前翅顶角延伸至后缘末端 1/3 处有暗褐色斜纹 1 条，此条纹只延伸至翅中央部分即消失。沿前翅外缘有小黑点 7 个。后翅基部灰白，端部灰褐。雄蛾体色较深，前翅中央圆斑较明显，翅缰仅 1 根，腹部末端钝；雌蛾体色较淡，翅缰 3 根，腹部末端尖。

幼虫：老熟幼虫体长 38 mm。头红褐色，头盖有网纹，额扁，两侧有"凸"形褐色纵纹。此纹外侧有褐色网纹。腹足外侧有黑褐色带形斑点。腹部色彩由淡绿至浓黑，变化较大。足先端有半环式黑褐色趾钩。幼虫体色常因食料和环境不同而有变化。

蛹：长约 19 mm，红褐色，腹部第 5、第 6、第 7 节背面前缘各有 1 排横列齿状刻点。尾端有臀刺 4 根，中央 2 根较为粗大，其两侧各有细短而略为弯曲之刺 1 根。

分布：宁夏（全区草原）及全国各地；日本、前苏联（西伯利亚）、欧洲、印度、澳大利亚、非洲、北美洲、拉丁美洲。

寄主：禾本科、豆科牧草；棉花、烟草、荞麦、向日葵、麻类、枸杞。

311. 甜菜夜蛾 *Spodoptera exigua*（Hübner, 1808）（图 2-311）

雄性翅展 19.2 ~ 25.5 mm。头部灰褐色。胸部灰褐色。前翅灰褐色，基线仅前端可见双黑纹，内、外线均双线黑色，内线波浪形，剑纹为 1 黑条，环、肾纹粉黄色，中线黑色波浪形，外线锯齿形，双线间前后端白色，亚端线白色锯齿形，两侧有黑点；后翅白色，翅脉及端线黑色。腹部浅褐色。

分布：宁夏（全区草原）、东北、河北、河南、山东、陕西、甘肃、青海、新疆及长江流域。

寄主：藜科、蓼科、苋科、菊科、豆科等牧草，甜菜、蔬菜、棉、麻、烟草。

① ②

图 2-309　红棕灰夜蛾 *Polia illoba*（Butler, 1905）

① 成虫；② 幼虫

① ② ③

图 2-310　粘虫 *Mythimna separata*（Walker, 1865）

① 成虫；② 幼虫；③ 蛹

图 2-311　甜菜夜蛾 *Spodoptera exigua*（Hübner, 1808）

十一、膜翅目 Hymenoptera

翅膜质、透明，两对翅质地相似，后翅前缘有翅钩列与前翅连锁，翅脉较特化；口器一般为咀嚼式，但在高等类群中下唇和下颚形成舌状构造，为嚼吸式；腹部第 1 节并入胸部，第 2 节常细缩成柄形；雌虫产卵器发达，锯状、刺状或针状，在高等类群中特化为螫针。

（一〇一）蚁科 Formicidae

体多为黑色、褐色、黄色或红色，体躯平滑，或有毛刺、刻纹和瘤突。头部通常阔大，触角膝状，4 ～ 13 节。复眼小，单眼 3 个，位于头顶。口器和足均发达，跗节 5 节。有性个体有翅 2 对，工蚁通常无翅。基部腹节显著紧缩，形成腹柄。腹柄 1 ～ 2 节，每节背面上有 1 ～ 2 个结节状突起。多数种类具有多型现象，属社会性昆虫。

312. 广布弓背蚁 Camponotus herculeanus（Linnaeus, 1758）（图 2-312）

头梯形（不含上颚），两侧隆起。触角 12 节，柄节长，约有 1/5 超过后头缘。唇基梯形，无中央纵脊。上颚粗壮，咀嚼缘 5 齿。前、中胸背板平；并腹胸基面与斜面几等长，二者圆形交接。头与后腹部黑色，并腹胸、足和腹柄节或多或少为红色。后腹部柔毛被稀疏。唇基中叶很短。其余同日本弓背蚁。中小型工蚁体长 7.0 ～ 11.2 mm。头较小，侧缘平行，后头缘平直；触角柄节 1/3 长超过后头缘。其余特征同大型工蚁。

分布：宁夏（全区草原）、内蒙古、黑龙江、河南、四川、陕西、甘肃、青海、新疆；日本、欧洲、北美

寄主：捕食多种昆虫。

313. 日本弓背蚁 Camponotus japonicus Mary, 1866 （图 2-313）

大型工蚁体长 12.3 ～ 14.2 mm。体黑色、光亮，后腹部腹节后缘浅黄色，毛被浅黄色或黄色。头后头缘平直。上颚粗壮，咀嚼缘具 5 枚钝齿。唇基中叶突出，无明显中脊，前缘平直。并腹胸呈弓形；前、中胸背板平，并胸腹节急剧侧扁。结节鳞片状。后腹部宽卵形。上颚刻点弱，光亮；头、并腹胸及结节具细密网状刻纹，具光泽。结节上缘具 6 ～ 10 根立毛。后腹部具有许多倒伏毛。中、小型工蚁体长 9.2 ～ 10.4 mm。头较狭窄，两侧缘近平行，后头缘凸。触角柄节约 1/3 超过后头缘；结节厚而低。其余特征同大型工蚁。

分布：宁夏（全区草原）、北京、内蒙古、东北、上海、江苏、浙江、福建、山东、河南、湖北、湖南、广东、广西、四川、云南、陕西、甘肃、新疆；日本、朝鲜。

寄主：捕食多种昆虫，还可取食植物蜜露及分泌物。

图 2-312 广布弓背蚁 *Camponotus herculeanus*（Linnaeus, 1758）

图 2-313 日本弓背蚁 *Camponotus japonicus* Mary, 1866

314. 艾箭蚁 *Cataglyphis aenescens*（Nylander, 1849）（图 2-314）

体多黑色，触角、上颚、足褐色。头后缘具 2～4 根立毛，唇基前缘具 6～8 根长毛。外咽片具数根长毛。前胸背板柔毛稀疏，中胸侧板和并胸腹节具丰富柔毛被，后腹部第 1 节背板无立毛，其余各节有少数几根后倾立毛。触角柄节约 1/3 超出后头缘。额脊短，向后略分叉。唇基前缘圆，中央略具缺刻，中脊明显。上颚 5 齿，端齿尖长，余齿逐渐变小。前胸背板圆形隆起，中胸背板斜坡状，前端略高于前胸背板。前、中胸背板缝明显；气孔窄缝状。腹柄节厚鳞片状，直立，背缘钝圆。足细长，胫节内侧有 1 排刺。

分布：宁夏（全区草原）、北京、河北、山西、内蒙古、辽宁、吉林、山东、陕西、甘肃、青海、新疆；阿富汗、俄罗斯。

寄主：捕食多种昆虫。

315. 光亮黑蚁 *Formica candida* F.Smith, 1878 （图 2-315）

体长 4.5～6.0 mm。体较粗壮，具光泽。亮褐黑色至黑色，上颚、触角和足红褐色。立毛和柔毛均极稀疏。头两侧几平直，后头角圆，后头缘几平直；上颚具细刻纹；唇基具中脊；额三角区光亮。触角鞭节第二节较短，其长度略大于宽。结节上缘圆形，有些个体上缘中央微具凹陷。

分布：宁夏（全区草原）、西北、华北、吉林、黑龙江、河南、湖北、四川；俄罗斯、日本、蒙古、朝鲜、欧洲。

寄主：捕食松阿扁叶蜂 *Acantholyda posticalis*。

（一○二）广肩小蜂科 Eurytomidae

体中型，体长 4～5 mm，雌雄同形或异形。体多为黑色，有时黄色或具黄斑。头及胸常具脐状深大刻点或呈皱褶状，或毛玻璃状。头正面观横宽，复眼间距宽（中单眼所在位置），上颚强大，具 3 枚齿，颊长。触角着生于颜面中部，11～13 节。前胸宽，肩呈直角，中胸盾纵沟深而完整，并胸腹节常具皱褶网纹深而明显。腹部平滑或光滑。雌虫腹部卵圆形，侧扁，末端常延伸上翘呈犁状或柱状，产卵器略突出。雄虫触角索节有时一侧偏连呈香蕉状，并具束状长毛；腹部圆形，具相当长的柄，足较粗，后足胫节具 2 个距。

图 2-314　艾箭蚁 *Cataglyphis aenescens*（Nylander, 1849）

图 2-315　光亮黑蚁 *Formica candida* F.Smith, 1878

316. 甘草广肩小蜂 *Bruchophagus glycyrrhizae* Nikolskya, 1952 （图2-316）

雌蜂：体长 2～3 mm，体黑色。触角，前足胫节、腿节，中足胫节两端以及腹基部下面等均为黄褐色。复眼橙红色，有时边缘亦黄褐色。中、后足跗节基部黄色，翅透明无色，翅脉黄色，翅上覆浅黄色毛。头、胸均具中、大型脐状浅圆刻点并密布白色长毛，中胸刻点之中及刻点间缘脊上均有细微刻纹。

雄蜂：与雌蜂相似。体长 2～2.5 mm，除头、胸、腹之背面黑色外其余均火红黄色。头胸的刻点不如雌蜂明显，并胸腹节具网状刻纹。

分布：宁夏（盐池、同心的荒漠草原）、内蒙古；哈萨克斯坦、印度。

寄主：甘草、欧甘草。

317. 锦鸡儿广肩小蜂 *Bruchophagus neocaraganae*（Liao, 1979）（图2-317）

雌蜂：体长 2.5～5.0 mm，体黑色，头部黑色，复眼暗红色，触角膝状共 8 节，膜翅上前缘脉至亚前缘脉间具翅痣。第 4 腹节至产卵器着生白色刚毛，腹末端延伸成梨头状。

雄峰：体长 2.0～4.5 mm，体色变化大，一般第一代为黑色，第二代为黄褐色，少黑色。触角刚毛状，共 10 节。腹部较胸部窄，胸腹连接处较雌虫狭小，第 3 腹节长于其他腹节。

分布：宁夏（全区草原）、内蒙古、陕西、甘肃、河北。

寄主：锦鸡儿属植物。

图 2-316　甘草广肩小蜂 *Bruchophagus glycyrrhizae* Nikolskya, 1952

① 成虫；② 为害状

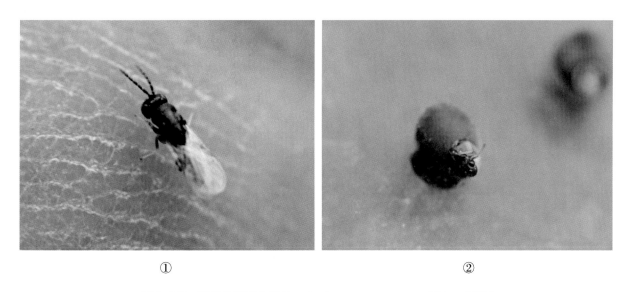

图 2-317　锦鸡儿广肩小蜂 *Bruchophagus neocaraganae*（Liao, 1979）

① 成虫；② 为害状

318. 苜蓿广肩小蜂 *Bruchophagus roddi* Gussakovky, 1933　（图 2-318）

雌蜂：体黑色，长约 2 mm，有两对膜质透明的翅，头大，有粗刻点，复眼酱褐色，触角较短，柄节最长，足部分黄褐色。雌蜂比雄蜂体稍大，但雌蜂触角比雄蜂短，触角 10 节，连接紧密；雌蜂腹部比雄蜂尖。

雄蜂：体长 1.4～2 mm，触角较长，由 9 节组成，柄节基部淡棕色，端部膨大黑色，第 3 节上有 3～4 圈较长的细毛，第 4 节至第 8 节各有 2 圈，最后 1 节不成圈。

幼虫：初孵化时绿色，长大后呈白色，无足，头不明显，头部有棕黄色上颚 1 对，其内缘有三角形的齿，大颚几丁质化，幼虫体披长毛，长 2 mm，宽 1.1 mm。

蛹：初期白色，后变成乳黄色，羽化时变为黑色，复眼红色。

寄主：豆科牧草。

分布：宁夏（全区草原）、陕西、内蒙古、甘肃、新疆、山西、河南、河北、山东；美国、前苏联、德国、土耳其、智利、罗马尼亚、法国、匈牙利、前捷克斯洛伐克、伊拉克、加拿大、以色列、中亚细亚、新西兰、澳大利亚、印度等。

（一〇三）蜜蜂科 Apidae

体多为黑色和褐色，生有密毛。前翅缘室极长，约为宽的 4 倍，亚缘室 3 个。前、中足胫节各有 1 个端距，后足胫节无距。

319. 中华蜜蜂 *Apis cerana* Fabricius, 1793　（图 2-319）

雌蜂体长 13～16 mm。体被浅黄色毛；单眼周围及颅顶被灰黄色毛。颜面、触角鞭节及中胸黑色；上唇、上颚顶端、唇基中央三角形斑、触角柄节及小盾片均黄色；头部前端窄小；唇基中央稍隆起；上唇长方形。小盾片稍突起；后足胫节呈三角形，扁平；后足跗节宽且扁平；后翅中脉分叉。足及腹部第 3～第 4 节红黄色；第 5～第 6 节色较暗，各节上均有黑环带。雄蜂体长 10～13 mm。

分布：宁夏（全区草原）及全国除新疆外其他省区均有；朝鲜、印度。

寄主：植物花粉。

①　　　　　　　　　　　②

③　　　　　　　　　　　④

图 2-318　苜蓿广肩小蜂 *Bruchophagus roddi* Gussakovky, 1933

① 成虫产卵；② 幼虫；③ 蛹；④ 为害状（②③引自新疆农业大学赵莉）

图 2-319　中华蜜蜂 *Apis cerana* Fabricius, 1793

320. 瑞熊蜂 *Bombus richardsi*（Reing, 1895）（图 2-320）

体长 14～22 mm；头顶颜面被黑色长毛；胸部被有黑色间带；前胸颈伸至胸侧腹面及小盾片，被深黄色软毛；腹部第 1 节被深黄色毛，第 2 节基部被深黄色毛并混有黑毛，第 2 节端部及第 3 节被黑色毛，第 4～第 5 节被红色毛，第 6 节短毛为红黄色。

分布：宁夏（全区草原）、云南、四川、西藏；印度。

寄主：唇形科、蔷薇科等植物花粉。

（一〇四）泥蜂科 Sphecidae

体形细长，通常黑色，并有黄、橙或红色斑纹。头大，横阔。触角一般丝状，雌性 12 节，雄性 13 节。前胸背板三角形或横形，不伸达肩板，前侧片后方有隆起的线。足细长，前足适于开掘，中足胫节有 2 距。翅狭，前翅一般具 3 个亚缘室，少数 1 或 2 个。并胸腹节长，腹柄通常包括腹部第 1、第 2 节及第 3 节的一部分。

321. 齿爪长足泥蜂齿爪亚种 *Podalonia affinis affinis*（W.Kirby, 1798）（图 2-321）

雌虫体长 15～20 mm。体黑色。唇基及额被银白色毡毛。头部及中胸盾片长毛黑色，胸部侧板和并胸腹节长毛白色。上颚宽大具 1 枚齿，唇基端缘直，表面中央微隆，具稀疏大刻点；头顶刻点小而稀。中胸盾片具小刻点，侧板具密的横皱，皱间具刻点；小盾片及并胸腹节背区具细密横皱，侧区具粗斜皱。翅褐色透明。跗爪内缘基部具 1 枚齿。腹部第 2～第 3 节红色；雄虫体长 12～16 mm。上颚小，唇基端缘微凹。中胸侧板具粗大而稠密的刻点。腹部第 2 节背板具黑斑，第 3 节端缘黑色。

分布：宁夏（全区草原）、河北、山西、内蒙古、黑龙江、四川、云南、陕西、甘肃；蒙古，俄罗斯。

寄主：捕食叶蜂类幼虫。

图 2-320 瑞熊蜂 *Bombus richardsi*（Reing, 1895）

图 2-321 齿爪长足泥蜂齿爪亚种 *Podalonia affinis affinis*（W.Kirby, 1798）

第二章　蛛形纲 ARACHNIDA

十二、蜘蛛目 Araneae

体长 0.5～90 mm。身体分头胸部和腹部。头胸部背面有背甲，背甲前端通常有 8 只单眼，排成 2～4 行。腹面有一片大的胸板，胸板前方中间有下唇。头胸部有 6 对附肢：1 对螯肢、1 对触肢和 4 对步足。螯肢由螯基和螯牙两部分构成。触肢 6 节。雌蛛触肢足状，雄蛛触肢变成交接器，末节（跗节）膨大成触肢器。步足在胫节和跗节之间有后跗节，共 7 节。腹柄由第 1 腹节演变而来。腹部多为圆形或卵圆形，但有的有各种突起，形状奇特。除少数原始种类的腹部背面保留分节的背板外，多数种类已无明显的分节痕迹。腹部腹面前半部有一胃外沟或生殖沟，中央有生殖孔。雄孔仅为一简单开口，雌孔周围有一些结构，统称为外雌器。还有书肺孔和气管气孔。腹部腹面纺器由附肢演变而来，少数原始的种类有 8 个，位置稍靠前；大多数种类 6 个纺器，位于体后端肛门的前方。纺器上有许多纺管，内连各种丝腺，由纺管纺出丝。有的在前纺器的前方还有筛器，据认为是由祖先的前中纺器的原基演变而来。

（一〇五）园蛛科 Araneidae

体小至大型，体长 3.0～30.0mm，无筛器蜘蛛。许多属的种类两性异型，雄蛛比雌蛛小得多。背甲常扁，头区以斜的凹陷与胸区分开。8 眼两列，侧眼离中眼域远而位于头部边缘。螯肢强壮，有侧结节，翅堤有 2 列齿。下唇长而宽，端部加厚。步足有壮刺，无毛丛，3 个爪。各足除跗节外均有听毛；跗节端部有带锯齿的刚毛。腹部大，但形状各异，常球形，遮住背甲后部；背部常有明显的斑纹模式和隆起，有带锯齿的刚毛。两书肺，气管气孔接近纺器。纺器大小相近，短，聚成 1 簇。

322. 大腹园蛛 Araneus ventricosus（L.Koch, 1878）（图 2-322）

雌蛛体长 12～22 mm。体色与斑纹多变异。一般全体黑或黑褐色。背甲扁平，前端颇宽，中央显赤褐或黄褐色，两侧为棕褐色，中窝横向，颈沟明显。螯肢黑褐色。背板中央有个"T"形黄斑，周缘黑褐色。步足粗壮，为黄褐色，具黑褐色轮纹。腹部背面前端有肩突，心脏斑黄褐色，其两侧各有 2 个黑色点，梯形排列。腹背后部直至体末端有 1 个棕黑色叶斑，边缘显有黑色波纹，叶斑两侧为黄褐色。腹部腹面中央褐色，两侧各有 1 个黑色条斑。纺器黑褐色。

分布：宁夏银川、平罗的荒漠草原及泾源、彭阳的草甸草原；北京、河北、山西、内蒙古、吉林、黑龙江、江苏、安徽、浙江、山东、河南、湖南、湖北、江西、福建、广东、广西、海

图 2-322 大腹园蛛 *Araneus ventricosus*（L.Koch, 1878）

南、云南、四川、陕西、青海、新疆、台湾；日本、前苏联、朝鲜。

寄主：蚊、蝇、蛾、蝶及大型甲虫。

323. 园蛛 *Araneus sp.* （图 2-323）

中窝横向，前、后侧眼等大，靠近或几乎靠近，并着生于眼丘上。后眼列端直或前曲，两列中眼间距窄于两列中侧眼间距。额部狭窄。外雌器垂体不呈匙状。雄蛛触肢胫节的刚毛 2 根。布垂直圆网。

分布：宁夏（贺兰山、中宁、中卫及盐池等荒漠草原）。

寄主：小型昆虫。

（一〇六）狼蛛科 Lycosidae

体较小至大型，体长 1.8 ～ 36 mm，无筛器蜘蛛。8 只眼，全暗色，后列眼强烈后凹，排成 3 列（4-2-2）；前中眼小，其余各眼大，第 3 眼列长于第 2 眼列。螯肢后齿堤具 2 ～ 4 枚齿。步足通常强壮，具刺。第 4 足最长：跗节具 3 个爪，下爪小，无齿；转节在远端下方有缺刻。腹部椭圆形，后端常圆形。雄蛛触肢无任何突起。

324. 黑腹狼蛛 *Lycosa coelestris* L.Koch, 1877 （图 2-324）

雌蛛体长 14 ～ 17 mm。前中眼大于前侧眼。背甲棕色，中央斑明显，前、后两端窄，中段较宽，中央斑的前端伸入后眼列的两眼中间，上被白毛并朝向后眼列方向覆盖。在中央斑中部有时可见 4 个呈方形排列的小黑点。中窝较短，位于中央斑近后端部位。侧纵带黑褐色。胸板、步足之基节、转节和腿节腹面皆呈黑色或黑褐色。步足其他部位呈棕色，后足跗节及跗节腹面具毛丛。腹部密被细毛，背面色泽较淡，有的个体在黑褐色心脏斑之两侧各有 5 ～ 6 个隐约可见的白色斑纹。雄蛛体长 8.5 ～ 10 mm。触肢器之中突沿中血囊壁伸展，其末端向后向背侧卷曲呈三角形片状物。

分布：宁夏（泾源、六盘山草甸草原）、山东、四川、浙江、广东、贵州、山西、河南、新疆。

寄主：小型昆虫。

图 2-323 园蛛 *Araneus* sp.

图 2-324 黑腹狼蛛 *Lycosa coelestris* L.Koch, 1877

325. 星豹蛛 *Pardosa astrigera* L. Koch, 1878　（图 2-325）

雌蛛：体长 5.50 ～ 10.00 mm。体黄褐色，背甲正中斑浅褐色，呈 "T" 字形，两侧有明显的缺刻，两侧各有 1 条褐色纵带。放射沟黑褐色。头部两侧垂直，眼域黑色，前眼域短于第 2 行眼，后中眼大于后侧眼。胸板中央有 1 个棒状黑斑。步足多刺具深褐色轮纹，以第 4 对步足为最长，其胫节背面基部的刺与该步足膝节之长度相等。第 1 步足胫节有 3 根刺，第 4 后跗节略长于膝、胫节长度之和。腹部背面黑褐色。心脏斑黄色，后方有黑褐色细线纹分割为数对黄褐色斑纹，其中各有 1 个黑点，形似 "小" 字形。腹部腹面黄褐色，正中央淡黄色，有的个体可见 1 个大 "V" 形斑。

分布：宁夏（贺兰山荒漠草原）、湖北、湖南、福建、台湾、江西、浙江、江苏、安徽、河北、山西、山东、陕西、四川、北京、青海、新疆、西藏、辽宁、吉林。

寄主：小型昆虫。

326. 沙地豹蛛 *Pardosa takahashii* Saito, 1936　（图 2-326）

体长 10 ～ 11 mm，体色灰褐色，胸背板侧边颜色较浅，中央有 1 条黑色短纵纹，腹部长卵形，腹背有 2 ～ 3 个黑斑排成横向，两侧颜色较浅，各足灰褐色。雌蛛腹背中央有 2 列中央有黑点的黄斑。

分布：宁夏（贺兰山、盐池、灵武、中宁及中卫等荒漠草原）、内蒙古、新疆、甘肃。

寄主：小型昆虫。

图 2-325　星豹蛛 *Pardosa astrigera* L. Koch, 1878

图 2-326　沙地豹蛛 *Pardosa takahashii* Saito, 1936

（一○七）球蛛科 Theridiidae

体小至中型，体长 2.0 ～ 15.0 mm，无筛器蜘蛛。背甲形状不一，侧面观从扁到高。8 只眼两列，眼通常围以微褐色环；异型，前中眼黑色，其余 6 只眼白色，或仅 6 只、4 只眼，或完全无眼。额较高。螯肢无侧结节，前面基端扩展成 1 个三角形片，被额遮住。螯肢前齿堤具 1 ～枚 2 齿，少数 3 ～ 4 枚齿，或无齿；后齿堤无齿，少数 1 枚齿或有几枚微小的齿。下唇远端不加厚。第 4 足跗节腹面有 1 列锯齿毛组成毛梳，较小的种类和雄蛛，毛梳有时退化或难以观察到。腹部卵圆形到圆而高或长形，伸展到纺器之后。书肺 2 个；气管气孔为 1 条较宽的裂缝，边缘骨化弱。通常无舌状体，或仅在舌状体部有 2 根刚毛。

327. 双钩球蛛 Theridion pinastri L.Koch, 1872 （图 2-327）

体长 3 ～ 4 mm，全体黄褐色。头胸部呈梨形，前端较狭，后端宽圆，暗褐色，背甲周缘黑色及网状细纹。8 只眼等大，各眼间距约等。螯肢赤褐色，前齿堤具 1 枚齿；后齿堤无齿。颚叶长，呈棕色，端部彼此靠近，呈"八"字形排列。下唇黑褐色。胸板暗褐色，前端横直，后端狭窄并插入第 4 对步足基节之间。步足黄褐色，多长毛，具黑褐色轮纹。第 1 对步足最长，第 4 对步足基节间分离。腹部背面正中央有 1 条黄褐色宽纵带，两侧边缘呈波纹状，其前侧及边缘显有白色鳞斑，沿宽纵带两侧各有 1 条黑褐色斑纹并布有许多黄色小点。腹背两侧为黄褐色。腹部腹面中央为黑褐色，两侧呈黄褐色并布有许多白色鳞斑。纺器褐色。

分布：宁夏（贺兰山、盐池、同心、海原及固原等温性草原）、河北、吉林、山西、陕西、山东、浙江；日本、欧洲。

寄主：小型昆虫。

（一○八）蟹蛛科 Thomisidae

体小至大型，体长 3 ～ 23 mm，无筛器蜘蛛。体强壮，背腹稍扁平，步足侧行性，拟蟹状。

328. 三突花蛛 Misumenops tricuspidatus（Fabricius, 1775）（图 2-328）

雌蛛体长 4 ～ 6 mm。体色随生境不同而多变，有绿色、白色和黄色等。8 只眼两列，均后曲，前侧眼较大，其余 6 只眼等大，各眼均位于眼丘上，前、后侧眼靠近。中眼区梯形。胸板心形，前端横直，后端尖，并突出于第 4 对步足基节之间。前 2 对步足甚长，后 2 对步足较短。具 2 爪，各爪有齿 3 ～ 4 个。腹部呈梨形，前窄后宽，腹部背面常有红棕色或鲜红色斑纹，近末端有褐色"V"形斑。雄虫体长 3 ～ 5 mm。背甲红褐色，两侧各有一条深棕色带纹，头胸部边缘呈深棕色。前 2 对步足膝节、胫节、后跗节及跗节后端为深棕色。触肢器短而小，末端近

图 2-327 双钩球蛛 *Theridion pinastri* L.Koch, 1872

图 2-328 三突花蛛 *Misumenops tricuspidatus*（Fabricius, 1775）

似1面小圆镜，胫节外侧有1个指状突起，顶端分叉，腹侧另有1个小突起，初看3个小突起。

分布：宁夏（全区草原）、山东、吉林、辽宁、河北、陕西、甘肃、江西、浙江、湖南、湖北、江苏、四川、台湾、福建、广东、安徽、河南、山西、内蒙古、新疆、贵州、青海。

寄主：蚜虫、棉铃虫、棉小造桥虫、夜蛾等。

（一〇九）管巢蛛科 Clubionidae

体中型，体长5～12 mm，无筛器蜘蛛。黄白色或微褐色，头区和螯肢常暗褐色。腹部有明显的心形斑，有的有"人"字纹。纺器周围有环斑。背甲卵圆形，长显著大于宽。8只眼2列，眼小，大小一致。螯肢相当长，细或粗壮；前齿堤具2～7枚齿，后齿堤具2～4个小齿。雄蛛螯牙强大。步足适度长，前行性；胫节和后蹠节在腹面有1、2对或更多的粗刚毛；转节缺刻有或无；2个爪，有毛簇或毛丛，足式：4132。前纺器圆锥或圆柱形，并相互靠接；中纺器圆柱形；后纺器2节，末节短。2个书肺；器官限于腹部，气孔近纺器。

329. 管巢蛛 *Clubiona* sp. （图 2-329）

背甲前后贯穿中部隆起，全面被有细毛。眼2列，前眼列短于后眼列。2眼列几乎呈端直或稍前曲。各列眼间距约等。中眼区前边小于后边。中窝短而明显。下唇长。胸板前后较狭。第4步足长于第1步足。第1、第2步足腿节背侧有刺。第3步足胫节腹侧有1～3对刺。纺器长；前、后纺器长度相等；后纺器第2节为圆锥形。雄蛛触肢胫节与膝节同长。

分布：宁夏（盐池的荒漠草原）。

寄主：小型昆虫。

（一一〇）猫蛛科 Oxyopidae

体小至大型，体长5～23 mm，无筛器蜘蛛。体色亮绿、淡黄褐或深褐色不等。背甲长大于宽，前端隆起，向后减低。额很高，垂直，有醒目的斑纹。体表有疏毛或虹彩色鳞片。头窄。8只眼排列亚圆形，即前眼列后凹，后眼列强烈前凹，前中眼小。螯肢长，螯牙短，牙沟无齿或齿不发达。颚叶和下唇很长。步足长，有黑色长刺，无毛丛，3个爪。腹部卵圆形，向后趋尖。纺器短，大小接近。有1个小舌状体。

330. 斜纹猫蛛 *Oxyopes sertatus* L.Koch, 1877 （图 2-330）

体长6.3～8.5mm。头胸部橘黄色。头部较高，前缘垂直。前眼列强烈后凹，后眼列强烈前凹，眼列排成4列：2-2-2-2。第一对眼最小，后3对眼较大。各眼周围有一些白毛，尤以第

图 2-329　管巢蛛 *Clubiona* sp.

图 2-330　斜纹猫蛛 Oxyopes sertatus L.Koch, 1877

2对眼之间最密。螯肢前面中线部位有1条黑线，基半部外侧缘有1个结节。爪小。前齿堤有2枚齿，后齿堤有1枚齿。胸板上生稀疏的黑色长毛。步足橘黄色，较长，在腿、膝、胫、后跗节上均生有多根黑色长刺，跗节末端3个爪。各足腿节腹侧有1条黑色纹，胫节基端内、外侧各有1个黑斑。腹部背面在中部及两侧有红棕色斑纹，腹面黄色，中部有1条宽黑褐色条纹。

分布：宁夏（盐池的荒漠草原）、广东、江西、福建、台湾、四川、湖南、湖北、江苏、上海、浙江、安徽、北京、辽宁。

寄主：飞虱、叶蝉、螟蛾。

十三、盲蛛目 Opiliones

体长（足除外）5～20 mm。头胸部（前体）与腹部（后体）连接处宽阔，整体呈椭圆形。背甲中部有1个隆丘，丘的形状和大小各异，其两侧各有1只眼。背甲前侧缘有1对臭腺的开孔。臭腺分泌醌和酚。

（一一一）长奇盲蛛科 Phalangiidae

体长2.2～12 mm。体柔软或革质。触肢胫节长于跗节，末端爪光滑。步足近似圆柱形，横截面常呈五边形或六边形，棱角处具成列的刺或毛；腿节无伪关节结，基节侧缘光滑。

331. 长脚盲蛛 *Liobunum* sp. （图2-331）

体长＜5 mm。头胸部与腹部连接处宽阔，整体呈椭圆形。背甲中部有1个隆丘，其两侧各有1只眼。背甲前侧缘有1对臭腺的开孔。可以屈折。腹部分节。头胸部和腹部之间无腹柄，步足多细长，腹部有分节的背板和腹板。气管呼吸。

分布：宁夏（全区草原）及全国各地；亚洲。

寄主：小型节肢动物、螺类和植物屑。

十四、蝎目 Scorpiones

体分头胸部和腹部，其中腹部又分成前腹部和后腹部。前腹部和头胸部较宽并紧密相连，可合称躯干，后腹部窄长，可称作"尾"，末端还有1节形尾节，尾节末端为一弯钩状毒针。

图 2-331 长脚盲蛛 *Liobunum* sp.

（一一二）钳蝎科 Buthidae

体长约 60 mm。头胸部较短，7 节，分节不明显，背面覆有头胸甲，前端两侧各 1 团单眼，头胸甲背板中央处另有 1 对，如复眼。头部附肢 2 对，1 对较小，为钳角；1 对为强大的脚须，形如蟹螯。胸部步足 4 对，每足 7 节，末端有钩爪 2 枚。腹部甚长，分前腹和后腹，前腹宽广，7 节；后腹部细长，分为 5 节和 1 节尾刺，后腹部各节均有颗粒排列成纵棱数条。尾刺呈钩状，上屈，内有毒腺。

332. 东亚钳蝎 *Mesobuthus martensii martensii*（Karsch, 1879）（图 2-332）

雌蝎体长约 52 mm，雄蝎体长约 48 mm。躯干背面、尾第 5 节和毒针末部呈灰褐或紫褐色，身体其余部分（包括附肢）均呈黄橙色。头胸部背面有坚硬的背甲，背甲前窄后宽，呈梯形，密布颗粒突起，并有数条纵脊。中央部位有 1 对中眼，位于眼丘上。两前侧角各有排列一斜成的 3 只单眼。前体有 6 对附肢：螯肢、触肢和 4 对步足。前腹部 7 节，背板中部有 3 条纵脊。后腹部 5 节，各节背面有中沟，从背面到腹面有多条齿脊。第 5 节之后为一袋状尾节，内有 1 对白色毒腺，外各包 1 层肌肉。

分布：宁夏（全区草原）、华北、内蒙古、河南、辽宁、陕西、甘肃、安徽、山东、江苏、福建、湖北；韩国、朝鲜、蒙古、日本。

寄主：多种节肢动物。

十五、真螨目 Acariformes

体微小或小型。体通常圆形或卵圆形，有些为蠕虫形。后半体无气门；前半体有感觉器，常以盅毛或更特化的结构作为特殊的插入物。成螨与若螨有 4 对足，幼螨只有 3 对足；一部分瘿螨只有 2 对足，跗线螨有 3 对足。

（一一三）叶螨科 Tetranychidae

体型小，圆形或椭圆形，体长 0.2 ～ 0.6 mm，大型种类可达 1 mm。有红、橙、褐、黄、绿等色。体侧有黑色斑点，前外侧各有 1 对眼，体壁柔软，表皮具线状、网状、颗粒状纹或褶皱。叶螨有卵、幼螨、前期若螨、后期若螨和成螨 5 个阶段。

333. 朱砂叶螨 *Tetranychus cinnabarinus*（Boisduval, 1867）（图 2-333）

成螨：体长 0.28 ～ 0.52 mm。雌螨体红至紫红色（有些甚至为黑色），在身体两侧各具 1 个

图2-332　东亚钳蝎 *Mesobuthus martensii martensii*（Karsch, 1879）

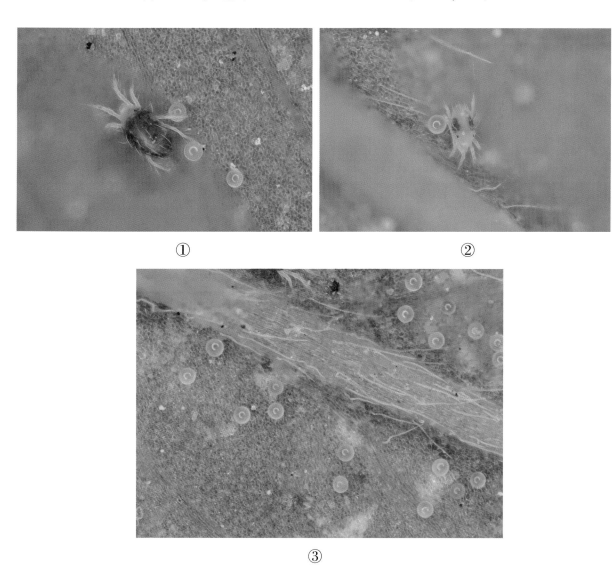

① ②

③

图2-333　朱砂叶螨 *Tetranychus cinnabarinus*（Boisduval, 1867）

① 雌螨；② 雄螨；③ 卵

倒"山"字形黑斑，体末端圆，呈卵圆形。雄螨体色常为绿色或橙黄色，较雌螨略小，体后部尖削。

卵：近球形，直径 0.13 mm，初期无色透明，逐渐变淡黄色或橙黄色，孵化前呈微红色。

分布：宁夏（全区草原）及全国各地；世界温暖地区广泛分布。

寄主：苜蓿、草木樨等豆科牧草、苍耳、瓜类、豆类、玉米、高粱、向日葵、桑树、棉花、枣、黄瓜、番茄等。

十六、蜱螨目 Acarina

体长 0.1 ～ 10 mm，体通常为圆形或卵圆形，一般由四个体段构成：颚体段、前肢体段、后肢体段、末体段。颚体段即头部，生有口器，口器由 1 对螯肢和 1 对足须组成。口器分为刺吸式或咀嚼式两类。刺吸式口器的螯肢端部特化为针状，称口针，基部愈合成片状，称颚刺器，头部背面向前延伸形成口上板，与口下板愈合成一根管子，包围口针。咀嚼式的螯肢端节连接在基节的侧面，可以活动，整个螯肢呈钳状，可以咀嚼食物。前肢体段着生前面两对足，后肢体段着生后面两对足，合称肢体段。足由 6 节组成：基节、转节、腿节、膝节、胫节、跗节。末体段即腹部，肛门和生殖孔一般开口于末体段腹面。

（一一四）瘿螨科 Eriophyidae

体微小，蠕虫形或纺锤形，具体环，足 2 对。分为喙或颚体、前足体和后半体 3 部分。喙由须肢围成，须肢前沟或鞘中有口针。前足体有背盾板。后半体一般为蠕虫形，有体环。肛门位于腹部后端，外生殖器位于腹部前端，恰在第 1 对足的基节后方。雌螨外生殖器在腹面稍突出，有生殖盖覆盖，铲子状。

334. 枸杞瘿螨 *Aceria macrodonis* Keifer,1966 （图 2-334）

成虫：体长约 0.3 mm，橙黄色，长圆锥形，全身略向下弯曲作弓形，前端较粗，有足 2 对。头胸宽短，向前突出，其旁有下颚须 1 对，由 3 节组成。足 5 节，末端有个 1 个羽状爪。腹部有环纹约 53 个，形成狭长环节，背面环节与腹面环节一致，连接成身体的一环；腹部背面前端有背刚毛 1 对，侧面有侧刚毛 1 对，腹面有腹刚毛 3 对，尾端有吸附器及刚毛 1 对，此对刚毛较其他刚毛长，其内方有附毛 1 对。

幼虫：与成虫相似、惟甚短，中部宽，后部短小，前端有 4 足口器如花托。

分布：宁夏（全区草原）、内蒙古、甘肃、新疆、山西、陕西、青海、江苏、上海。

寄主：枸杞。

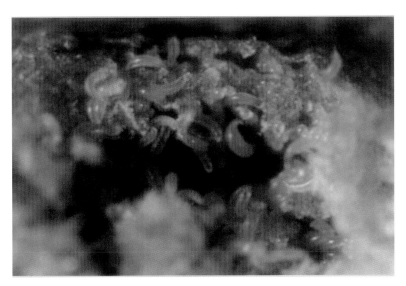

①

②

图 2-334 枸杞瘿螨 *Aceria macrodonis* Keifer, 1966

①虫瘿；②枝条受害状

335. 枸杞刺皮瘿螨 *Aculops lycii* Kuang, 1983 （图 2-335）

雌螨分原雌和冬雌两种。原雌：体长 0.17 ～ 0.19 mm，似胡萝卜形。初期浅黄色，后为黄褐色到褐色，喙较长。背中线、侧中线及亚中线间均有横纹相连成网状饰纹。大体上有 27 个背环，环上有许多大微瘤；腹环 65 ～ 70 个，有许多小微瘤。腹毛 I、II 分别生于 31 环和 48 环。冬季难存活。冬雌：形态似原雌，但有 43 ～ 46 个背环和 60 ～ 64 个腹环。背腹环均无微瘤。能安全过冬。雄螨：比原雌略小，外生殖器基部无纵肋。

分布：宁夏（全区草原）、甘肃、青海、陕西、内蒙古。

寄主：枸杞。

①

②

图 2-335　枸杞刺皮瘿螨 *Aculops lycii* Kuang, 1983

① 成螨；② 为害状

参考文献

[1] 蔡荣权.中国经济昆虫志,第十六册,鳞翅目,舟蛾科[M].北京:科学出版社,1979.

[2] 长有德,贺达汉.中国西北地区蚁属分类研究兼9新种和4新纪录种记述(膜翅目:蚁科:蚁亚科)[J].动物学研究,2002,23(1):49-60.

[3] 常岩林,石福明.陕西螽斯总科昆虫的初步研究[J].山西师大学报,1997,11(3):48-51.

[4] 陈学新,等.中国动物志,第37卷,昆虫纲,膜翅目,茧蜂科[M].北京:科学出版社,2004.

[5] 陈一心,马文珍.中国动物志,第35卷,昆虫纲,革翅目[M].北京:科学出版社,2004.

[6] 丁锦华.中国动物志,第45卷,昆虫纲,同翅目,飞虱科[M].北京:科学出版社,2006.

[7] 董振远,刘寿山.唐山地区的蝗虫种类及其分布[J].昆虫知识,1987,(5):266-268.

[8] 范滋德,等.中国动物志,第6卷,昆虫纲,双翅目,丽蝇科[M].北京:科学出版社,1997.

[9] 范滋德.中国常见蝇类检索表[M].第2版.北京:科学出版社,1992.

[10] 方承莱.中国经济昆虫志,第三十三册,鳞翅目,灯蛾科[M].北京:科学出版社,1985.

[11] 方三阳.中国森林害虫生态地理分布[M].哈尔滨:东北林业大学出版社,1993.

[12] 傅鑫,侯小可,康永文,等.槐花球蚧生物学特性及防治措施[J].青海农林科技,1993(3):58-59.

[13] 高立原,杨彩霞,刘浩.宁夏甘草病虫害记述[J].植物保护,2002,28(4):30-32.

[14] 高兆宁.宁夏农业昆虫实录[M].杨凌:天泽出版社,1993.

[15] 高兆宁.宁夏农业昆虫图志(第三集)[M].北京:中国农业出版社,1999.

[16] 戈峰.昆虫生态学原理与方法[M].北京:高等教育出版社,2008.

[17] 戈峰.现代生态学[M].第2版.北京:科学出版社,2013.

[18] 葛钟麟,等.中国经济昆虫志,第二十七册,同翅目,飞虱科[M].北京:科学出版社,1984.

[19] 葛钟麟,等.中国经济昆虫志,第十册,同翅目,叶蝉科[M].北京:科学出版社,1966.

[20] 葛钟麟,陈树仁.为害山茱萸的——叶蝉新种[J].昆虫学报,1994,37(4):470-472.

[21] 顾晓玲.中国大叶蝉亚科系统分类研究(同翅目:叶蝉科)[D].合肥:安徽农业大学硕士论文,2003.

[22] 郭书普.新版蔬菜病虫害防治彩色图鉴[M].北京:中国农业大学出版社,2010.

[23] 韩运发.中国经济昆虫志,第五十五册,缨翅目[M].北京:科学出版社,1997.

[24] 贺达汉.荒漠草原蝗虫群落特征研究[M].银川:宁夏人民出版社,1998.

[25] 贺达汉,贾彦霞,段心宁.宁夏甘草害虫的发生及综合防治技术体系[J].宁夏农学院学报,2004,25(2):21-25.

[26] 何静.甘肃虻科(双翅目)研究[D].兰州:甘肃农业大学博士论文,2008.

[27] 何俊华,陈学新.中国林木害虫天敌昆虫[M].北京:中国林业出版社,1997.

[28] 何俊华，等．中国动物志，第 18 卷，昆虫纲，膜翅目，茧蜂科（一）[M]．北京：科学出版社，2000.

[29] 河南省林业厅．河南森林昆虫志 [M]．郑州：河南科学技术出版社，1988.

[30] 霍科科，任国栋，郑哲民．秦巴山区蚜蝇区系分类（昆虫纲：双翅目）[M]．北京：中国农业出版社，2000.

[31] 江世宏，王书永．中国经济叩甲图志 [M]．北京：中国农业出版社，1999.

[32] 蒋书楠，陈力．中国动物志，第 21 卷，昆虫纲，鞘翅目，天牛科，花天牛亚科 [M]．北京：科学出版社，2001.

[33] 金凤英．世界植食性小蜂及其数据库构建 [D]．福州：福建农林科技大学硕士论文，2010.

[34] 李传隆，朱宝云．中国蝶类图谱 [M]．上海：远东出版社，1992.

[35] 李法圣．中国木虱志，昆虫纲，半翅目（上卷）[M]．北京：科学出版社，2011.

[36] 李法圣．中国木虱志，昆虫纲，半翅目（下卷）[M]．北京：科学出版社，2011.

[37] 李鸿昌，等．中国动物志，第 43 卷，昆虫纲，直翅目，蝗总科，斑腿蝗科 [M]．北京：科学出版社，2006.

[38] 李娜．东北地区螽斯总科昆虫分类学研究（直翅目：螽亚目）[D]．长春：东北师范大学博士论文，2008.

[39] 李铁生．中国经济昆虫志，第三十八册，双翅目，蠓科（二）[M]．北京：科学出版社，1988.

[40] 李铁生．中国经济昆虫志，第十三册，双翅目，蠓科（一）[M]．北京：科学出版社，1978.

[41] 李永良，刘小利．青海新记述的柠条坚荚斑螟 [J]．青海农林科技，2001（4）：16.

[42] 李兆华，李亚哲．甘肃蚜蝇科图志 [M]．北京：中国展望出版社，1990.

[43] 李子忠，王廉敏．贵州农林昆虫志卷四 [M]．贵州：贵州科技出版社，1992.

[44] 梁铬球，郑哲民．中国动物志，第 12 卷，昆虫纲，直翅目，蚱总科 [M]．北京：科学出版社，1998.

[45] 廖定熹．中国经济昆虫志，第三十四册，膜翅目，小蜂总科 [M]．北京：科学出版社，1983.

[46] 廖定熹．我国食植性林木广肩小蜂初志并记述一新属新种 [J]．林业科学，1979（4）：256-264.

[47] 林平．中国弧丽鑫龟属志（鞘翅目，丽金龟科）[M]．杨凌：天则出版社，1988.

[48] 刘艾洁．沙蒿钻蛀性害虫的植物源引诱剂开发 [D]．北京：北京林业大学硕士论文，2009.

[49] 刘长月，赵莉，倪亦非．苜蓿籽蜂生物学特性的研究 [J]．新疆农业大学学报，2013，36（3）：234-240.

[50] 刘长月，赵莉，薛鹏．苜蓿籽蜂幼虫龄期的初步研究 [J]．植物检疫，2011，25（6）：16-18.

[51] 刘崇乐．中国经济昆虫志，第五册，鞘翅目，瓢虫科 [M]．北京：中国林业出版社，1997.

[52] 刘广瑞，章有为，王瑞．中国北方常见金龟子彩色图鉴．北京：中国林业出版社，1997.

[53] 刘晓丽．宁夏卷蛾区系分类研究（鳞翅目：卷蛾总科）[D]．银川：宁夏大学硕士论文，2009.

[54] 刘友樵．为害林木种实的小蛾类外生殖器识别 [M]．昆虫知识，1991（1）：47-53.

[55] 刘友樵，李广武．中国动物志，第 27 卷，昆虫纲，鳞翅目，卷蛾科 [M]．北京：科学出版社，

2002.

[56] 刘友樵，武春生 . 中国动物志，第 47 卷，昆虫纲，鳞翅目，枯叶蛾科 [M]. 北京：科学出版社 .

[57] 刘增加 . 甘肃省斑虻属、黄虻属和麻虻属（双翅目：虻科）[J]. 医学动物防制，1993，15（3）：117-121.

[58] 柳支英，等 . 中国动物志，昆虫纲，蚤目 [M]. 北京：科学出版社，1986.

[59] 陆宝麟，等 . 中国动物志，第 8 卷，昆虫纲，双翅目，蚊科（上）[M]. 北京：科学出版社，1997.

[60] 钱锋利，张治科，南宁丽，等 . 甘草种子害虫生物学特性和田间发生规律研究 [J]. 农业科学研究，2008，29（2）：47-49.

[61] 冉浩，周善义 . 中国蚁科昆虫名录——蚁型亚科群（膜翅目：蚁科）（Ⅱ）[J]. 广西师范大学学报（自然科学版），2012，30（4）：81-91.

[62] 庞雄飞，毛金龙 . 中国经济昆虫志，第十四册，鞘翅目，瓢虫科 [M]. 北京：科学出版社，1979.

[63] 任国栋，杨秀娟 . 中国土壤拟步甲志，第 1 卷，土甲类 [M]. 北京：高等教育出版社，2006.

[64] 任国栋，于有志 . 中国荒漠半荒漠的拟步甲科昆虫 [M]. 保定：河北大学出版社，1999.

[65] 任国栋 . 宁夏蝴蝶名录 . 宁夏农学院学报 [J].1985，1：56-64.

[66] 任国栋，郭书彬，张锋 . 小五台山昆虫 [M]. 保定：河北大学出版社，2013.

[67] 任树芝 . 中国动物志，第 13 卷，昆虫纲，半翅目，异翅亚目，姬蝽科 [M]. 北京：科学出版社，1998.

[68] 寿建新，周尧，李宇飞 . 世界蝴蝶分类名录 [M]. 西安：陕西师范大学出版社，2006.

[69] 宋素杰，鄂晓勤 . 柠条种子小蜂初步研究 [J]. 森林病虫通讯，1985（1）：7-8.

[70] 苏传东 . 山东淄博市蝗虫种类分布调查报告 [J]. 河北大学学报（自然科学版），1996，16（5）：32-35.

[71] 谭娟杰，王书永，周红章 . 中国动物志，第 40 卷，昆虫纲，鞘翅目，肖叶甲科，肖叶甲亚科 [M]. 北京：科学出版社，2005.

[72] 谭娟杰，周红章 . 中国经济昆虫志，第十八册，鞘翅目，叶甲总科（一）[M]. 北京：科学出版社，1982.

[73] 谭娟杰 . 天敌昆虫图册 [M]. 北京：科学出版社，1978.

[74] 谭娟杰，等 . 中国经济昆虫志，第十八册（一）鞘翅目，叶甲总科 [M]. 北京：科学出版社，1980.

[75] 汪家社，等 . 武夷山保护区叶甲科昆虫志 [M]. 北京：中国林业出版社，1999.

[76] 王保海，袁维红，王成朋，等 . 西藏昆虫区系及其演化 [M]. 郑州：河南科学技术出版社，1992.

[77] 王洪建，杨星科 . 甘肃省叶甲科昆虫志 [M]. 兰州：甘肃科学技术出版社，2006.

[78] 王建义，武三安，唐桦，等 . 宁夏蚧虫及其天敌 [M]. 北京：科学出版社，2009.

[79] 王敏，范骁凌 . 中国灰蝶志 [M]. 郑州：河南科技出版社，2002.

[80] 王平远.中国经济昆虫志,第二十一册,鳞翅目,螟蛾科 [M].北京:科学出版社,1980.

[81] 王希蒙,任国栋,刘荣光.宁夏昆虫名录 [M].西安:陕西师范大学出版社,1992.

[82] 王小奇,方红,张治良.辽宁甲虫原色图鉴 [M].沈阳:辽宁科学技术出版社,2012.

[83] 王新谱,杨贵军.宁夏贺兰山昆虫 [M].银川:黄河出版传媒集团宁夏人民出版社,2010.

[84] 王雄,刘强.濒危植物沙冬青新害虫—灰斑古毒蛾的研究 [J].内蒙古师范大学学报(自然科学汉文版),2002,31(4):374-378.

[85] 王治国,张秀江.河南直翅目类昆虫志 [M].郑州:河南科学技术出版社,2007.

[86] 王治国.河南蜻蜓志(蜻蜓目)[M].郑州:河南科学技术出版社,2007.

[87] 王助引.黑头麦蜡蝉越冬初步观察 [J].广西植保,1992(1).

[88] 王子清.中国动物志,第22卷,昆虫纲,同翅目,蚧总科,粉蚧科,绒蚧科,蜡蚧科,[88]链蚧科,盘蚧科,壶蚧科,仁蚧科 [M].北京:科学出版社,2001.

[89] 王遵明.中国经济昆虫志,第二十六册,双翅目,虻科 [M].北京:科学出版社,1983.

[90] 魏淑花,朱猛蒙,张蓉,等.沙蒿金叶甲形态特征及生物学特性 [J]. 宁夏农林科技,2013,54(4):58-59.

[91] 魏淑花,张蓉,朱猛蒙,等.温度对沙蒿金叶甲生长发育和繁殖的影响 [J]. 昆虫学报,2013,56(9):1004-1009.

[92] 魏淑花,黄文广,张蓉,等.短星翅蝗生物学与生态学特性研究 [J].植物保护学报,2014,57.

[93] 吴福桢,等.宁夏农业昆虫图志(第二集)[M].银川:宁夏人民出版社,1982.

[94] 吴福祯,高兆宁.宁夏农业昆虫图志(第一集)[M].北京:农业出版社,1978.

[95] 吴宏道.惠州蜻蜓 [M].北京:中国林业出版社,2012.

[96] 吴燕茹.中国经济昆虫志,第九册,膜翅目,蜜蜂总科 [M].北京:科学出版社,1965.

[97] 吴燕如.中国动物志,第20卷,昆虫纲,膜翅目,准蜂科,蜜蜂科 [M].北京:科学出版社,2000.

[98] 吴坚,王常禄.中国蚂蚁 [M].北京:中国林业出版社,1995.

[99] 夏凯龄.中国蝗科分类概要 [M].北京:科学出版社,1958.

[100] 萧采瑜,等.中国蝽类昆虫鉴定手册,第二册,半翅目,异翅亚目 [M].北京:科学出版社,1981.

[101] 萧采瑜,等.中国蝽类昆虫鉴定手册,第一册,半翅目,异翅亚目 [M].北京:科学出版社,1977.

[102] 谢明,程洪坤,邱卫亮.应用生命表评价食蚜瘿蚊扩繁系统 [J].昆虫学报,2000,43(增刊):151-156.

[103] 邢安辉,刘国平,任清明,等.我国东北三省虻科昆虫的种类和区系分布研究 [J].中华卫生杀虫药械,2013,19(2):141-146.

[104] 许佩恩,能乃扎布.蒙古高原天牛彩色图谱 [M].北京:中国农业大学出版社,2007.

[105] 徐振国.青海小蛾类图鉴 [M].北京:中国农业科学技术出版社,1997.

[106] 薛万琦,赵建铭.中国蝇类 [M].沈阳:辽宁科学技术出版社,1996.

[107] 薛晓峰 . 中国古北界瘿螨总科（蜱螨亚纲：前气门目）的分类研究 [D]. 南京：南京农业大学博士论文，2007.

[108] 杨彩霞，郑哲民，秦鸿雁，等 . 甘草新害虫——甘草枯羽蛾的初步研究 [J]. 西北农业大学学报，1997，6（2）：1-4.

[109] 杨芳，贺达汉，张大治 . 甘草种子害虫的幼虫空间分布与抽样技术研究 [J]. 中国沙漠，2008，28（4）：712-716.

[110] 杨定，杨集昆 . 四川大蚊属三新种（双翅目：大蚊科）[J]. 西南农业大学学报，1991，13（3）：252-254.

[111] 杨定，杨集昆，中国动物志，第 34 卷，昆虫纲，双翅目，舞虻科，螳舞虻亚科，驼舞虻亚科 [M]. 北京：科学出版社，2004.

[112] 杨定，张泽华，张晓 . 中国草原害虫图鉴 [M]. 北京：中国农业科学技术出版社，2013.

[113] 杨茂发，李子忠 . 中国边大叶蝉属的分类研究（同翅目：大叶蝉科）[J]. 昆虫学报，2000，43（4）：403-412.

[114] 杨星科 . 长江三峡库区昆虫（上）[M] 重庆：重庆出版社，1997.

[115] 杨星科，杨集昆，李文柱 . 中国动物志，第 39 卷，昆虫纲，脉翅目，草蛉科 [M]. 北京：科学出版社，2005.

[116] 印象初，夏凯龄，等 . 中国动物志，第 32 卷，昆虫纲，直翅目，蝗总科，槌角蝗科 [M]. 北京：科学出版社，2003.

[117] 袁锋，周尧 . 中国动物志，第 28 卷，昆虫纲，同翅目，角蝉总科，犁胸蝉科，角蝉科 [M]. 北京：科学出版社，2002.

[118] 张广学，等 . 中国动物志，第 14 卷，昆虫纲，同翅目，矿蚜科，瘿绵蚜科 [M]. 北京：科学出版社，1999.

[119] 张广学 . 西北农林蚜虫志（昆虫纲：同翅目，蚜虫类）[M]. 北京：中国环境科学出版社，1999.

[120] 张洁，杨茂发 . 食蚜瘿蚊触角的扫描电镜观察 [J]. 动物学研究，2008，29（1）：108-112.

[121] 张培毅 . 高黎贡山昆虫生态图鉴 [M]. 哈尔滨：东北林业大学出版社，2011.

[122] 张蓉，先晨钟，杨芳，等 . 草地螟和黄草地螟危害苜蓿产量损失及防治指标的研究 [J]. 草业学报，2005，14（2）：121-123.

[123] 张蓉，赵紫华，贺达汉，等 . 不同干扰条件下枸杞园节肢动物群落结构与动态 [J]. 生态学报，2010，30（10）：2656-2664.

[124] 张巍巍，李元胜 . 中国昆虫生态大图鉴 [M]. 重庆：重庆大学出版社，2011.

[125] 章士美 . 中国农林昆虫地理区划 [M]. 北京：中国农业出版社，1998.

[126] 章士美 . 中国经济昆虫志，第三十一册（二）半翅目 [M]. 北京：科学出版社，1985.

[127] 章士美，等 . 中国经济昆虫志，第三十一册（一），半翅目 [M]. 北京：科学出版社，1985.

[128] 赵建铭，等 . 中国动物志，第 23 卷，昆虫纲，双翅目，寄蝇科（一）[M]. 北京：科学出版社，2001.

[129] 赵建兴，马兰，张永奇 . 沙蒿钻蛀性害虫初步研究 [J]. 内蒙古农业大学学报，2010，31

（3）:121-124.

[130] 赵养昌，陈元清 . 中国经济昆虫志，第二十册，鞘翅目，象虫科（一）[M]. 北京：科学出版社，1980.

[131] 赵勇，师签，赵宝刚，等 . 河北省亚麻蝇属昆虫区系分析 [J]. 中华卫生杀虫药械，2011，17（1）:56-58.

[132] 赵仲苓 . 中国动物志，第 30 卷，昆虫纲，鳞翅目，毒蛾科 [M]. 北京：科学出版社，2003.

[133] 郑乐怡，等 . 中国动物志，第 33 卷，昆虫纲，半翅目，盲蝽科，盲蝽亚科 [M]. 北京：科学出版社，2004.

[134] 郑哲民 . 蝗虫分类学 [M]. 西安：陕西师范大学出版社，1993.

[135] 郑哲民，万力生 . 宁夏蝗虫 [M]. 西安：陕西师范大学出版社，1992.

[136] 郑哲民，等 . 中国动物志，第 10 卷，昆虫纲，直翅目，蝗总科，斑翅蝗科，网翅蝗科 [M]. 北京：科学出版社，1998.

[137] 钟定琪，胡忠庆，刘亮飞 . 枸杞刺皮瘿螨的研究初报 [J]. 植物保护，1985，23（1）：7-9.

[138] 中国科学院动物研究所 . 中国蛾类图鉴（Ⅰ）[M]. 北京：科学出版社，1981.

[139] 中国科学院动物研究所 . 中国蛾类图鉴（Ⅱ）[M]. 北京：科学出版社，1982.

[140] 中国科学院动物研究所 . 中国蛾类图鉴（Ⅲ）[M]. 北京：科学出版社，1983.

[141] 中国科学院动物研究所 . 中国蛾类图鉴（Ⅳ）[M]. 北京：科学出版社，1983.

[142] 周文豹，任国栋 . 宁夏、陕西部分地区蜻蜓的初步调查 [J]. 宁夏农学院学报，1991，12（4）：88-90.

[143] 周尧 . 中国蝶类志 [M]. 郑州：河南科学技术出版社，1994.

[144] 周尧 . 中国蝴蝶分类与鉴定 [M]. 河南科学技术出版社，1998.

[145] 周尧 . 中国蝴蝶原色图鉴 [M]. 郑州：河南科学技术出版社，1998.

[146] 周尧 . 中国盾蚧志（第 1 卷）西安：陕西科学技术出版社，1982.

[147] 周尧，路进生，黄桔，等 . 中国经济昆虫志，第三十六册，同翅目，蜡蝉总科 [M]. 北京：科学出版社，1985.

[148] 邹立杰，刘乃生，贺存毅，等 . 柠条坚荚斑螟的研究 [J]. 森林病虫通讯，1989（3）：6-8.

[149] 朱弘复 . 中国动物志，第 16 卷，昆虫纲，鳞翅目，夜蛾科 [M]. 北京：科学出版社，1997.

[150] 朱弘复，王林瑶 . 中国动物志，第 11 卷，昆虫纲，鳞翅目，天蛾科 [M]. 北京：科学出版社，1997.

[151] 祝长清，朱东明，尹新明 . 河南昆虫志，鞘翅目（一）[M]. 郑州：河南科学技术出版社，1999.

[152] 祖爱民，戴美学 . 灰斑古毒蛾核型多角体病毒毒力的生物测定及田间防治 [J]. 中国生物防治，1997，13（2）：57-60.

[153]Young D A.Taxonomic study of the Cicadellinae（homoptera：Cicadellidae）.Part3：Old World Cicadellini.N.C.A-gri.Res.Ser.N.C.Stat.Univ.Tech.Bull.，1986，281:129-146.

[154] 何嘉，高立原，张蓉，等 . 巨膜长蝽的形态特征和生物学特性 [J]. 应用昆虫学报，2014，51（2）：534-539.

[155] 王文强 . 欧亚大陆斑翅蝗科昆虫的系统学研究（直翅目：蝗总科）[D]. 保定：河北大学博士论文，2005.

[156] 魏淑花，黄文广，张蓉，等 . 温度对短星翅蝗生长发育的影响 [J]. 植物保护学报，2014：57.

[157] 魏淑花，张宇，张蓉，等 . 白纹雏蝗生物学与生态学特性研究 [J]. 应用昆虫学报，2014：51.

拉丁名索引

R

S

T

中文名索引